未名创新
普通高等教育“十四五”规划教材
21 世纪职业教育规划教材 · **智能制造系列**

液压与气压传动

主　编　陈维范　姬彦巧

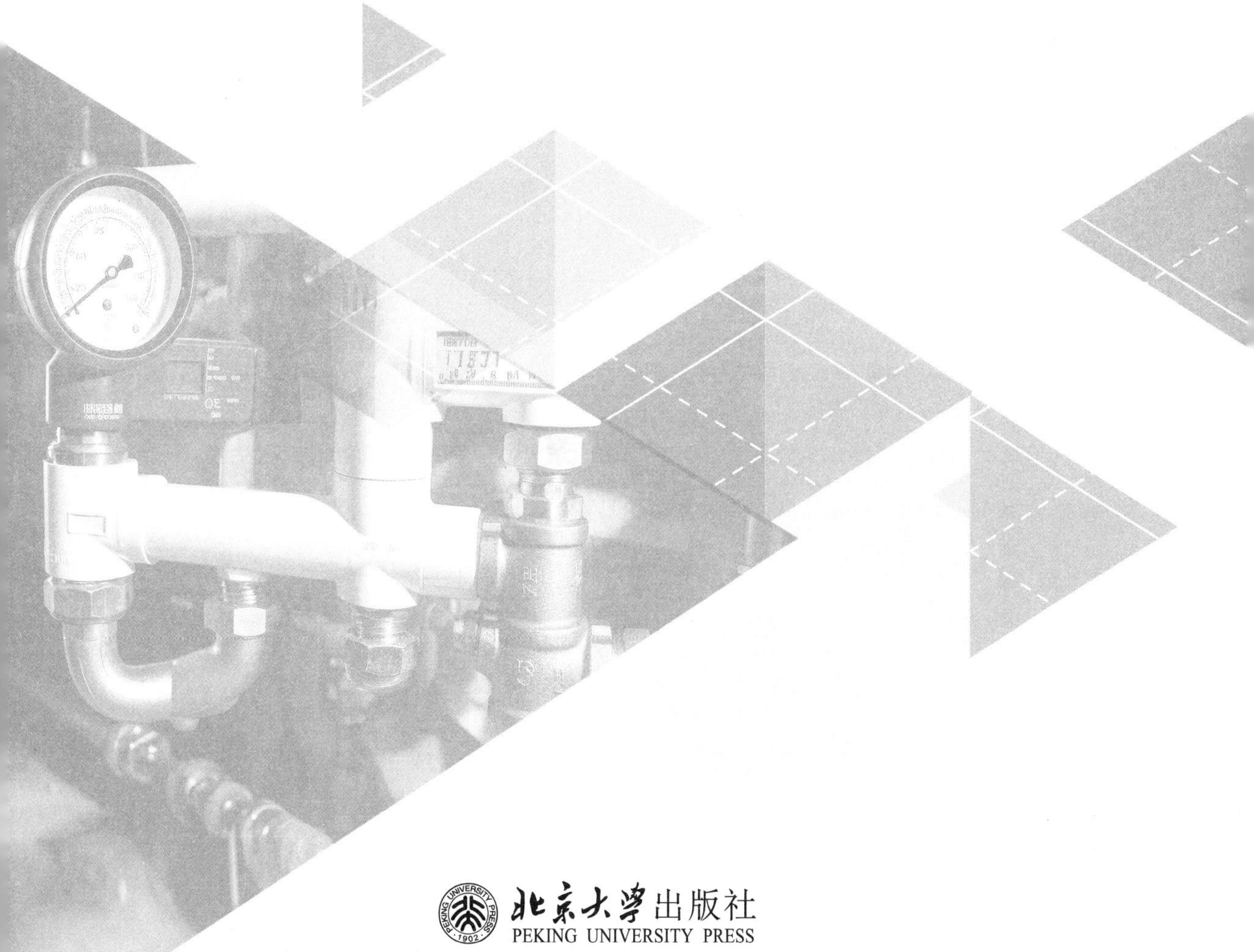

北京大学出版社
PEKING UNIVERSITY PRESS

内 容 简 介

本书分为液压传动与气压传动两个部分，共 10 个项目。主要内容包括：液压传动技术基础、液压泵和液压马达、液压缸、液压系统辅助元件、液压控制阀、液压基本回路、液压系统应用、气源装置及气动元件、气动基本回路、气动系统应用等。每个项目都编写了思考练习题，还编写了液压元件拆装、液压基本回路组建及气动基本回路组建等实训任务，将液压与气动常用图形符号（摘自：GB/T 786.1—2021）作为附录编入教材。

本书可作为高职院校机电相关专业教材，也可作为各类成人教育、自学考试等机电相关专业教材，还可作为机电行业工程技术人员岗位培训教材。

图书在版编目（CIP）数据

液压与气压传动 / 陈维范，姬彦巧主编. -- 北京：北京大学出版社，2024. 10. -- (21 世纪职业教育规划教材). -- ISBN 978-7-301-35659-3

Ⅰ. TH137；TH138

中国国家版本馆 CIP 数据核字第 20249ZT196 号

书　　　名	液压与气压传动 YEYA YU QIYA CHUANDONG
著作责任者	陈维范　姬彦巧　主编
责任编辑	张玮琪
标准书号	ISBN 978-7-301-35659-3
出版发行	北京大学出版社
地　　　址	北京市海淀区成府路 205 号　100871
网　　　址	http://www.pup.cn　新浪微博：@北京大学出版社
电子邮箱	编辑部 zyjy@pup.cn　总编室 zpup@pup.cn
电　　　话	邮购部 010-62752015　发行部 010-62750672　编辑部 010-62754934
印　刷　者	河北滦县鑫华书刊印刷厂
经　销　者	新华书店
	787 毫米×1092 毫米　16 开本　15 印张　392 千字 2024 年 10 月第 1 版　2024 年 10 月第 1 次印刷
定　　　价	46.00 元

未经许可，不得以任何方式复制或抄袭本书之部分或全部内容。
版权所有，侵权必究
举报电话：010-62752024　电子邮箱：fd@pup.cn
图书如有印装质量问题，请与出版部联系，电话：010-62756370

前言

党的二十大报告提出，推动制造业高端化、智能化、绿色化发展。这为装备制造业的未来发展指明了方向。液压与气压传动技术在装备制造领域的广泛应用，使得掌握此技术成为机电相关专业工程技术人员不可或缺的能力。本书针对高职学生的特点进行编写，结合企业岗位技能的实际需求，同时融入机电专业职业资格证书考试要点及液压与气压传动技术的最新发展动态，旨在全面满足学生提升专业知识与技能的迫切需求。

本书在内容选取上以"必需、够用"为原则，力求做到理论联系实际，突出对高职学生应用能力和综合素质的培养。在阐述液压与气压传动基础知识的基础上，分析液压与气动元件功用、工作原理、结构特点及应用等，着重讲述液压元件拆装、液压与气动元件常见故障诊断与维修、液压与气动基本回路分析与组建、典型液压与气动系统应用等方面的技能。本书作者精心编写了思考练习题，包括填空题、单项选择题、多项选择题、判断题、简答题、计算题、分析题等，以方便学生自主学习。本书的液压与气动图形符号、基本回路及系统原理图等均采用最新国家标准 GB/T 786.1—2021 绘制。

本书由辽宁装备制造职业技术学院陈维范、姬彦巧、李双龙编写。陈维范、姬彦巧共同担任主编，并由陈维范统稿。陈维范和姬彦巧共同编写了项目一至项目六、项目八和项目九；陈维范和李双龙共同编写了项目七、项目十和附录。通用技术集团机床工程研究院沈阳分院薛丹和辽宁装备制造职业技术学院谭春晓对本书进行了审稿。

本书在编写过程中，参考了大量文献资料。亚龙科技集团有限公司魏帅召提供了部分案例，辽宁装备制造职业技术学院姬荣泰、李明泽两位同学协助部分插图的绘制工作，谨此表示感谢！

由于编者水平有限，本书难免有不足之处，恳请广大读者批评指正。

编　者
2024 年 6 月

目 录

第一篇 液压传动

项目一 液压传动技术基础 ········· 2
  任务1 液压传动概述 ········· 2
  任务2 液压油 ········· 6
  任务3 液体静力学基础 ········· 12
  任务4 液体动力学基础 ········· 14
  任务5 液体流动时的压力损失 ········· 20
  任务6 液体流过小孔和缝隙的流量 ········· 21
  任务7 液压冲击和气穴现象 ········· 25
  思考练习题 ········· 26

项目二 液压泵和液压马达 ········· 30
  任务1 液压泵概述 ········· 30
  任务2 齿轮泵 ········· 33
  任务3 叶片泵 ········· 37
  任务4 柱塞泵 ········· 41
  任务5 液压马达 ········· 43
  任务6 液压泵的拆装 ········· 46
  任务7 液压泵与液压马达故障诊断与维修 ········· 49
  思考练习题 ········· 52

项目三 液压缸 ········· 55
  任务1 液压缸的分类和特点 ········· 55
  任务2 液压缸结构形式 ········· 60
  任务3 液压缸故障诊断与维修 ········· 63
  思考练习题 ········· 65

项目四 液压系统辅助元件 ········· 68
  任务1 过滤器 ········· 68
  任务2 油箱 ········· 71
  任务3 蓄能器 ········· 73
  任务4 密封装置 ········· 76
  任务5 管件 ········· 79
  思考练习题 ········· 82

项目五　液压控制阀 ··· 84
　　任务1　概述 ··· 84
　　任务2　方向控制阀 ·· 85
　　任务3　压力控制阀 ·· 93
　　任务4　流量控制阀 ·· 98
　　任务5　其他液压阀 ·· 101
　　任务6　液压阀的拆装 ··· 107
　　任务7　液压阀故障诊断与维修 ·· 110
　　思考练习题 ·· 118

项目六　液压基本回路 ··· 121
　　任务1　压力控制回路 ··· 121
　　任务2　换向回路 ··· 128
　　任务3　速度控制回路 ··· 130
　　任务4　多执行元件控制回路 ··· 138
　　任务5　液压基本回路组建 ·· 141
　　思考练习题 ·· 148

项目七　液压系统应用 ··· 151
　　任务1　典型液压系统 ··· 151
　　任务2　液压系统的安装调试与维护 ·· 158
　　思考练习题 ·· 164

第二篇　气压传动

项目八　气源装置及气动元件 ·· 167
　　任务1　气压传动基础认知 ·· 167
　　任务2　气源装置及辅助元件 ··· 170
　　任务3　气动执行元件 ··· 177
　　任务4　气动控制元件 ··· 181
　　思考练习题 ·· 189

项目九　气动基本回路 ··· 192
　　任务1　气动基本回路 ··· 192
　　任务2　气动基本回路组建 ·· 198
　　思考练习题 ·· 204

项目十　气动系统应用 ··· 205
　　任务1　典型气动系统 ··· 205
　　任务2　气动系统的安装、调试与维护 ··· 209
　　思考练习题 ·· 217

附录　液压与气动常用图形符号 ··· 219

参考文献 ··· 231

第一篇

液压传动

项目一　液压传动技术基础

学习目标

1. 掌握液压传动系统的工作原理及组成；
2. 掌握液压油的性质、选用、污染及其控制；
3. 理解液体静力学基础；
4. 理解液体动力学基础；
5. 了解液体流动时的压力损失、液体流过小孔和缝隙的流量；
6. 了解液压冲击和气穴现象；
7. 了解液压传动的特点及应用。

任务 1　液压传动概述

一、液压传动系统的工作原理

液压传动是一种以液体为工作介质进行能量传递和控制的传动方式。液压传动系统的工作原理，可以用一个液压千斤顶的工作原理来说明。如图 1-1 所示，当提起手柄 1 使小活塞 3 向上移动时，小油缸 2 的下腔容积增大，形成真空；打开单向阀 4，在大气压的作用下，油箱 12 中的油液经吸油管 5 进入小油缸 2 的下腔；用力压下手柄 1，小活塞 3 向下移动，小油缸 2 的下腔压力升高，单向阀 4 关闭，单向阀 7 打开，小油缸 2 的下腔油液经管道 6 输入大油缸 8 的下腔，使大活塞 9 向上移动，顶起重物；当再次提起手柄 1 吸油时，单向阀 7 自动关闭，使油液不能倒流，从而保证了重物不会自行下落；不断地往复扳动手柄 1，就能不断地把油液压入大油缸 8 的下腔，使重物逐渐升起。如果打开截止阀 11，大油缸 8 的下腔油液通过管道 10、截止阀 11 流回油箱 12，使大活塞 9 复位。

液压千斤顶是一个简单的液压传动系统，从其工作原理可以看出，液压传动系统是在密闭容腔内利用油液作为工作介质进行传动的。小油缸 2 和单向阀 4、7 共同组成一个能源装置（手动液压泵），将机械能转换成油液的压力能。大油缸 8 将油液的压力能转换成机械能，抬起重物，称为执行元件。由此可见，液压传动是一个不同能量的转换过程。

设小活塞、大活塞的面积分别为 A_1、A_2，作用在小活塞上的作用力为 F_1，作用在大活塞上的负载为 G，根据帕斯卡原理，在密闭容器内，施加于静止液体上的压力可以等值地同时传递到液体各点，因此小活塞和大活塞上的压力（物理学上称为压强，工程上习惯称为压力，单位为 Pa）是相等的。设此压力为 p，不计活塞运动过程中的摩擦力，则有

$$p = \frac{F_1}{A_1} = \frac{G}{A_2} \tag{1-1}$$

或

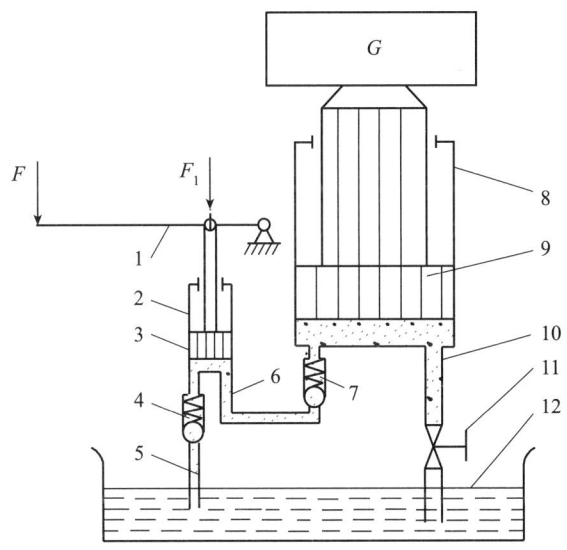

图1-1 液压千斤顶的工作原理

1—手柄；2—小油缸；3—小活塞；4、7—单向阀；5—吸油管；
6、10—管道；8—大油缸；9—大活塞；11—截止阀；12—油箱。

$$F_1 = G \frac{A_1}{A_2} \tag{1-2}$$

这说明，液压传动系统中的压力 p 取决于负载 G 的大小，即压力取决于负载，这是液压传动的第一个重要概念。当 $A_2 \gg A_1$ 时，即使 F_1 很小，系统仍然可以顶起很大的负载，这就是力的放大效应。

如果不考虑泄漏、油液的可压缩性及缸体变形等因素，小油缸吸入油液的体积应等于压入大油缸油液的体积，设小活塞、大活塞移动距离分别为 s_1、s_2，则有

$$s_1 A_1 = s_2 A_2 \tag{1-3}$$

将式（1-3）两边同时除以运动时间，并设小活塞、大活塞的运动速度分别为 v_1、v_2，当活塞稳定运动时，则有

$$v_1 A_1 = v_2 A_2 = q \tag{1-4}$$

或

$$v_2 = v_1 \frac{A_1}{A_2} = \frac{q}{A_2} \tag{1-5}$$

式中 q——流量（单位时间内流过通流截面液体的体积）。

由式（1-5）可以看出，当大活塞的面积 A_2 不变时，其运动速度取决于输入的流量，这是液压传动的第二个重要概念。

在液压传动中，压力和流量是两个最重要参数。

二、液压传动系统的组成

图1-2所示为磨床工作台液压传动系统工作原理。液压泵17由电动机（图中未标出）驱动，从油箱19中吸油。油液经过滤器18进入液压泵17，油液在泵腔中从入口低压到出口高压，在图1-2（a）所示的状态下，通过开停阀10、节流阀7、换向阀5进入液压缸

2的左腔，推动活塞3并带动工作台1向右移动。这时，液压缸2右腔的油液经换向阀5和回油管6排回油箱19。如果将换向阀手柄4转换成图1-2（b）所示的状态，则压力油将经过开停阀10、节流阀7和换向阀5进入液压缸2的右腔，推动活塞3并带动工作台1向左移动，液压缸2左腔的油液经换向阀5和回油管6排回油箱19。工作台1的往复运动是靠改变换向阀5的位置来实现的。

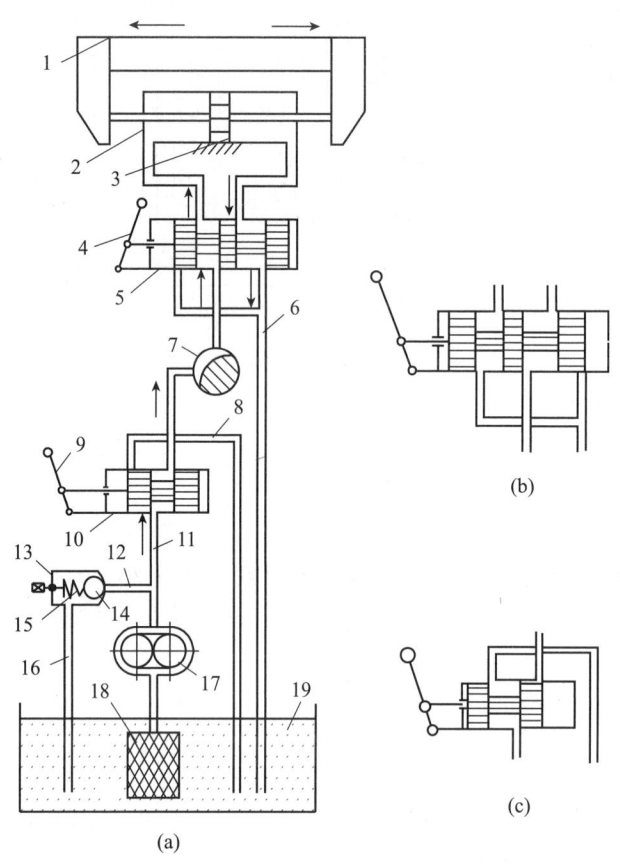

图1-2 磨床工作台液压传动系统工作原理

1—工作台；2—液压缸；3—活塞；4—换向阀手柄；5—换向阀；6、8、16—回油管；
7—节流阀；9—开停手柄；10—开停阀；11—压力管；12—压力支管；13—溢流阀；
14—钢球；15—弹簧；17—液压泵；18—过滤器；19—油箱。

为了克服移动工作台1时所受到的各种阻力，液压缸2必须产生一个足够大的推力，这个推力是由液压泵17输入到液压缸2中的油液压力所产生的。要克服的阻力越大，输入液压缸2中的油液压力越高；反之压力就越低。这种现象正说明了液压传动的一个基本原理，即压力取决于负载。

工作台1的移动速度是通过节流阀7来调节的。当节流阀7开大时，进入液压缸2中的油液增多，工作台1的移动速度增大；反之，工作台1的移动速度减小。这说明液压系统能实现无级调速，同时也说明活塞3的运动速度取决于输入液压缸2中油液的流量。

液压泵17的最大工作压力由溢流阀13调定（其调定值为液压缸2的最大工作压力及系统中油液流经阀和管道的压力损失的总和），当系统压力高于溢流阀13的调定值时，油液经压力支管 12、溢流阀 13、回油管 16 流回油箱 19。因此，系统的工作压力不会超过溢流阀 13 的调定值，溢流阀 13 对系统起到保护作用。

当开停阀 10 的开停手柄 9 向左搬动时，如图 1-2（c）所示状态，液压泵 17 输出的油液经回油管 8 流回油箱 19，不能输入至液压缸 2，此时，工作台 1 停止运动，液压泵 17 卸荷。

从磨床工作台液压传动系统的工作过程可以看出，一个完整的、能够正常工作的液压传动系统，应该由以下五个主要部分组成。

（1）动力元件——把机械能转换成液压能的元件，最常见的动力元件是液压泵，其作用是向液压系统提供压力油。

（2）执行元件——把液压能转换成机械能的元件，如做直线运动的液压缸，或做回转运动的液压马达。

（3）控制元件——对系统中油液的压力、流量或流动方向进行控制或调节的元件，如减压阀、溢流阀、节流阀、换向阀、单向阀等。

（4）辅助元件——上述三部分之外的其他元件，如油箱、滤油器、油管等。它们是保证系统正常工作的必不可少的元件。

（5）工作介质——传递能量的流体，如液压油等。

图 1-2 中的各元件是以结构符号表示的，称为结构式原理图。它有直观性强、容易理解的优点，但图形比较复杂，绘制比较烦琐。

我国制定的国家标准《流体传动系统及元件图形符号和回路图　第 1 部分：图形符号》（GB/T 786.1—2021）对元件图形符号进行了规定（参见本书附录）。

图 1-3 是根据国家标准 GB/T 786.1—2021 绘制的磨床工作台液压传动系统结构式原理图。使用这些图形符号可使液压系统图简单明了。

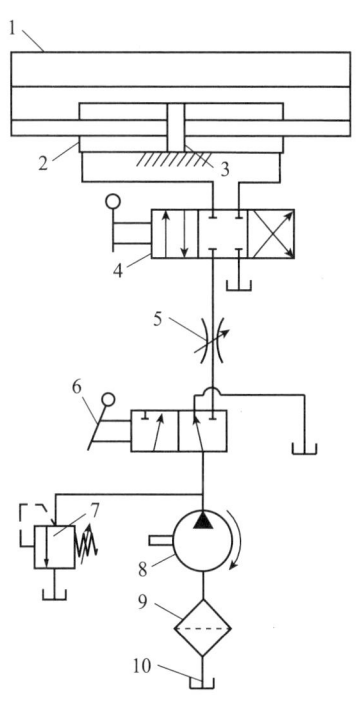

图 1-3　磨床工作台液压传动系统结构式原理图
1—工作台；2—液压缸；3—活塞；4—换向阀；5—节流阀；6—开停阀；7—溢流阀；8—液压泵；9—过滤器；10—油箱

三、液压传动的特点及应用

液压传动与机械传动、电气传动、气压传动等相比较，具有以下优点。

（1）在同等功率情况下，液压传动装置的质量小、结构紧凑、惯性小。例如，相同功率液压马达的体积约为电动机的 12%。当液压传动采用高压时，则更容易获得很大的力或力矩。

（2）液压传动可在大范围内实现无级调速。调速比一般可达 100∶1，最大调速范围可达 2000∶1，并可在液压装置运行的过程中进行调速。

（3）液压传动传递的运动均匀平稳，即当负载发生变化时，运动的速度也能保持稳定。正因为此特点，金属切削机床中的磨床传动几乎都采用液压传动。

(4) 液压传动装置易于实现过载保护，同时液压元件能自行润滑，因此使用寿命较长。

(5) 液压传动容易实现自动化。借助于各种控制阀，特别是当液压控制和电气控制结合使用时，能实现较复杂的顺序动作和远程控制。

(6) 液压元件已实现标准化、系列化和通用化，便于设计、制造和推广使用。

液压传动的缺点如下。

(1) 液压传动系统中的漏油等因素影响运动的平稳性和准确性，使得液压传动不能保证严格的传动比，因此液压传动效率比较低。

(2) 液压传动装置对温度的变化比较敏感，当温度变化时，液体黏性产生变化，从而引起液体运动特性变化，使得装置工作的稳定性受到影响，所以它不宜在温度变化很大的环境条件下工作。

(3) 为了减少泄漏，以及满足某些性能上的要求，液压元件制造精度要求较高。

(4) 液压传动系统发生故障时不易排查。

随着设计制造和使用水平的不断提高，人们正在通过技术手段克服液压传动的一些缺点。

液压传动有着广泛的发展前景，液压传动在各类机械行业中的应用实例见表 1-1。

表 1-1 液压传动在各类机械行业中的应用实例

行业名称	应用实例
机床	内外圆磨床、平面磨床、组合机床及加工自动线、数控机床及加工中心等
工程机械	挖掘机、装载机、推土机、压路机、铲运机等
起重运输机械	汽车吊、港口龙门吊、叉车、装卸机械、皮带运输机等
建筑机械	打桩机、液压千斤顶、平地机等
农业机械	联合收割机、拖拉机、农具悬挂系统等
冶金机械	电极升降机、轧钢机、压力机等
轻工机械	打包机、注塑机、校直机、橡胶硫化机、造纸机等
智能机械	模拟驾驶舱、机器人等
汽车工业	自卸式汽车、平板车、高空作业车、汽车中的转向器、减振器等

任务 2　液压油

液压油是液压系统的工作介质，不仅起到传递能量的作用，而且对液压系统的机构和零件起润滑、冷却、防锈、分离和沉淀杂质等作用。当液压系统工作时，其压力、温度和速度等在很大的范围内变化，液压油质量的好坏直接影响液压系统的工作性能，因此合理选用液压油是十分必要的。

一、液压油的性质

1. 密度

单位体积液体的质量称为该液体的密度，用 ρ 表示，单位为 kg/m^3，即

$$\rho=\frac{m}{V} \tag{1-6}$$

式中 m——液体的质量；

V——液体的体积。

密度是液压油的一个重要参数，随温度的升高而降低，随压力的升高而增大。液压传动系统中常用的液压油，在常用的温度和压力范围内，密度变化很小，可忽略不计。一般取液压油的密度为 900 kg/m³。

2. 可压缩性

液体受压力的作用而发生体积变化的性质称为液体的可压缩性。可压缩性用体积压缩系数 k 来表示。它表示当温度不变时，单位压力变化下的液体体积相对变化量，即

$$k=-\frac{1}{\Delta p}\frac{\Delta V}{V} \tag{1-7}$$

式中 V——增压前液体的体积；

ΔV——液体体积的变化量；

Δp——液体压力的变化量。

因为压力增大时液体的体积减小，所以式（1-7）中的右边加一个负号，使 k 为正值。液体压缩系数 k 的倒数称为液体的体积弹性模量，用 K 表示，即

$$K=\frac{1}{k}=-\frac{V\Delta p}{\Delta V} \tag{1-8}$$

在实际应用中，常用体积弹性模量 K 表示液体的抗压缩能力，K 越大，则表明液体的抗压缩能力越强。

液压油的体积弹性模量 K 为 $(1.2\sim2.0)\times10^3$ MPa，其值很大，一般认为液压系统的液压油是不可压缩的。只有在系统压力很高或分析研究系统的动态特性时，才考虑液压油的可压缩性。但是，若液压油中混入空气，其压缩性将显著增加，并严重影响系统工作性能，故在液压系统中尽量减少油液中空气的含量。由于液压油中的气体不可能完全排出，在实际计算中常取液压油体积弹性模量 $K=(0.7\sim1.4)\times10^3$ MPa。

3. 黏性

（1）黏性的定义。

液体在外力作用下流动时，液体分子间的内聚力会阻碍分子间的相对运动，即分子间会产生一种内摩擦力，这一特性称为液体的黏性。黏性是液体很重要的物理性质，也是液压油选择的主要依据。

如图 1-4 所示，两平行平板间充满液体，两平行平板间的距离为 h。当下平板固定不动，上平板以速度 u_0 向右运动时，由于液体黏性的作用，紧贴于上平板的流体黏附于上平板，其速度与上平板相同；紧贴于下平板的流体黏附于下平板，速度为零。中间流体的速度按线性分布。我们把这种流动看成是许多无限薄的流体层在运动，当运动较快的流体层在运动较慢的流体层上滑过时，两层间由于黏性就产生内摩擦力。

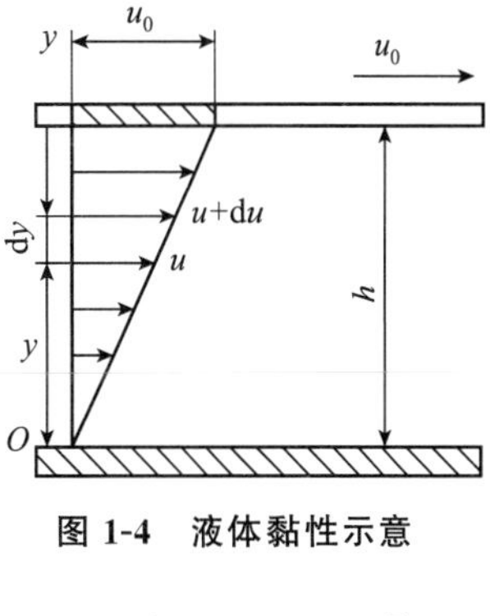

图 1-4 液体黏性示意

实验结果表明，流体层间的内摩擦力 F 与流体层的接触面积 A 及流体层的相对流速 $\mathrm{d}u$ 成正比，而与液层间的距离 $\mathrm{d}y$ 成反比，即

$$F = \mu A \frac{\mathrm{d}u}{\mathrm{d}y} \tag{1-9}$$

式中　μ——比例系数，称为动力黏度；

若以 τ 表示液层间的切应力，即单位面积上的内摩擦力，则式（1-9）可以写成

$$\tau = \frac{F}{A} = \mu \frac{\mathrm{d}u}{\mathrm{d}y} \tag{1-10}$$

式中　$\dfrac{\mathrm{d}u}{\mathrm{d}y}$——速度梯度。

式（1-10）称为牛顿液体内摩擦定律。在静止液体中，因速度梯度 $\dfrac{\mathrm{d}u}{\mathrm{d}y}=0$，故内摩擦力为零，因此静止液体不呈现黏性。

（2）液体的黏度。

液体黏性的大小用黏度来表示。常用的黏度表示方法有三种，即动力黏度、运动黏度和相对黏度。

① 动力黏度 μ。其物理意义是：当速度梯度等于 1 时，流动液体液层间单位面积上产生的切应力 τ 称为动力黏度，又称绝对黏度，单位为 $\mathrm{N\cdot s/m^2}$（牛·秒/平方米）或 $\mathrm{Pa\cdot s}$（帕·秒），即

$$\mu = \frac{\tau}{\dfrac{\mathrm{d}u}{\mathrm{d}y}} \tag{1-11}$$

② 运动黏度 ν。动力黏度与液体密度的比值，单位为 $\mathrm{m^2/s}$（平方米/秒），即

$$\nu = \frac{\mu}{\rho} \tag{1-12}$$

运动黏度 ν 无明确的物理意义，因为在其单位中只有长度和时间量纲。但在工程中，常用它来表示液体的黏度。液压油的牌号，就是采用它在 40 ℃ 时运动黏度的平均值来标号。例如，L-HL32 液压油是指，这种液压油在 40 ℃ 时运动黏度的平均值为 32 $\mathrm{mm^2/s}$。

③ 相对黏度。相对黏度又称条件黏度。它是采用特定的黏度计，在规定的条件下测出的液体黏度。根据测试条件的不同，各国采用的相对黏度单位也不同。我国和一些欧洲国家采用恩氏黏度，美国采用赛氏秒，英国采用雷氏秒。

恩氏黏度用 °E 代表，采用恩格勒黏度计测定，即在某一特定温度 t 时，测定 200 mL 液体流过 ϕ2.8 小孔所需的时间 t_1 与同体积蒸馏水在 20 ℃ 时流过同一小孔时间 t_2，两者的比值即为该液体在温度 t 时的恩氏黏度，即

$$°E_t = \frac{t_1}{t_2} \tag{1-13}$$

恩氏黏度与运动黏度的换算经验公式为

$$\nu = \left(7.31°E - \frac{6.31}{°E}\right) \times 10^{-6} \tag{1-14}$$

（3）黏度的影响因素。

液体的黏度随液体的压力和温度变化而变化。当压力增加时，液体分子间距离减小，内聚力增加，其黏度也有所增加。在液压系统中，若系统的压力不高，压力对黏度的影响很小，可忽略不计。当压力高于 50 MPa 时，压力对黏度的影响较明显，则必须考虑压力对黏度的影响。

液压油的黏度对温度的变化很敏感，温度升高，黏度降低。我们希望液压油的黏度随温度的变化越小越好，即黏温特性好。黏度的变化与液压系统的能量损失和泄漏量有直接的关系，黏度增大，能量损失增加，泄漏量减小；反之，能量损失减小，泄漏量增加。液压油的黏温特性可以用黏度指数 VI 来表示，VI 值越大，表示油液黏度随温度的变化率越小，即黏温特性越好。一般液压油要求 VI 值在 90 以上，精制的液压油及加入添加剂的液压油，其 VI 值可大于 100。图 1-5 所示为几种液压油黏温特性。

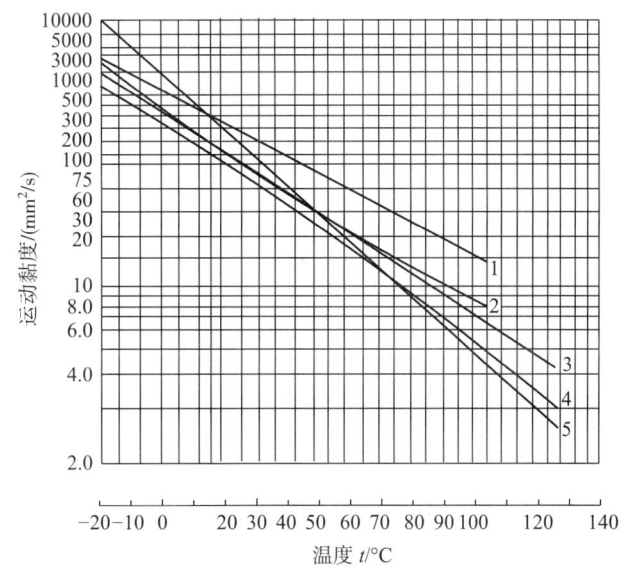

图 1-5　几种液压油黏温特性

1—水包油乳化液；2—水-乙二醇液；3—矿油型高黏度指数液压油；
4—矿油型普通液压油；5—磷酸酯传动液。

二、液压油的选用

1．液压油的性能要求

（1）黏温特性好，即在工作温度变化的范围内，油的黏度随温度的变化小。
（2）润滑性好。因为油液既是工作介质，又是相对运动零件的润滑剂。
（3）化学稳定性好，不易氧化。
（4）质地纯净，抗泡沫性好。油液中不应含有腐蚀性的物质，以免侵蚀机件和密封装置。
（5）闪点要高，凝固点要低。

2．液压油的分类

液压油产品可用统一的形式表示，如 L-HL32。在该符号中，L 表示类别（润滑剂、工业用油和相关产品），HL表示液压油的品种（具有抗氧化和防锈性能普通液压油），32是黏度等级代号。表1-2所示是常用液压油的分类。

表1-2 常用液压油的分类

分类	名称	代号	组成和特性	应用
矿物油型	精制矿物油	L-HH	无抗氧化剂	循环润滑油、低压液压系统
	普通液压油	L-HL	L-HH油，改善防锈性和抗氧化性	一般设备中低压液压系统
	抗磨液压油	L-HM	L-HL油加添加剂，改善抗磨性能	中压、高压液压系统，如工程机械、车辆
	低温液压油	L-HV	L-HM油加添加剂，改善黏温特性	能在-40~-20℃环境工作
	高黏度指数液压油	L-HR	L-HL油加添加剂，改善黏温特性	用于数控机床液压系统
	液压导轨油	L-HG	L-HM油加添加剂，改善黏温特性	液压和导轨润滑合用的系统
	汽轮机油	L-TSA	深度精制矿物油型添加剂，改善抗氧化性、抗泡沫性	汽轮机专用油，可作液压代用油，用于一般液压系统
抗燃液 含水型	水包油型乳化液	L-HFA	又称高水基液，难燃，黏温特性好，有一定防锈能力，润滑性差，易泄漏	有抗燃性要求，油液用量大且泄漏严重的系统
	油包水型乳化液	L-HFB	既有矿物油型的抗磨、防锈性能，又具有抗燃性	有抗燃要求的中压系统
	水-乙二醇液压液	L-HFC	难燃，黏温特性和抗蚀性好，能在-30~60℃环境工作	有抗燃要求的中低压系统
合成型	磷酸酯液压液	L-HDR	难燃，润滑抗磨性能好，能在-54~135℃温度范围内工作，缺点是有毒	有抗燃要求的高压精密液压系统

3. 液压油的选用

应先根据液压系统的环境与工作条件选用合适的液压油类型，类型确定后再选择油的牌号。对于液压油牌号的选择，主要是选择油液黏度等级，这是因为油液黏度对液压系统的稳定性、可靠性、效率、温升以及磨损都有显著的影响。在选择油液黏度时应注意以下几个方面的情况。

（1）液压系统的工作压力。工作压力较高的液压系统宜选用黏度较大的液压油，以便于密封，减少泄漏；反之，可选用黏度较小的液压油。

（2）环境温度。环境温度较高时宜选用黏度较大的液压油，因为环境温度高会使油的黏度下降。

（3）运动速度。当工作部件的运动速度较高时，为减小液流的摩擦损失，宜选用黏度较小的液压油。

在液压系统的所有元件中，以液压泵对液压油的性能最为敏感，因为泵内零件的运动速度最高,承受的压力最大,且承压时间长,温升高。因此,常根据液压泵的类型及其要求来选择液压油的黏度。各类液压泵适用的黏度范围见表1-3。

表1-3 各类液压泵适用的黏度范围

液压泵类型		环境温度 5~40 ℃ $\nu/(\times 10^{-6}\ m^2 \cdot s^{-1})$（40 ℃）	环境温度 40~80 ℃ $\nu/(\times 10^{-6}\ m^2 \cdot s^{-1})$（40 ℃）
叶片泵	$p < 7 \times 10^6$ Pa	30~50	40~75
	$p \geq 7 \times 10^6$ Pa	50~70	55~90
齿轮泵		30~70	95~165
轴向柱塞泵		40~75	70~150
径向柱塞泵		30~80	65~240

三、液压油的污染及其控制

液压油被污染,常常是系统发生故障的主要原因。因此,防止液压油遭受污染是十分重要的。

1. 污染的危害

液压油被污染指的是液压油中含有水分、空气、微小固体颗粒及胶状生成物等杂质。液压油被污染对液压系统造成的危害主要有以下几个方面。

(1) 固体颗粒和胶状生成物堵塞滤油器,使液压泵吸油困难,产生噪声;堵塞阀类元件小孔或缝隙,使其动作失灵。

(2) 微小固体颗粒会加速零件的磨损,影响液压元件的正常工作;同时,也会擦伤密封件,使泄漏增加。

(3) 水分和空气的混入会降低液压油的润滑能力,并使其氧化变质;产生气蚀,加速液压元件的损坏;使液压系统出现振动、爬行等现象。

2. 污染的原因

液压油被污染的原因主要有以下几个方面。

(1) 残留物污染。残留物污染主要是指液压元件在制造、储存、运输、安装和维修过程中带入的砂粒、铁屑、磨料、焊渣、锈片、油垢、棉纱和灰尘等,虽经清洗,但未清洗干净而残留下来,造成液压油被污染。

(2) 侵入物污染。侵入物污染主要是指周围环境中的污染物(空气、尘埃、水滴等)通过一切可能的侵入点,如外露的往复运动活塞杆、油箱的进气孔和注油孔等侵入系统,造成液压油被污染。

(3) 生成物污染。生成物污染主要是指液压系统在工作过程中产生的金属微粒、密封材料磨损颗粒、涂料剥离片、水分、气泡及油液变质后的胶状生成物等,造成液压油被污染。

3. 污染的控制

液压油被污染的原因很复杂,液压油自身又在不断产生污染物,因此要彻底消除污染是很困难的。但是，为了延长液压元件的使用寿命，保证液压系统正常工作，必须将液压油的污染程度控制在一定范围之内。在生产实际中，常采取以下几种措施来控制液压油的污染。

（1）消除残留物污染。液压装置组装前后，必须对其零部件进行严格清洗。

（2）力求减少外来污染。油箱通大气处要加空气滤清器，向油箱注油应通过滤油器，维修拆卸元件应在无尘区进行。

（3）滤除系统产生的杂质。应根据需要，在系统的有关部位设置适当精度的滤油器，并且要定期检查、清洗或更换滤芯。

（4）定期检查更换液压油。应根据液压设备使用说明书的要求和维护保养规程的规定，定期检查更换液压油。换油时要清洗油箱，冲洗系统管道及元件。

任务 3　液体静力学基础

液体静力学研究液体处于静止状态下的力学规律以及这些规律的应用。静止液体是指液体内部质点间无相对运动，而液体整体可以像刚体一样做各种运动。

一、液体静压力

1. 液体静压力及其特性

静止液体单位面积上所受的法向力称为静压力，在物理学中称为压强，在液压技术中称为压力。

如果在静止液体内某质点处微小面积 ΔA 上作用有法向力 ΔF，则 $\Delta F/\Delta A$ 的极限就是该点的静压力，用 p 表示，即

$$p = \lim_{\Delta A \to 0} \frac{\Delta F}{\Delta A} \tag{1-15}$$

若法向力 F 均匀地作用在面积 A 上，则压力表示为

$$p = \frac{F}{A} \tag{1-16}$$

静压力具有下述两个重要特征。

（1）液体静压力垂直于作用面，其方向与该面的内法线方向一致。

（2）在静止液体中，任何一点所受到的各方向的静压力都相等。

2. 液体静力学方程

在重力作用下，密度为 ρ 的液体在容器中处于静止状态。除了液体的重力外，还有液面上的压力 p_0。为求出任意深度 h 处的压力 p，可从液体内部取出一个底面积为 dA、高为 h 的小液柱为研究体，如图1-6 所示。作用在小液柱侧面上的力，因为对称分布而相互抵消。由于小液柱处于平衡状态，在垂直方向的力平衡方程为

$$p\,dA = p_0\,dA + \rho g h\,dA$$

因此

$$p = p_0 + \rho g h \tag{1-17}$$

式（1-17）即为液体静力学方程。由此可知，重力作用

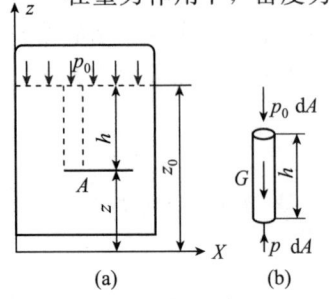

图 1-6　静止液体的压力

下的静止液体的压力分布有如下特点。

(1) 静止液体内任一点的压力都由两部分组成：液面上的压力 p_0 和该点以上液体的重力 $\rho g h$。当液面作用为大气压 p_a 时，液体内任意点的压力为

$$p = p_a + \rho g h \tag{1-18}$$

(2) 静止液体内的压力 p 随液体深度 h 呈线性规律递增；

(3) 距液面深度相同的各点组成了等压面，这个等压面是一个水平面。

在液压传动中，液体重力引起的压力通常很小，可以忽略不计。液体静压力取决于外加压力。

3. 压力表示方法和单位

压力有两种表示方法：绝对压力和相对压力。以绝对真空为基准度量的压力叫作绝对压力；以大气压为基准度量的压力叫作相对压力（或表压力）。因为大多数测量仪表都受大气压作用，所以这些仪表指示的压力是相对压力。在液压与气压传动系统中，如无特别说明，提到的压力均指相对压力。

绝对压力＝大气压力＋相对压力

如果液体中某点的绝对压力小于大气压力，比大气压力小的那部分数值叫作该点的真空度。图 1-7 所示为绝对压力、相对压力和真空度的关系。

真空度＝大气压力－绝对压力

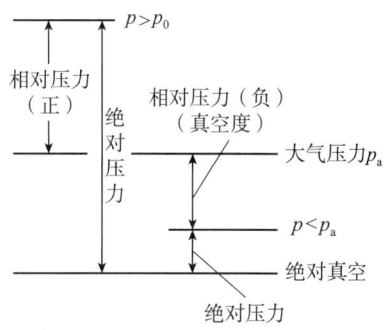

图 1-7　绝对压力、相对压力和真空度的关系

压力的单位为 Pa（帕斯卡，简称帕），$1\text{ Pa} = 1\text{ N/m}^2$。由于 Pa 的单位量值太小，在工程上常采用 kPa（千帕）和 MPa（兆帕），它们之间的换算关系是

$$1\text{ MPa} = 10^3\text{ kPa} = 10^6\text{ Pa}$$

压力的单位还有 atm（标准大气压）、以前沿用的单位 bar（巴）、工程大气压单位 at（kgf/cm^2），以及水柱高或汞柱高等，各压力单位的换算关系为

$$1\text{ atm} = 0.101\,325 \times 10^6\text{ Pa}$$
$$1\text{ bar} = 10^5\text{ Pa}$$
$$1\text{ at} = 0.981 \times 10^5\text{ Pa}$$
$$1\text{ mH}_2\text{O} = 9.8 \times 10^3\text{ Pa}$$
$$1\text{ mmHg} = 1.33 \times 10^2\text{ Pa}$$

二、静止液体内压力的传递

由液体静力学方程 (1-17) 可知，在密闭容器内的液体，当液面上的压力 p_0 发生变化时，只要液体仍保持原来的静止状态不变，则液体内任一点的压力将发生同样大小的变化。也就是说，在密闭容器内，施加于静止液体的压力可以等值地传递到液体各点。这就是帕斯卡原理，或称静压力传递原理。

在液压传动概述中,已以液压千斤顶为例,对帕斯卡原理在液压系统中的应用做了详细分析,这里不再赘述。

三、液体静压力作用在固体壁面上的力

液体与容器的固体表面相接触时,固体表面将受到液体静压力的作用。当固体表面是平面时,作用在该平面上的力 F 等于静压力 p 与承压面积 A 的乘积,作用力的方向垂直指向该平面,即

$$F = pA \tag{1-19}$$

当固体表面为图 1-8 所示的曲面时,如果液压油对液压缸右半部缸筒内壁在 x 方向上的作用力为 F_x,取微小面积 $\mathrm{d}A = l\mathrm{d}s = lr\mathrm{d}\theta$,则作用在该面积上的力 $\mathrm{d}F$ 的水平分量为

$$\mathrm{d}F_x = \mathrm{d}F\cos\theta = p\mathrm{d}A\cos\theta = plr\cos\theta\mathrm{d}\theta \tag{1-20}$$

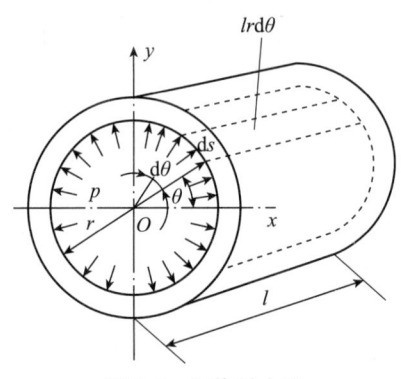

图 1-8 缸体受力图

所以,液压油对缸筒内壁在 x 方向上的作用力为

$$F_x = \int_{-\frac{\pi}{2}}^{\frac{\pi}{2}} \mathrm{d}F_x = \int_{-\frac{\pi}{2}}^{\frac{\pi}{2}} plr\cos\theta\mathrm{d}\theta = 2plr = pA_x \tag{1-21}$$

式中 A_x——液压缸右半部内壁在 x 方向上的投影面积,$A_x = 2rl$。

可见,液体对曲面在某方向上的作用力等于液体压力和曲面在该方向上的投影面积的乘积。

任务 4 液体动力学基础

液体动力学的主要内容是研究液体流动时速度和压力的变化规律。液体动力学涉及三个基本方程:流量连续性方程、伯努利方程和动量方程。前两个方程反映压力、流速与流量之间的关系,后一个方程用来解决流动液体与固体壁面间的作用力问题。这三个方程是液压技术设计计算的理论依据。

一、基本概念

1. 理想液体和恒定流动

由于液体具有黏性,因此在研究流动液体时必须考虑黏性的影响。液体的黏性问题非常复杂,为了便于分析和计算,可先假设液体没有黏性,然后再考虑黏性的影响,再通过

实验方法对理想化的结论进行修正。为此，通常把既无黏性又不可压缩的液体称为理想液体，把既有黏性又可压缩的液体称为实际液体。

当液体流动时，若液体中任一点的压力、流速和密度都不随时间而变化，则称为恒定流动（亦称稳定流动或定常流动）。反之，只要一个参数随时间发生变化，就称为非恒定流动。

2. 通流截面、流量和平均流速

液体在管道中流动时，垂直于流体流动方向的截面称为通流截面。

单位时间内流过通流截面的液体体积称为流量，用 q 表示，单位为 m^3/s。

液体流量和平均流速的关系如图 1-9（a）所示。取微小通流面积 dA，该截面上各点的速度可以认为是同一个值 u，则通过该截面的流量 dq 为

$$dq = u dA$$

则流过整个通流截面 A 的流量为

$$q = \int_A u dA \tag{1-22}$$

实际液体在管道中流动时，由于具有黏性，通流截面上各点速度 u 一般是不相等的，如图 1-9（b）所示，欲求流速在整个截面上的分布规律较困难，因此利用式（1-22）求解流量较为困难。为了便于解决问题，常用一个假想的平均流速 v 来求流量，并认为以平均流速计算通流截面的流量与实际流量相等，即

$$q = \int_A u dA = vA$$

由此得出通流截面的平均流速为

$$v = \frac{q}{A} \tag{1-23}$$

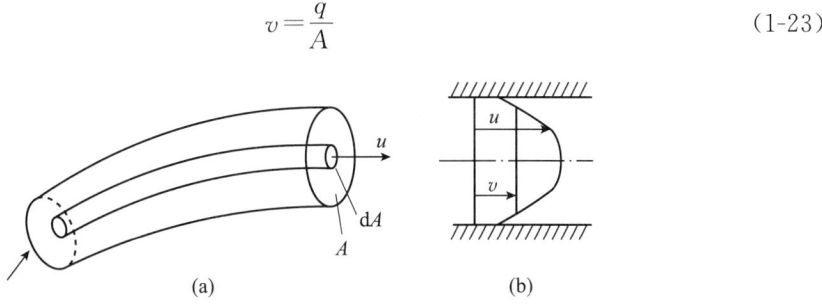

图 1-9 液体流量和平均流速的关系

3. 层流、紊流、雷诺数

液体的流动有两种状态，即层流和紊流。这两种流动状态的物理现象可以通过雷诺实验观察出来，雷诺实验装置如图 1-10 所示。

水箱 6 由进水管 2 不断供水，并由溢流管 1 保持水箱水面高度恒定。容器 3 内盛有红色水，将阀门 4 打开后，红色水即经细导管 5 流入水平玻璃管 7 中。调节阀门 8 的开度使玻璃管 7 中的液体流速较小时，红色水在玻璃管 7 中呈一条明显的直线，这条红线和清水不相混杂，如图 1-10（b）所示，表明管中的液流是分层的，层与层之间互不干扰，液体的这种流动状态称为层流。将阀门 8 逐渐开大，当玻璃管 7 中的水流速增大至某一值时，可看到红线开始抖动而呈波纹状，如图 1-10（c）所示，这表明层流状态受到破坏，液流

开始紊乱。若使玻璃管中流速进一步增大,红色水流和清水完全混合,红线便完全消失,如图 1-10 (d) 所示,这表明玻璃管中的液流完全紊乱,这时液体的流动状态称为紊流。如果将阀门 4 逐渐关小,就会看到相反的过程。

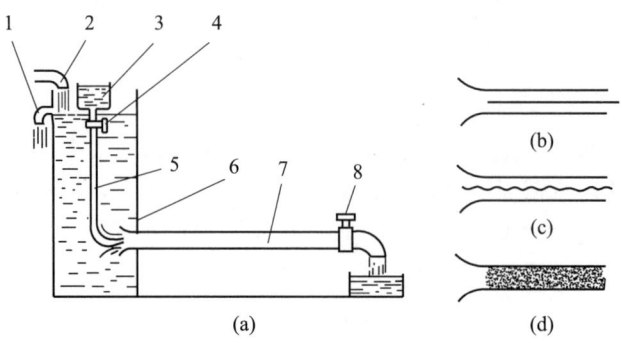

图 1-10 雷诺实验装置

1—溢流管；2—进水管；3—容器；4—阀门；5—细导管；
6—水箱；7—玻璃管；8—调节阀门。

实验还证明,液体在圆管中的流动状态不仅与管内的平均流速 v 有关,还与管道内径 d、液体的运动黏度 ν 有关。实际上,判定液流状态的是上述三个参数所组成的一个无量纲数,称为雷诺数 Re,即

$$Re = \frac{vd}{\nu} \tag{1-24}$$

对通流截面相同的管道来说,若液流的雷诺数 Re 相同,它的流动状态就相同。液流由层流转变为紊流时的雷诺数和由紊流转变为层流时的雷诺数是不同的,后者的数值较前者小,所以一般都用后者作为判断液流状态的依据,称为临界雷诺数,记作 Re_{cr}。当液流的实际雷诺数 Re 小于临界雷诺数 Re_{cr} 时,为层流；反之,为紊流。常见液流管道的临界雷诺数由实验求得,如表 1-4 所示。

表 1-4 常见液流管道的临界雷诺数

管道	Re_{cr}	管道	Re_{cr}
光滑金属圆管	2320	带环槽的同心环状缝隙	700
橡胶软管	1600~2000	带环槽的偏心环状缝隙	400
光滑的同心环状缝隙	1100	圆柱形滑阀阀口	260
光滑的偏心环状缝隙	1000	锥阀阀口	20~100

对于非圆截面的管道,雷诺数 Re 可用下式计算

$$Re = \frac{4Rv}{\nu} \tag{1-25}$$

式中的 R 为通流截面的水力半径,可按下式求得

$$R = \frac{A}{x} \tag{1-26}$$

式中 A——通流截面的面积；

x——湿周长度，即通流截面上与液体相接触的管壁周长。

水力半径的大小反映了管道通流能力的强弱。水力半径大，意味着液流和管壁的接触周长短，管壁对液流的阻力小，通流能力强。

二、连续性方程

连续性方程是质量守恒定律在流体力学中的一种表达形式。设液体在图1-11所示的管道中做恒定流动。若任取的1、2两个通流截面的面积分别为A_1和A_2，并且在该两截面处的液体密度和平均流速分别为ρ_1、v_1和ρ_2、v_2，则根据质量守恒定律，在单位时间内流过两个截面的液体质量相等，即

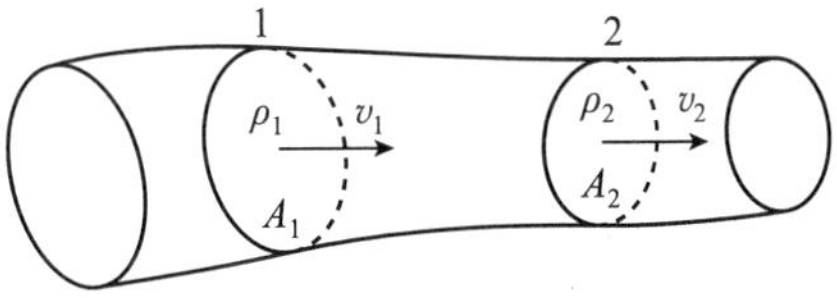

$$\rho_1 v_1 A_1 = \rho_2 v_2 A_2$$

图1-11 液流的连续性原理
1、2—通流截面。

当忽略液体的可压缩性时，$\rho_1 = \rho_2$，则得

$$v_1 A_1 = v_2 A_2 \tag{1-27}$$

或写成

$$q = vA = 常数 \tag{1-28}$$

式（1-28）就是液流的连续性方程。该方程表明：在密闭管路内做恒定流动的理想液体，不论平均流速和通流截面沿流程怎样变化，流过各个截面的流量是不变的。因而，流速与通流截面的面积成反比。

三、伯努利方程

伯努利方程是能量守恒定律在液体力学中的一种表达方式。它主要反映动能、势能、压力能三种能量的转化。

1. 理想液体伯努利方程

设密度为ρ的理想液体在图1-12所示的管道内做恒定流动，任取一段液流AB作为研究对象，设A、B两个截面距基准面的高为h_1和h_2，通流截面的面积分别为A_1和A_2，压力分别为p_1和p_2；由于是理想流体，截面上的流速可以认为是均匀分布的，故设A、B截面的流速分别为v_1和v_2，假设经过很短的时间Δt以后，AB段液体移动到$A'B'$位置。现分析该段液体的做功和能量变化情况。

（1）外力所做的功。

作用在该段液体上的外力有侧面和两截面的压力。因理想液体无黏性，侧面压力不能产生摩擦力做功，故外力所做的功为两截面压力所做的功的代数和，即

$$w = p_1 A_1 v_1 \Delta t - p_2 A_2 v_2 \Delta t$$

由连续性方程可知

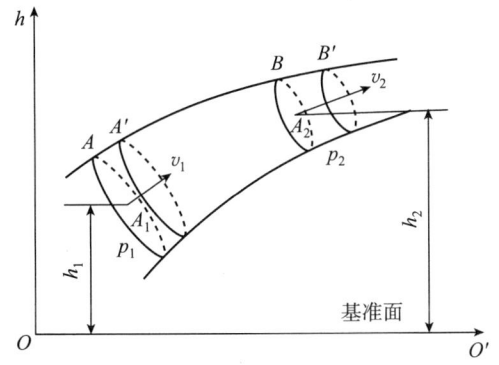

图1-12 伯努利方程推导示意图

$$A_1 v_1 = A_2 v_2 = q$$

或

$$A_1 v_1 \Delta t = A_2 v_2 \Delta t = q \Delta t = \Delta V$$

式中　ΔV——AA'或BB'间微小液体的体积。

故有

$$w = (p_1 - p_2) \Delta V$$

（2）液体机械能变化。

因是理想液体做恒定流动，经过时间Δt后，中间$A'B$段液体的所有力学参数均未发生变化，故这段液体的能量没有增减。液体机械能的变化仅表现在BB'和AA'两小段液体的能量差别上。由于前后两段液体有相同的质量，则

$$\Delta m = \rho_1 v_1 A_1 \Delta t = \rho_2 v_2 A_2 \Delta t = \rho q \Delta t = \rho \Delta V$$

所以，两段液体的势能差ΔE_P和动能差ΔE_K分别为

$$\Delta E_P = \rho g q \Delta t (h_2 - h_1) = \rho g \Delta V (h_2 - h_1)$$

$$\Delta E_K = \frac{1}{2} \rho q \Delta t (v_2^2 - v_1^2) = \frac{1}{2} \rho \Delta V (v_2^2 - v_1^2)$$

根据能量守恒定律，外力对液体所做的功等于该液体能量的变化量，$w = \Delta E_P + \Delta E_K$，即

$$(p_1 - p_2) \Delta V = \rho g \Delta V (h_2 - h_1) + \frac{1}{2} \rho \Delta V (v_2^2 - v_1^2)$$

将上式各项分别除以微小段液体的体积ΔV，整理后得理想液体伯努利方程，即

$$p_1 + \rho g h_1 + \frac{1}{2} \rho v_1^2 = p_2 + \rho g h_2 + \frac{1}{2} \rho v_2^2 \tag{1-29}$$

或写成

$$p + \rho g h + \frac{1}{2} \rho v^2 = 常数 \tag{1-30}$$

因此，伯努利方程的物理意义是：在密封管道内做恒定流动的理想液体具有三种形式的能量，即压力能、势能和动能，在流动过程中，三种能量可以相互转化，但各个通流截面上三种能量之和为常数。

2. 实际液体的伯努利方程

实际液体在管道内流动时，由于液体存在黏性，会产生内摩擦力；由于管道形状和尺寸的变化，流体会产生扰动。这些都会消耗能量。因此，实际液体流动时存在能量损失。

另外，由于实际液体在管道通流截面上的流速分布是不均匀的，在用平均流速代替实际流速计算动能时，必然会有误差，为了修正这一误差，引入动能修正系数α，它等于单位时间内某截面处的实际动能与按平均流速计算的动能之比。设单位体积的液体在两截面之间流动的能量损失为ΔP_W，因此，实际流体的伯努利方程为

$$p_1 + \rho g h_1 + \frac{1}{2} \rho \alpha_1 v_1^2 = p_2 + \rho \alpha_2 g h_2 + \frac{1}{2} \rho v_2^2 + \Delta P_W \tag{1-31}$$

式中，当流体的流动状态为紊流时取$\alpha = 1$，当流体的流动状态为层流时取$\alpha = 2$。

伯努利方程揭示了液体流动过程中的能量变化规律，因此它是流体力学中的一个特别重要的基本方程。伯努利方程不仅是进行液压系统分析的理论基础，还可以用来对多种液压问题进行研究和计算。

在应用伯努利方程时,必须注意以下问题。

(1) 截面 1、2 应顺流方向选取 (否则 ΔP_w 为负值),且应选在缓变的通流截面上(截面近似为平面)。

(2) p 和 h 应为同一截面的同一点上的两个参数,为方便起见,通常把这两个参数都取在通流截面中心处。

四、动量方程

动量方程是动量定律在流体力学中的具体应用。在液压传动中,经常要计算液流作用在壁面上的力,这个问题用动量定理来解决比较方便。动量定理指出:作用在物体上的力等于物体动量变化率,即

$$\sum F = \frac{\mathrm{d}(mu)}{\mathrm{d}t} \tag{1-32}$$

将动量定理应用于图 1-13 所示的做恒定流动的液体。取两端通流截面 1、2 所围的液体体积(控制体积)为研究对象。通流截面 1、2 为控制表面。通流截面 1、2 的通流截面面积分别为 A_1、A_2,流速分别为 u_1、u_2。设 1—2 段所围液体在 t 时刻的动量为 $(mu)_{1-2}$。经过 Δt 时间后,该段液体流动到 $1'-2'$ 位置,其动量为 $(mu)_{1'-2'}$。在 Δt 时间内控制体积内动量变化为

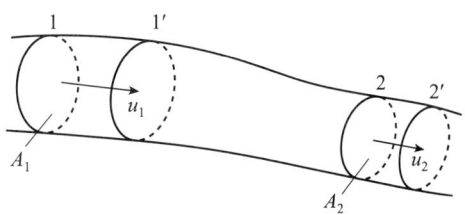

图 1-13 做恒定流动的液体的动量变化
1、2—通流截面。

而
$$\Delta(mu) = (mu)_{1'-2'} - (mu)_{1-2}$$
$$(mu)_{1-2} = (mu)_{1-1'} + (mu)_{1'-2}$$
$$(mu)_{1'-2'} = (mu)_{1'-2} + (mu)_{2-2'}$$

由于液体为恒定流动,控制体积内液体在 Δt 时间内的动量变化,实际上是两段微小单元 $2-2'$ 和 $1-1'$ 之间的动力差,而在 $1'-2$ 之间所围的液体的动量没有变化,若忽略液体的可压缩性,则

$$\Delta(mu) = (mu)_{1'-2'} - (mu)_{1-2}$$
$$= (mu)_{2-2'} - (mu)_{1-1'}$$
$$= \rho q \Delta t u_2 - \rho q \Delta t u_1$$

用通流截面的平均流速 v 取代微元体的流速 u,需要引入动量修正系数 β,则得

$$\sum F = \rho q_v (\beta_2 v_2 - \beta_1 v_1) \tag{1-33}$$

式 (1-33) 即为液体做恒定流动时的动量方程。方程表明,作用在流体控制体积上的外力总和等于单位时间内流出控制表面与流入控制表面的流体动量之差。式 (1-33) 为矢量表达式,在应用中可根据问题的具体要求,向指定方向投影,列出该指定方向上的动量方程,从而求出作用力在该方向上的分量。

由动量方程可知,流体在流动过程中,若其速度的大小、方向发生变化,则一定有力作用在流体上;同时,流体也以大小相等、方向相反的力作用在使其速度改变的物体上。由此,可求得流动流体对固体壁面的作用力。其中,由于液体稳定流动而引起液体对固体壁面的附加作用力,称为稳态液动力。

任务 5　液体流动时的压力损失

实际液体在管道中流动时，因其具有黏性而产生摩擦力，故有能量损失。在液压管路中能量损失表现为液体的压力损失。损失的能力转化为热能，使液压系统温度升高，甚至性能变差。因此，在设计液压系统时应尽量减小压力损失。压力损失可分为两种，一种是沿程压力损失，一种是局部压力损失。

一、沿程压力损失

液体在等截面直管中流动时因黏性摩擦而产生的压力损失，称为沿程压力损失。液体的流动状态不同，所产生的沿程压力损失值也不同。

管道中流动的液体为层流时，液体质点在做有规则的流动，因此可以用数学方法全面探讨其流动时各参数变化间的相互关系，并推导出沿程压力损失的计算公式。经理论推导和实验证明，沿程压力损失可用式（1-34）计算

$$\Delta p_\lambda = \lambda \frac{l}{d} \frac{\rho v^2}{2} \tag{1-34}$$

式中　Δp_λ——沿程压力损失；

　　　λ——沿程阻力系数；

　　　l——管道的长度；

　　　d——管道的直径；

　　　v——液体的平均流速；

　　　ρ——液体的密度。

式（1-34）不仅适用于层流，也适用于紊流，只是 λ 取值不同。在层流时，λ 的理论值为 $64/Re$，而在实际情况中，由于各种因素的影响，λ 的值要大些。例如，对光滑金属管取 $\lambda=75/Re$，对橡胶管取 $\lambda=80/Re$。紊流时的 λ 不仅与雷诺数有关，还与管壁的粗糙度有关，具体的 λ 取值请查阅相关手册。

二、局部压力损失

液体流经管道的弯头、接头、突变截面以及过滤网等局部装置时，会使液流的方向和大小发生剧烈的变化，形成旋涡，并产生强烈的相互撞击现象，从而造成能量损失。这种能量损失表现为局部压力损失。由于其流动状况极为复杂，影响因素较多，局部压力损失值不易从理论上进行分析计算。因此，一般是先用实验来确定局部压力损失的局部阻力系数，再按公式计算局部压力损失值。局部压力损失计算公式为

$$\Delta p_\xi = \xi \frac{\rho v^2}{2} \tag{1-35}$$

式中　ξ——局部阻力系数。各种局部装置结构的 ξ 是由实验测定的，可查相关手册。

虽然各种局部压力损失的形式不同，但物理本质是相同的，故式（1-35）可以认为是局部压力损失的一般表达式。

液流通过各种阀类元件时产生的局部压力损失，可从阀的产品目录中查得。查得的局部压力损失为在额定流量 q_n 下的压力损失 Δp_n。当实际流量 q 不是额定流量时，通过阀

的局部压力损失的计算公式为

$$\Delta p_\xi = \Delta p_n \left(\frac{q}{q_n}\right)^2 \quad (1-36)$$

式中　Δp_n——阀在额定流量下的压力损失；

　　　q_n——阀的额定流量；

　　　q——阀的实际流量。

三、管路系统的总压力损失

管路系统的总压力损失等于所有沿程压力损失和所有局部压力损失之和，即

$$\sum \Delta p = \sum \Delta p_\lambda + \sum \Delta p_\xi \quad (1-37)$$

式（1-37）适用于相邻两处局部压力损失之间距离大于管道内径 10～20 倍的场合，否则计算出的总压力损失比实际数值小。这是因为如果两处局部压力损失距离太小，通过第一处局部压力损失后，流体尚未稳定就进入第二处局部压力损失，这时的液流扰动更强烈，局部阻力系数要高于正常值的 2～3 倍。

液压系统的压力损失会造成油液温度升高，油液黏度下降，泄漏增多，影响系统的工作性能。其中，流速对液压系统的压力损失的影响最大，因此系统管路中的流速不要太高；油液的黏度适当，缩短管路的长度，减少管路截面的突变，提高管路内壁的加工质量，都可以降低液压系统的压力损失。

任务 6　液体流过小孔和缝隙的流量

液压传动系统常利用液体流经阀的小孔或缝隙来控制流量和压力，达到调速和调压的目的。液压元件的泄漏也属于缝隙流动。因而研究液体流过小孔或缝隙时的流动状况，对于合理设计液压传动系统、正确分析液压传动元件和系统的工作性能是很有必要的。

一、液体流过小孔的流量

小孔可分为三种：当小孔的长径比 $l/d \leqslant 0.5$ 时，称为薄壁孔；当 $0.5 < l/d \leqslant 4$ 时，称为短孔；当 $l/d > 4$ 时，称为细长孔。

1. 液体流过薄壁孔的流量

如图 1-14 所示，由于惯性作用，液流通过薄壁孔时要产生收缩现象，在靠近孔口的后方出现收缩最大的通流截面。对于薄壁圆孔，当孔前通道直径与小孔直径之比 $d_1/d \geqslant 7$ 时，流束的收缩作用不受孔前通道内壁的影响，这时的收缩称为完全收缩；反之，当 $d_1/d < 7$ 时，孔前通道对液流进入小孔起导向作用，这时的收缩称为不完全收缩。

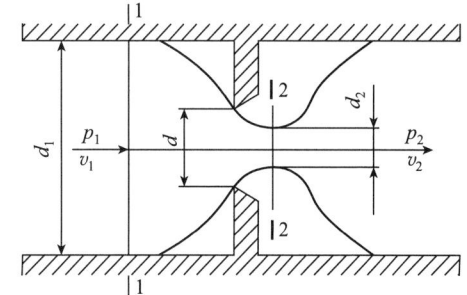

图 1-14　流过薄壁孔的液流

液体流过薄壁孔的流量公式为

$$q = C_q A \sqrt{\frac{2}{\rho} \Delta p} \tag{1-38}$$

式中 C_q——流量系数，C_q 的数值可由实验确定。当液流完全收缩时，$C_q = 0.6 \sim 0.61$；当液流不完全收缩时，$C_q = 0.7 \sim 0.8$。

A——小孔通流截面面积。

Δp——压力损失。

ρ——液体的密度。

薄壁孔沿程压力损失小，通过薄壁孔的流量与油液黏度无关，即流量对油温的变化不敏感，因此液压系统中常用薄壁孔作节流元件。

2. 液体流过短孔的流量

液体流经短孔时的流量计算公式与薄壁孔的流量计算公式（1-38）相同，但其流量系数不同（一般为 $C_q = 0.82$）。因为短孔易加工，故常作固定节流器。

3. 液体流过细长孔的流量

液体流过细长孔的流量和油液黏度有关，当油温变化时，油液黏度发生变化，因而流量也随之发生变化。这一点和薄壁孔特性大不相同。经推导可得到液体流经细长孔的流量计算公式，即

$$q = \frac{\pi d^4}{128 \mu l} \Delta p \tag{1-39}$$

液体流过各小孔的流量可以归纳为一个通用公式，即

$$q = CA \Delta p^m \tag{1-40}$$

式中 C——由孔的形状、尺寸和液体性质决定的系数。对于细长孔，$C = \dfrac{d^2}{32\mu l}$；对于薄壁孔和短孔，$C = C_q \sqrt{\dfrac{2}{\rho}}$。

m——由孔的长径比决定的指数。对于薄壁孔，$m = 0.5$；对于细长孔，$m = 1$。

二、液体流过缝隙的流量

液压系统的各元件之间，特别是有相对运动的各元件之间，一般都存在缝隙（或称间隙）。油液流过缝隙就会产生泄漏，这就是缝隙流动。

缝隙流动有两种情况：一种是由缝隙两端的压差造成的流动，称为压差流动；另一种是形成缝隙的两壁面做相对运动所造成的流动，称为剪切流动。这两种流动经常会同时存在。

1. 液体流过平行平板缝隙的流量

（1）液体流过固定平行平板缝隙的流量。

当两固定平行平板之间有间隙，且间隙两端的液体有压差 Δp 存在时，液体就会在压差的作用下通过间隙流动。如图1-15所示，设缝隙高度为 h，宽度为 b，长度为 l，两端的压力为 p_1 和 p_2，液体黏度为 μ，当 $u_0 = 0$，即两块平板间无相对运动时，液体在固定平行平板缝隙中做压差流动时的流量为

$$q = \frac{bh^3}{12\mu l}\Delta p \tag{1-41}$$

从式（1-41）可以看出，在压差作用下，流过固定平行平板缝隙的流量与缝隙高度 h 的三次方成正比，这说明液压元件内缝隙的大小对其泄漏量的影响是很大的。

（2）液体流过相对运动的平行平板缝隙的流量。

如图 1-15 所示，当一平板固定，另一平板以速度 u_0 做相对运动时，由于液体存在黏性，紧贴于运动平板的油液以速度 u_0 运动，紧贴于固定平板的油液则保持静止，中间各层液体的流速呈线性分布，即液体做剪切流动。因为液体的平均流速 $v = u_0/2$，故平板在进行相对运动时液体流过缝隙的流量为

$$q = vA = \frac{u_0}{2}bh \tag{1-42}$$

在一般情况下，相对运动平行平板缝隙中既有压差流动，又有剪切流动。因此，流过相对运动的平行平板缝隙的流量为压差流量和剪切流量的代数和，即

$$q = \frac{bh^3}{12\mu l}\Delta p \pm \frac{u_0}{2}bh \tag{1-43}$$

式中 u_0——平行平板间的相对运动速度。"±"号的确定方法为：当长平板相对于短平板移动的方向和压差方向相同时，取"＋"号；方向相反时，取"－"号。

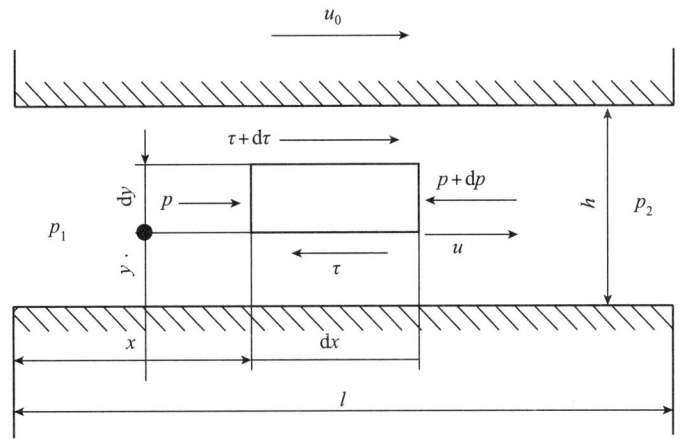

图 1-15　流过固定平行平板缝隙的液流

2. 液体流过圆环缝隙的流量

在液压元件中，如液压缸的活塞和缸孔之间、液压阀的阀芯和阀孔之间，都存在圆环缝隙。圆环缝隙有同心和偏心的两种情况，它们的流量公式有所不同。

（1）流过同心圆环缝隙的流量。

如图 1-16 所示为流过同心圆环缝隙的液流。设圆柱体直径为 d，缝隙高度为 h，缝隙长度为 l。如果将圆环缝隙沿圆周方向展开，相当于一个平行平板缝隙。因此，只要用 πd 替代式（1-43）中的 b，就可得内外表面之间有相对运动的同心圆环缝隙流量公式，即

$$q = \frac{\pi d h^3}{12\mu l}\Delta p \pm \frac{\pi d h}{2}u_0 \tag{1-44}$$

当相对运动速度 $u_0=0$ 时，即液体流过无相对运动环形间隙时的流量公式为

$$q=\frac{\pi dh^3}{12\mu l}\Delta p \tag{1-45}$$

（2）流过偏心圆环缝隙的流量。

若圆环的内外圆不同心，偏心距为 e，如图 1-17 所示，则形成偏心圆环缝隙。其流量公式为

$$q=\frac{\pi dh^3}{12\mu l}\Delta p\ (1+1.5\varepsilon^2)\ \pm\frac{\pi dh}{2}u_0 \tag{1-46}$$

式中　h——内外圆同心时的缝隙高度；

　　　ε——相对偏心率，即偏心距和同心环缝隙高度的比值，$\varepsilon=e/h$。

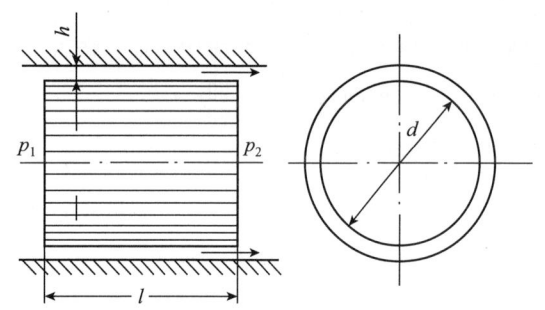

图 1-16　流过同心圆环缝隙的液流

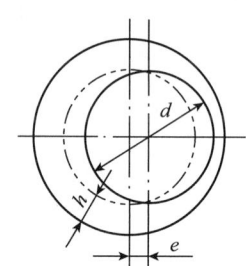

图 1-17　流过偏心圆环缝隙的液流

由式（1-46）可知，当 $\varepsilon=0$ 时，它就是同心圆环缝隙的流量公式；当 $\varepsilon=1$ 时，即在最大偏心情况下，其压差流量为同心圆环缝隙压差流量的 2.5 倍。由此可见，在液压元件中，为了减少圆环缝隙的泄漏，应使相互配合的元件尽量处于同心状态。

【例 1-1】如图 1-18 所示，液压泵的流量 $q=25$ L/min，吸油管内径 $d=25$ mm，液压泵的吸油口距液面高度 $h=0.4$ m，过滤器的压力降 $\Delta p_\xi=1.5\times 10^4$ Pa，油液的密度 $\rho=900$ kg/m³，油液的牌号为 L-HL32，工作温度为 40 ℃。求液压泵吸油口处的真空度。

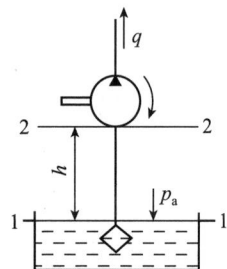

图 1-18　液压泵吸油

解：取油箱液面为基准面，并设定为 1—1 截面，液压泵吸油口处为 2—2 截面，则 1—1、2—2 截面的伯努利方程为

$$p_1+\rho g h_1+\frac{1}{2}\rho\alpha_1 v_1^2=p_2+\rho\alpha_2 g h_2+\frac{1}{2}\rho v_2^2+\Delta P_w$$

吸油管内油液的流速为

$$v=\frac{q}{A}=\frac{4\times 25\times 10^{-3}/60}{\pi\times 0.025^2}\approx 0.85\ \text{m/s}$$

L-HL32 液压油运动黏度为 32 mm²/s。

$$Re=\frac{vd}{\nu}=\frac{0.85\times 0.025}{32\times 10^{-6}}\approx 664<Re_{临}$$

故油液的流动状态为层流，动能修正系数 $\alpha=2$。

这里，$h_1=0$，$v_1=0$，$v_2=v=0.85$ m/s，$\alpha_1=\alpha_2=2$，$\lambda=\dfrac{64}{Re}$。

局部能量损失为

$$\Delta p_w = (\Delta p_\lambda + \Delta p_\xi)/\rho g$$

沿程能量损失为

$$\Delta p_\lambda = \lambda \frac{L}{d} \frac{\rho v^2}{2}$$

液压泵吸油口处的真空度为

$$真空度 = p_a - p_2 = \frac{\alpha_2 \rho v^2}{2} + \rho g h + \frac{\Delta p_\lambda + \Delta p_\xi}{\rho g} \rho g$$

$$= \frac{2 \times 900 \times 0.85^2}{2} + 900 \times 9.8 \times 0.4 + \frac{64}{664} \times \frac{0.4}{0.05} \times \frac{900 \times 0.85^2}{2} + 1.5 \times 10^4$$

$$\approx 19\ 680\ \text{Pa}$$

任务7 液压冲击和气穴现象

在液压系统中，液压冲击和气穴现象会给系统的正常工作带来不利影响，因此需要了解这些现象产生的原因，并采取措施加以防治。

一、液压冲击

在液压系统中，由于换向阀迅速换向、液压管路突然关闭、液压缸运动速度和方向突然改变等原因，液压油压力瞬时急剧上升，会产生很高的压力峰值，出现冲击，这种现象称为液压冲击。

液压系统在冲击压力作用下，将产生剧烈振动和噪声，引起设备如管道、液压元件及密封装置等损坏，导致严重泄漏，降低使用寿命；还会使压力继电器、顺序阀等元件误动作造成事故，影响正常工作。特别是在高压、大流量系统中，其破坏性更加严重。

在实际应用中，通常有以下几种办法和措施来防止和减少液压冲击。

(1) 延长阀门关闭和运动部件制动换向的时间。实践证明，运动部件制动换向时间若能大于 0.2 s，冲击就大为减轻。在液压系统中采用换向时间可调的换向阀就可做到这一点。

(2) 限制管道流速及运动部件速度。通常将管道流速限制在 4.5 m/s 以下，液压缸所驱动的运动部件速度一般不宜太快。

(3) 适当加大管道直径，尽量缩短管路长度。加大管道直径不仅可以降低流速，而且可以减小压力冲击波速度值；缩短管路长度的目的是减小压力冲击波的传播时间；必要时还可在冲击区附近安装蓄能器等缓冲装置来达到此目的。

(4) 采用软管，以增加系统的弹性。

二、气穴现象

在液压系统中，如果某处的压力低于空气分离压时，原先溶解在液体中的空气就会分离出来，导致液体中出现大量气泡的现象，称为气穴现象。如果液体中的压力进一步降低到饱和蒸气压时，液体将迅速气化，产生大量气泡，这时的气穴现象将会愈加严重。

当液压系统中出现气穴现象时，大量的气泡破坏了液流的连续性，造成流量和压力脉动,气泡随液流进入高压区时又急剧破灭,导致局部液压冲击,发出噪声并引起振动,当附着在金属表面上的气泡破灭时,它所产生的局部高温和高压会使金属剥蚀,这种由气穴现象造成的腐蚀作用称为气蚀。气蚀会使液压元件的工作性能变坏,并使其寿命大大缩短。

气穴现象多发生在阀口和液压泵的进口处。由于阀口的通道狭窄,液流的速度增大,压力则大幅度下降,以致产生气穴现象。当泵的安装高度过大,吸油管直径太小,吸油阻力太大,或泵的转速过高,造成进口处真空度过大时,亦会产生气穴现象。

为降低气穴现象和气蚀的危害,通常采取下列措施。

(1) 减小小孔或缝隙前后的压力降。一般希望小孔或缝隙前后的压力比值小于 3.5。

(2) 降低泵的吸油高度,适当加大吸油管内径,限制吸油管内液体的流速,尽量减少吸油管路中的压力损失(如及时清洗滤油器或更换滤芯等)。对于自吸能力差的泵须使用辅助泵供油。

(3) 管路要有良好的密封,防止空气进入。

思考练习题

一、填空题

1. 液压传动是指以_____为工作介质进行_____的一种传动方式。
2. 液压传动系统中的压力取决于_____,执行元件的运动速度取决于_____。
3. 一般取液压油的密度为_____ kg/m³。
4. 液体在外力作用下流动时,液体分子间的内聚力会阻碍分子间的相对运动,即分子间产生一种_____,这一特性称为液体的_____。
5. 压力有两种表示方法:_____和_____。
6. 液压油的选用首先应根据液压系统的环境与工作条件选用合适的液压油的_____,再选择油的_____。
7. 液体动力学的主要内容是研究液体流动时_____和_____的变化规律。
8. 小孔可分为三种:当小孔的长径比 $l/d \leqslant 0.5$ 时,称为_____;当 $0.5 < l/d \leqslant 4$ 时,称为_____;当 $l/d > 4$ 时,称为_____。
9. 液体的流动有两种状态,即_____和_____。
10. 在液压管路中能量损失表现为液体的压力损失。这样的压力损失可分为两种,一种是_____,一种是_____。

二、单项选择题

1. 在密闭容器内,施加于静止液体上的压力可以等值同时传递到液体各点,这称为_____。
   A. 能量守恒原理　　B. 动量守恒定律　　C. 质量守恒原理　　D. 帕斯卡原理
2. 在液压传动中,压力一般是指压强,在国际单位制中,它的单位是_____。
   A. Pa 　　　　　　　B. N 　　　　　　　C. W 　　　　　　　D. N·m
3. 我国生产的机械油和液压油采用 40 ℃时的_____为其黏度等级标号。
   A. 动力黏度　　　　B. 恩氏黏度　　　　C. 运动黏度　　　　D. 相对黏度
4. 流量连续性方程是_____在流体力学中的表达形式。

A. 能量守恒定律 B. 动量定理 C. 质量守恒定律 D. 帕斯卡原理
5. 伯努力方程是_____在流体力学中的表达形式。
A. 能量守恒定律 B. 动量定理 C. 质量守恒定律 D. 帕斯卡原理
6. 液压油黏度影响较大的因素是_____。
A. 压力 B. 温度 C. 流量 D. 流速
7. 普通压力表所测得的压力值是_____。
A. 绝对压力 B. 相对压力 C. 大气压 D. 真空度

三、多项选择题

1. 一个完整的、能够正常工作的液压传动系统，应该由_____组成。
A. 动力元件 B. 执行元件 C. 控制元件
D. 辅助元件 E. 工作介质
2. 下列元件属于执行元件的有_____。
A. 液压泵 B. 液压缸 C. 液压马达 D. 方向阀
3. 常用的液体黏度表示方法有_____。
A. 动力黏度 B. 运动黏度 C. 相对黏度 D. 标准黏度
4. 常采取_____来控制液压油的污染。
A. 消除残留物污染   B. 力求减少外来污染
C. 滤除系统产生的杂质   D. 定期检查更换液压油
5. 关于液压油选择的描述正确的是_____。
A. 液压系统的工作压力大宜选用黏度较大的液压油
B. 环境温度高宜选用黏度较大的液压油
C. 运动速度快宜选用黏度较大的液压油
D. 液压油的选用不受工作压力和环境温度的影响
6. 液压油被污染的原因主要有_____。
A. 残留物污染 B. 侵入物污染 C. 生成物污染 D. 水污染
7. 通常采取_____来防止和减少液压冲击。
A. 延长阀门关闭和运动部件制动换向的时间
B. 限制管道流速及运动部件速度
C. 适当加大管道直径，尽量缩短管路长度
D. 采用软管
8. 为减少气穴现象和气蚀的危害，通常采取_____措施。
A. 减小小孔或缝隙前后的压力降   B. 降低泵的吸油高度
C. 管路要有良好的密封，防止空气进入 D. 增大油液的黏度

四、判断题

1. 液压传动能保证严格的传动比。   (   )
2. 液压元件的配合件制造精度要求较高。   (   )
3. 液体受压力的作用而发生体积减小的性质称为液体的可压缩性。 (   )
4. 黏性是液体很重要的物理性质，也是选择液压油的主要依据。 (   )
5. 静止液体单位面积上所受的力称为静压力。   (   )

6. 把既有黏性又可压缩的液体称为理想液体。 （ ）

7. 以绝对真空为基准度量的压力叫作相对压力；以大气压为基准度量的压力叫作绝对压力或表压力。 （ ）

8. 单位时间内流过通流截面的液体体积称为流量。 （ ）

9. 流过固定平行平板缝隙的流量与缝隙厚度的三次方成正比，这说明液压元件内缝隙的大小对其泄漏量的影响是很大的。 （ ）

10. 在液压传动系统中，液压冲击和气穴现象会给系统的正常工作带来不利影响。
（ ）

11. 无论液体处于静止状态还是运动状态，都能显示黏性。 （ ）

五、问答题

1. 液压油的污染原因有哪些？对液压系统有什么危害？怎样控制液压油的污染？

2. 选用液压油主要应考虑哪些因素？

3. 压力有哪几种表示方法？液压系统的压力与外负载有什么关系？表压力是指什么压力？

4. 阐述层流与紊流的物理现象及其判别方法。

5. 伯努利方程的物理含义是什么？

六、计算题

1. 在题图 1-1 所示为液压千斤顶中，小活塞直径 $d=10$ mm，大活塞直径 $D=40$ mm，重物 $G=5000$ N，小活塞行程为 20 mm，杠杆比为 $L/l=5$。问：

（1）杠杆端需加多少力才能顶起重物 G？

（2）此时液体内所产生的压力为多少？

（3）杠杆每上下一次，重物升高多少？

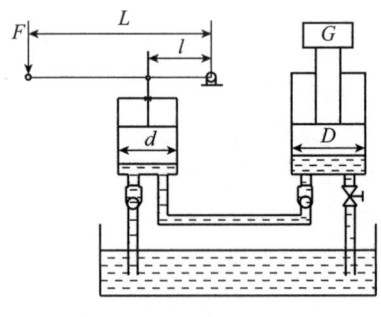

题图 1-1

2. 用恩氏黏度计测得某液压油（$\rho=900$ kg/m³）200 mL 流过的时间为 $t_1=153$ s，20 ℃时 200 mL 的蒸馏水流过的时间为 $t_2=51$ s，求该液压油的恩氏黏度°E、运动黏度 ν 和动力黏度 μ 各为多少？

3. 如题图 1-2 所示，一具有一定真空度的容器用一根管子倒置于一液面与大气相通的水槽中，液体在管中上升的高度 $h=1$ m，设液体的密度 $\rho=1000$ kg/m³，试求容器内的真空度。

4. 如题图 1-3 所示，液压泵从油箱内吸油，油面压力为 1 个标准大气压，已知吸油管直径为 $d=6$ cm，流量 $q=150$ L/min，油泵吸油口处的真空度为 0.2×10^5 N/m²，油

的运动黏度为 $\upsilon = 30 \times 10^{-6} \text{ m}^2/\text{s}$，$\rho = 900 \text{ kg/m}^3$，弯头处的局部阻力系数 $\zeta_1 = 0.2$，管子入口处的局部阻力系数 $\zeta_2 = 0.5$，管道长度等于 h，试求液压泵的安装高度？

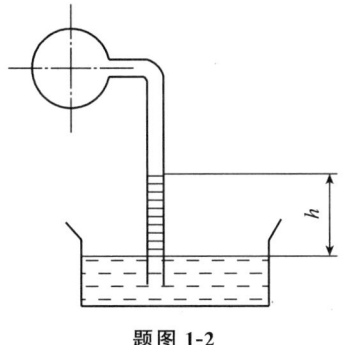

题图 1-2

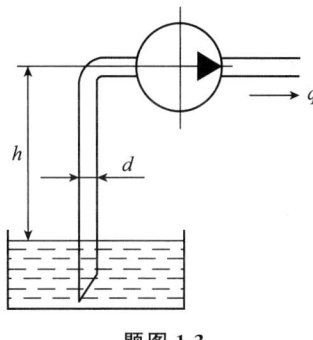

题图 1-3

项目二　液压泵和液压马达

学习目标

1. 掌握液压泵的工作原理、主要性能参数及液压泵的选用；
2. 掌握液压泵、液压马达图形符号；
3. 熟悉齿轮泵、叶片泵、柱塞泵的分类、工作原理、结构、特点和适用场合；
4. 熟悉液压马达的工作原理、主要性能参数计算；
5. 能够按规范拆装液压泵；
6. 初步具备液压泵和液压马达常见故障诊断与维修能力。

在液压系统中，液压泵和液压马达都是能量转换元件。液压泵是将机械能（转矩 T 和角速度 w）转换为液体的压力能（压力 p 和流量 q），是动力元件；液压马达是液压泵的逆元件，是将液体的压力能（压力 p 和流量 q）转换为机械能（转矩 T 和角速度 w）并输出运动，是执行元件。

液压系统中使用的液压泵和液压马达都是容积式的，其工作原理是利用密封工作腔的容积变化来产生压力能（液压泵），或输出机械能（液压马达）。

任务 1　液压泵概述

一、液压泵的工作原理

图 2-1 所示为容积式泵的工作原理。凸轮 1 旋转时，柱塞 2 在凸轮 1 和弹簧 3 的作用下在缸体 4 中左右移动。当柱塞 2 右移时，缸体 4 中的油腔（密封工作腔）容积增大，产生真空，油液便通过吸油阀 5 吸入，此时压油阀 6 关闭；当柱塞 2 左移时，缸体 4 中的油腔容积减小，已吸入的油液便通过压油阀 6 输出到系统中，此时，吸油阀 5 关闭。由此可见，容积泵工作的基本条件如下。

（1）具有密封的工作腔。且密封工作腔的容积发生周期性变化，使得当密封工作腔容积增大时，其内形成一定的真空度完成吸油；密封工作腔容积减小时，油液受到挤压实现压油。

（2）需要有相应的配油机构，使得吸油、压油过程对应的区域隔开。

（3）油箱必须与大气相通，这是液压泵正常工作的外部条件。

液压泵的种类很多，尽管它们的结构不同，但是它们的工作原理相同，即利用密闭容积的变化来工作，因此统称为容积式液压泵。液压泵按其结构形式不同，可分为叶片泵、齿轮泵、柱塞泵、螺杆泵等；按其排量能否调节，可分为定量泵和变量泵；按其工作压力不同，可分为低压泵、中压泵、中高压泵和高压泵等；按输出液流方向不同，可分为单向泵和双向泵。常用液压泵的图形符号如图 2-2 所示。

项目二 液压泵和液压马达

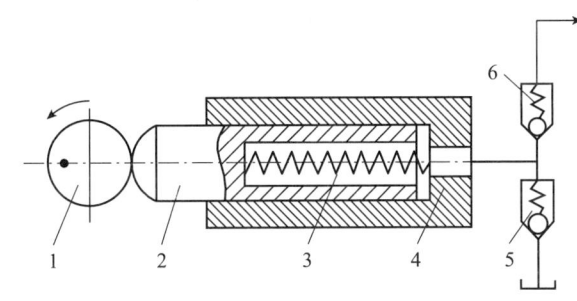

图 2-1 容积式泵的工作原理

1—凸轮；2—柱塞；3—弹簧；4—缸体；5—吸油阀；6—压油阀。

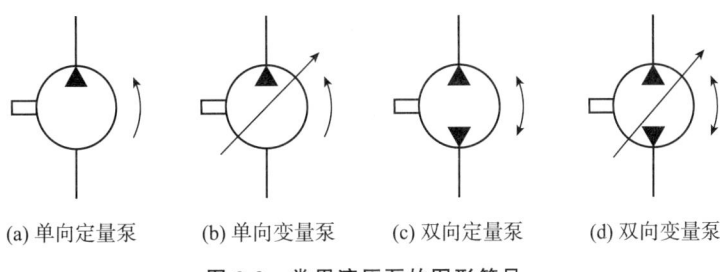

(a) 单向定量泵　　(b) 单向变量泵　　(c) 双向定量泵　　(d) 双向变量泵

图 2-2 常用液压泵的图形符号

二、液压泵的主要性能参数

1. 液压泵的压力

（1）工作压力。

液压泵在工作时输出油液的实际压力称为工作压力，用 p 表示。其数值取决于负载的大小。

（2）额定压力。

液压泵在正常工作条件下，根据试验标准规定，连续运转的最高压力称为液压泵的额定压力用 p_n 表示。

（3）最高允许压力。

在超过额定压力的条件下，根据试验标准规定，允许液压泵短暂运行的最高压力值，称为液压泵的最高允许压力，用 p_{max} 表示。

为了便于液压元件和液压系统的设计、选用和使用，将压力分为几个等级，见表 2-1。

表 2-1　压力等级划分

压力等级	低压	中压	中高压	高压	超高压
压力 p/MPa	$p \leqslant 2.5$	$2.5 < p \leqslant 8$	$8 < p \leqslant 16$	$16 < p \leqslant 32$	$p > 32$

2. 液压泵的排量和流量

（1）排量。

排量是指在不考虑泄漏的情况下，液压泵每转一周所能排出液体的体积，用 V 表示。排量可调节的液压泵称为变量泵，排量为常数的液压泵则称为定量泵。

(2) 理论流量。

理论流量是指在不考虑泄漏流量的情况下，液压泵在单位时间内所排出的液体体积。显然，如果液压泵的排量为 V，其主轴转速为 n，则该液压泵的理论流量为

$$q_t = Vn \tag{2-1}$$

(3) 实际流量。

实际流量是指液压泵在单位时间实际排出液体的体积。在液压泵出口压力不等于零时，因存在泄漏量 Δq，实际流量 q 小于理论流量 q_t，即

$$q = q_t - \Delta q \tag{2-2}$$

(4) 额定流量。

额定流量是指液压泵在额定压力和额定转速下输出的流量，用 q_n 表示。

3. 液压泵的功率

(1) 输入功率。

原动机（如电动机等）对液压泵的输出功率即为液压泵的输入功率，它表现为原动机输出转矩 T 与液压泵输入轴转速（$w = 2\pi n$）的乘积，即

$$P_i = Tw = 2\pi nT \tag{2-3}$$

(2) 液压泵的输出功率。

液压泵的输出功率为液压泵实际输出液体的压力 p 与实际输出流量 q 的乘积，即

$$P_o = pq \tag{2-4}$$

4. 液压泵的效率

(1) 液压泵的容积效率。

容积效率为液压泵的实际流量 q 与理论流量 q_t 之比，Δq 为泄漏量，即

$$\eta_v = \frac{q}{q_t} = 1 - \frac{\Delta q}{q_t} \tag{2-5}$$

(2) 液压泵的机械效率。

因为液压泵在工作中存在机械损耗和油液黏性引起的摩擦损失，所以液压泵的实际输入转矩 T_i 必然大于理论转矩 T_t，其机械效率 η_m 为液压泵的理论转矩 T_t 与实际输入转矩 T_i 的比值，即

$$\eta_m = \frac{T_t}{T_i} \tag{2-6}$$

(3) 液压泵的总效率。

液压泵的总效率 η 为液压泵的输出功率 P_o 与输入功率 P_i 之比，即

$$\eta = \frac{P_o}{P_i} \tag{2-7}$$

当忽略能量损失时，液压泵的理论功率 P_t 为

$$P_t = pq_t = pVn = 2\pi nT_t$$

可以得到

$$T_t = \frac{pV}{2\pi}$$

因此

$$\eta = \eta_m \eta_V \qquad (2-8)$$

【例 2-1】 某液压系统选用液压泵的排量 $V=10$ mL/r,驱动电动机的转速 $n=1200$ r/min,液压泵的输出压力 $p=5$ MPa,液压泵的容积效率 $\eta_V=0.92$,总效率 $\eta=0.84$,求:

(1) 液压泵的理论流量;
(2) 液压泵的实际流量;
(3) 液压泵的输出功率;
(4) 驱动电动机功率。

解: (1) 液压泵的理论流量为:
$$q_t = Vn = 10 \times 1200 \times 10^{-3} = 12 \text{ L/min}$$

(2) 液压泵的实际流量为:
$$q = q_t \eta_V = 12 \times 0.92 = 11.04 \text{ L/min}$$

(3) 液压泵的输出功率为:
$$P_o = pq = \frac{5 \times 11.04}{60} = 0.92 \text{ kW}$$

(4) 驱动电动机功率为:
$$P_i = \frac{P_o}{\eta} = \frac{0.92}{0.84} \approx 1.1 \text{ kW}$$

三、液压泵的选用

液压泵是向液压系统提供一定流量和压力的油液动力元件,它是每个液压系统不可缺少的核心元件,合理地选择液压泵对于降低液压系统的能耗、提高液压系统的效率、降低噪声、改善工作性能和保证系统的可靠工作都十分重要。

选择液压泵的原则是:根据液压系统的要求(如工作压力 p、流量 q 等)选择液压泵的类型,然后对其性能、成本等因素进行综合考虑,确定其规格型号。表 2-2 列出了液压系统中常用液压泵的主要性能。

表 2-2 液压系统中常用液压泵的主要性能

常用液压泵	外啮合齿轮泵	双作用叶片泵	限压式变量叶片泵	径向柱塞泵	轴向柱塞泵
输出压力	低压、中高压	中压、中高压	中压、中高压	高压、超高压	高压、超高压
流量调节	不能	不能	能	能	能
效率	低	较高	较高	高	高
输出流量脉动	很大	很小	一般	一般	一般
自吸特性	好	较差	较差	差	差
对油液污染敏感性	不敏感	较敏感	较敏感	很敏感	很敏感
噪声	大	小	较大	大	大

任务 2 齿轮泵

齿轮泵是一种常用的液压泵,它的主要特点是结构简单,制造方便,价格低廉,体积小，质量小，自吸性好，对油液污染不敏感，工作可靠；其主要缺点是流量和压力脉动大，噪声大，排量不可调节。齿轮泵在结构上可分为外啮合齿轮泵和内啮合齿轮泵两类。这里只介绍外啮合齿轮泵。

一、外啮合齿轮泵的工作原理

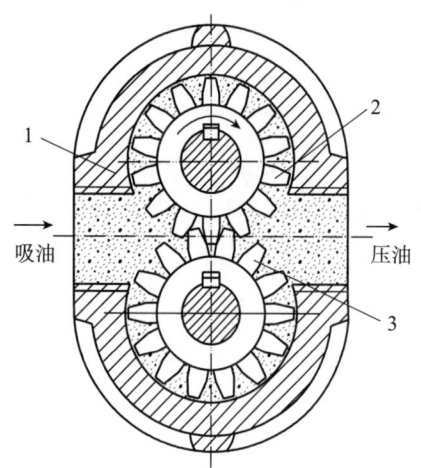

图 2-3 外啮合齿轮泵的工作原理
1—泵体；2—主动齿轮；3—从动齿轮。

图 2-3 所示为外啮合齿轮泵的工作原理。泵体 1 内有一对相互啮合的主动齿轮 2、从动齿轮 3，与两端盖及泵体一起构成密封工作容积，齿轮的啮合点将左、右两腔隔开，形成了吸油腔、压油腔，当齿轮按图示方向旋转时，左侧吸油腔内的轮齿脱离啮合，密封工作腔容积不断增大，形成部分真空，油液在大气压力作用下从油箱经吸油管进入吸油腔，并被旋转的轮齿带入右侧的压油腔。右侧压油腔内的轮齿不断进入啮合，使密封工作腔容积减小，油液受到挤压被排往系统，这就是齿轮泵的吸油和压油过程。齿轮不断地旋转，压力油源源不断地排出。

二、外啮合齿轮泵的结构

图 2-4 所示为 CB-B 齿轮泵的结构。该泵是分离三片式结构，即后泵盖 1、前泵盖 3 和泵体 2 由两个定位销 10 定位，并用 6 个螺钉 13 固紧。泵体 2 中有一对模数和齿数都相同并相互啮合的主动齿轮 7、从动齿轮 9。两个齿轮分别与主动轴 6、从动轴 8 用键联接。主动轴 6 和从动轴 8 由滚针轴承 11 支承。

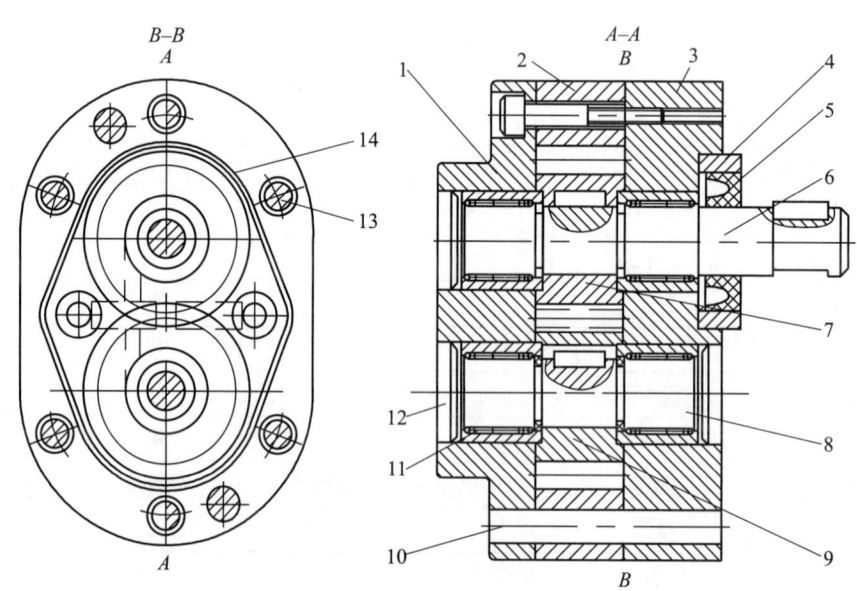

图 2-4 CB-B 齿轮泵的结构
1—后泵盖；2—泵体；3—前泵盖；4—套；5—密封圈；6—主动轴；7—主动齿轮；
8—从动轴；9—从动齿轮；10—定位销；11—滚针轴承；12—堵头；13—螺钉；14—卸荷槽。

为了保证齿轮灵活地转动，同时又保证泄漏最小，在齿轮端面和泵盖之间应有适当间隙（轴向间隙）；齿顶和泵体内表面间也应有适当间隙（径向间隙），避免齿顶和泵体内壁相碰，由于密封带长，以及齿顶线速度形成的剪切流动及油液泄漏方向相反，故对泄漏的影响较小。为了防止压力油从泵体内泄漏到泵外，除了在主动轴6伸出端装有密封圈5，在泵体2两侧的端面上开有卸荷槽14，把渗入泵体和泵盖间的油液引入吸油腔，同时也减轻了螺钉13承受的压力。

三、齿轮泵的排量和流量

齿轮泵的排量V相当于一对齿轮所有齿间容积之和，假如齿间容积约等于轮齿体积，那么齿轮泵的排量等于一个齿轮的齿间容积和轮齿体积的总和，相当于以有效齿高和齿宽构成的平面所扫过的环形体积，即

$$V = \pi D h B = 2\pi z m^2 B \tag{2-9}$$

式中　D——齿轮分度圆直径；

　　　h——有效齿高，$h = 2\,m$；

　　　m——齿轮模数；

　　　B——齿轮宽；

　　　z——齿数。

实际上齿间容积要比轮齿体积稍大，故式（2-9）中的π常以3.33代替，即式（2-9）可写成

$$V = 6.66 z m^2 B \tag{2-10}$$

齿轮泵的流量q（L/min）为

$$q = 6.66 z m^2 B n \eta_v \times 10^{-3} \tag{2-11}$$

式中　n——齿轮泵转速；

　　　η_v——齿轮泵的容积效率。

实际上齿轮泵的输油量是有脉动的，故式（2-11）所表示的是齿轮泵的平均输油量。

四、外啮合齿轮泵存在的问题

1. 困油现象

齿轮泵要平稳工作，齿轮啮合的重合度必须大于1，于是总会出现两对轮齿同时啮合，并有一部分油液被围困在两对轮齿所形成的封闭腔之间，如图2-5所示。这个封闭腔的容积，开始时随着齿轮的转动逐渐减小，如图2-5（a）到图2-5（b）所示的过程，之后又逐渐加大，如图2-5（b）到图2-5（c）所示的过程。封闭腔容积的减小会使被围困油液受挤压而产生很高的压力，从缝隙中挤出，油液发热，并使机件（如轴承等）受到额外的负载；而封闭腔容积的增大又会造成局部真空，使油液中溶解的气体分离，产生空穴现象。这些都将使齿轮泵产生强烈的噪声，这就是齿轮泵的困油现象。

消除困油现象的方法，通常是在两侧盖板上开卸荷槽（如图2-5中的虚线所示），使封闭腔容积减小时，油液通过左边的卸荷槽与压油腔相通，如图2-5（a）所示；当容积增大时，油液通过右边的卸荷槽与吸油腔相通，如图2-5（c）所示。

应注意两个卸荷槽之间的距离不能过大，否则不能起到卸荷的作用；但两个卸荷槽之

间的距离也不能过小，否则就会造成吸油腔、压油腔因困油区串联导致液压泵容积效率降低。

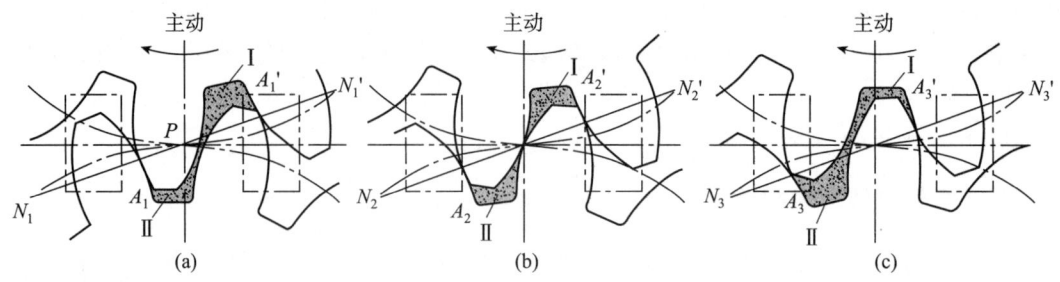

图 2-5 齿轮泵的困油现象

2. 泄漏问题

外啮合齿轮泵高压腔的压力油可通过以下三条途径泄漏到低压腔中。

(1) 通过齿轮啮合线处的间隙泄漏，约占总泄漏量的 5%。

(2) 通过泵体内孔和齿顶圆间的径向间隙，约占总泄漏量的 15%～20%。

(3) 通过齿轮两侧面和侧盖板间的端面间隙的泄漏量最大可占总泄漏量的 75%～80%。轴向间隙越大，泄漏量也就越大，容积效率就越低。但轴向间隙过小，会造成齿轮端面与泵盖之间摩擦加大。因此，必须选择合适的轴向间隙。通常，高压齿轮泵采用端面间隙自动补偿装置，以减小端面泄漏，并提高容积效率。端面间隙自动补偿一般采用浮动套轴、浮动侧板等方式实现。

3. 径向不平衡力问题

在齿轮泵中，作用在齿轮外圆上的压力是不相等的，压力由吸油腔的低压逐渐增大到压油腔的高压。这些液体压力综合作用的结果，相当于给齿轮一个径向的作用力（即不平衡力），使齿轮和轴承受载，如图 2-6 所示。

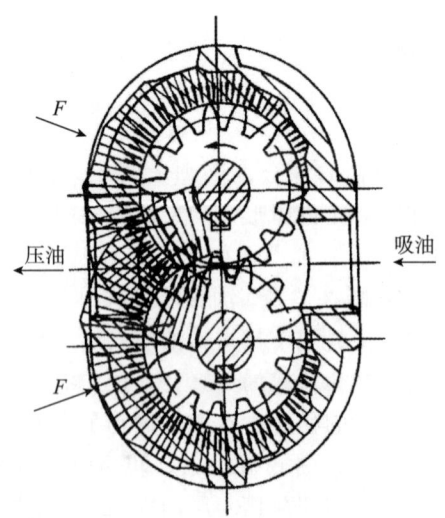

图 2-6 齿轮泵的径向不平衡力

工作压力越大，径向不平衡力也越大。径向不平衡力很大时能使轴弯曲，齿顶与壳体产生接触，同时加速轴承的磨损，降低轴承的寿命。为了降低径向不平衡力的影响，有的齿轮泵上采取了缩小压油口的办法，使压力油仅作用在一个齿到两个齿的范围内，同时适当增加径向间隙，使齿轮在压力作用下，齿顶不能与壳体相接触。对于高压齿轮泵，在减少径向不平衡时应开压力平衡槽。

任务 3　叶片泵

叶片泵有单作用叶片泵（变量泵）和双作用叶片泵（定量泵）两大类，在液压系统中得到了广泛的应用。叶片泵输出流量均匀、脉动小、噪声小，但结构较复杂、吸油特性较差、对油液的污染也比较敏感。

一、单作用叶片泵

1. 工作原理

如图 2-7 所示为单作用叶片泵的工作原理。单作用叶片泵由转子 1、定子 2、叶片 3、配油盘和端盖（图中未标出）等件所组成。定子的内表面是圆柱形孔，转子和定子之间存在偏心（偏心距为 e）。叶片在转子的槽内可灵活滑动，在转子转动时的离心力以及通入叶片泵根部压力油的作用下，叶片顶部紧贴在定子内表面上，于是两相邻叶片、配油盘、定子和转子间便形成了一个个密封的工作腔。当转子按图示方向旋转时，图 2-7 右侧的叶片向外伸出，密封工作腔的容积逐渐增大，产生真空，于是通过吸油口和配油盘上的窗口将油吸入。而在图 2-7 的左侧，叶片往里缩进，密封腔的容积逐渐缩小，密封腔中的油液通过配油盘上的另一窗口和压油口被压出而输入到系统中。这种叶片泵在转子每转一圈的过程中，吸油和压油各一次，故称为单作用叶片泵。

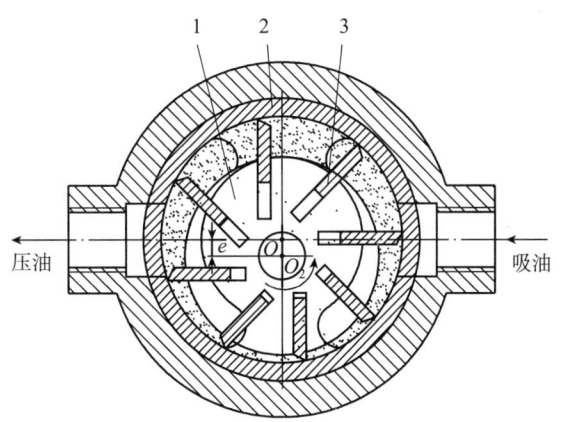

图 2-7　单作用叶片泵的工作原理
1—转子；2—定子；3—叶片。

2. 排量与流量

单作用叶片泵排量为各密封工作腔容积在转子旋转一周所排出液体体积的总和。设定子内径为 D，宽度为 b，转子直径为单作用叶片泵排量，定子和转子间的偏心距为 e。因

此单作用叶片泵的排量近似为

$$V = 2\pi beD \tag{2-12}$$

单作用叶片泵的输出流量 q（L/min）为

$$q = 2\pi beDn\eta_v \times 10^{-3} \tag{2-13}$$

式中　n——单作用叶片泵转速（r/min）；

　　　η_v——单作用叶片泵的容积效率。

3. 特点

（1）单作用叶片泵可以通过改变定子和转子之间的偏心改变流量。偏心反向时，吸油、压油方向也相反，通常作变量泵。

（2）处在压油腔的叶片顶部受压力油的作用，把叶片推入转子槽内。为了使叶片顶部可靠地和定子内表面相接触，压油腔一侧的叶片底部需要通过特殊的沟槽与压油腔相通。吸油腔一侧的叶片底部要和吸油腔相通，使两侧的油压保持平衡，这时叶片仅靠离心力的作用顶在定子的内表面上。

（3）由于转子受到不平衡的径向液压作用力，因此单作用叶片泵又称非平衡泵。这种泵一般不宜用于高压环境。

（4）单作用液压泵的流量是有脉动的，但是泵内叶片数越多，流量脉动率越小。此外，奇数叶片泵的脉动率比偶数叶片泵的脉动率小，因此叶片数一般取 13 片或 15 片。

二、双作用叶片泵

1. 工作原理

双作用叶片泵转子由传动轴带动旋转，其工作原理和单作用叶片泵相似，不同之处只在于定子曲线是由两段长半径圆弧、两段短半径圆弧和四段过渡曲线八个部分组成，且定子 1 和转子 2 是同心的，如图 2-8 所示。在图示转子顺时针方向旋转的情况下，密封工作腔的容积在左上角的右下角处逐渐增大，为吸油区，在左下角的右上角处逐渐减小，为压油区；吸油区和压油区之间有一段封油区把它们隔开。这种泵的转子每转一转，每个密封工作腔完成吸油和压油动作各两次，所以称为双作用叶片泵。泵的两个吸油区和两个压油区是径向对置的，作用在转子上的液压力径向平衡，所以又称为平衡式叶片泵。

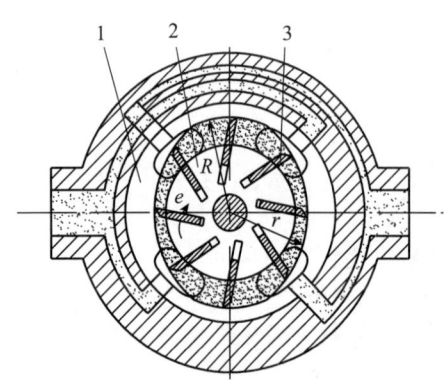

图 2-8　双作用叶片泵的工作原理
1—定子；2—转子；3—叶片。

2. 双作用叶片泵的排量和流量

双作用叶片泵的排量 V 为

$$V = 2b\left[\pi(R^2 - r^2) - \frac{R-r}{\cos\theta}sz\right] \tag{2-14}$$

式中　R、r——双作用叶片泵定子内表面圆弧部分长半径、短半径；

　　　z——叶片数；

s——叶片厚度；

b——叶片宽度；

θ——叶片倾角。

双作用叶片泵的输出流量 q（L/min）为

$$q = 2b\left[\pi(R^2 - r^2) \frac{R-r}{\cos\theta} sz\right]\eta_v \times 10^3 \tag{2-15}$$

式中 n——双作用叶片泵转速；

η_v——双作用叶片泵的容积效率。

3. 双作用叶片泵的结构特点

图 2-9 所示为 YB1 型双作用叶片泵的结构，主要零部件包括后泵体 1、前泵体 7、后配流盘 2、前配流盘 6、转子 3、定子 4、叶片 5、传动轴 9、密封圈 10、轴承 11 和 12 等。

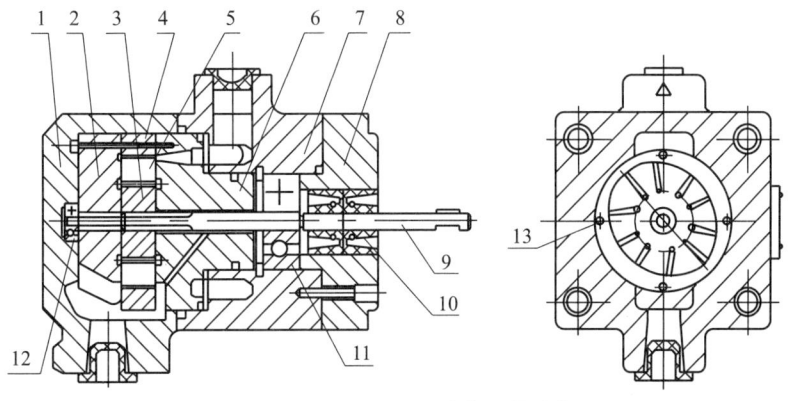

图 2-9　YB1 型双作用叶片泵的结构

1—后泵体；2—后配流盘；3—转子；4—定子；5—叶片；6—前配流盘；
7—前泵体；8—端盖；9—传动轴；10—密封圈；11、12—轴承；13—螺钉。

(1) 配油盘。

如图 2-10 所示，双作用叶片泵的配油盘上有两个吸油窗口 2、4 和两个压油窗口 1、3，窗口之间为封油区。应使封油区对应的中心角 β 稍大于或等于两个叶片之间的夹角，否则会造成泄漏。为了避免两叶片间密封腔油液在吸油区、压油区转动时因压力突变而引起流量脉动、压力脉动和噪声，一般在配油盘的吸油窗口、压油窗口前端开设一个三角形的卸荷槽。配油盘上环形槽 c 与压油腔相通并与转子叶片槽底部相通，使叶片的底部有压力油作用。

(2) 定子曲线。

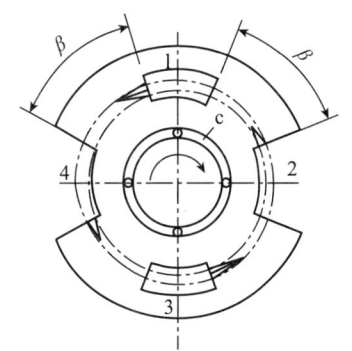

图 2-10　双作用叶片泵的配油盘

1、3—压油窗口；2、4—吸油窗口；c—环形槽。

定子曲线是由两段长半径圆弧、两段短半径圆弧和四段过渡曲线组成的。过渡曲线应保证叶片紧贴在定子内表面上，保证叶片在转子槽中径向运动时速度和加速度的变化均匀，使叶片对定子内表面的冲击尽可能小。常用过渡曲线为阿基米德螺线、等加速-等减速曲线等。

（3）叶片的倾角。

目前，大多数双作用叶片泵的叶片相对转子半径沿转子的旋转方向向前倾斜 θ 角（$10°\sim 14°$），其目的是减小叶片与定子法线之间的夹角（压力角），保证叶片在转子叶片槽内顺利滑动。

（4）叶片的数量。

双作用叶片泵采用偶数叶片比采用奇数叶片流量脉动小，当叶片数为 4 的整数倍时，流量脉动最小；当叶片为偶数时，转子所受径向压力达到平衡，因此叶片数通常为 12 片或 16 片。

三、限压式变量叶片泵

变量泵是指排量可以调节的液压泵。这种调节可能是手动的，也可能是自动的。限压式变量叶片泵是一种利用负载变化自动实现流量调节的动力元件，在实际工程中得到了广泛应用。限压式变量叶片泵有外反馈式、内反馈式两种结构形式，这里仅对外反馈式进行介绍。

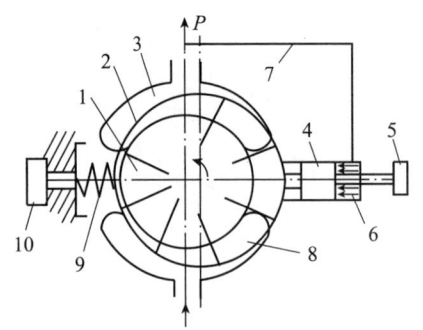

图 2-11 外反馈式限压式变量叶片泵工作原理
1—转子；2—定子；3—压油窗口；4—活塞；
5—螺钉；6—活塞腔；7—通道；8—吸油窗口；
9—调压弹簧；10—调压螺钉。

限压式变量叶片泵是单作用叶片泵，根据前面介绍的单作用叶片泵的工作原理可知，改变定子和转子间的偏心距 e，就能改变泵的输出流量。限压式变量叶片泵能借助输出压力自动改变偏心距 e，从而改变输出流量。

当压力低于某一可调节的限定压力时，液压泵的输出流量最大；当压力高于限定压力时，随着压力增加，液压泵的输出流量呈线性地减少，图 2-11 所示为其工作原理。液压泵的出口经通道 7 与活塞腔 6 相通。在液压泵未运转时，定子 2 在调压弹簧 9 的作用下，紧靠活塞 4，并使活塞 4 靠在螺钉 5 上。

这时，定子 2 和转子 1 有一偏心量 e_0，调节螺钉 5 的位置，便可改变 e_0。当液压泵的出口压力 k_s 较低时，作用在活塞 4 上的压力也较小，若此压力小于左端的调压弹簧 9 的作用力，当活塞的面积为 A，调压弹簧的刚度为 k_s，预压缩量为 x_0 时，有

$$k_s A < k_s x_0 \tag{2-16}$$

此时，定子 2 相对于转子 1 的偏心量最大，输出流量最大。随着外负载的增大，液压泵的出口压力 p 也将增大，当压力升至与调压弹簧 9 的弹力相平衡的控制压力 p_B 时，有

$$p_B A = k_s x_0 \tag{2-17}$$

当压力进一步增大，$pA \geqslant k_s x_0$ 时，若不考虑定子 2 移动时的摩擦力，液压作用力就要克服调压弹簧 9 的弹力推动定子 2 向左移动，随之液压泵的偏心量减小，其输出流量也减小。此时，p_B 称为液压泵的限定压力，即液压泵处于最大流量时所能达到的最大压力，调节调压螺钉 10，可改变调压弹簧 9 的预压缩量 x_0，即可改变 p_B 的大小。

图 2-12 所示是 YBX 型外反馈限压式变量叶片泵。

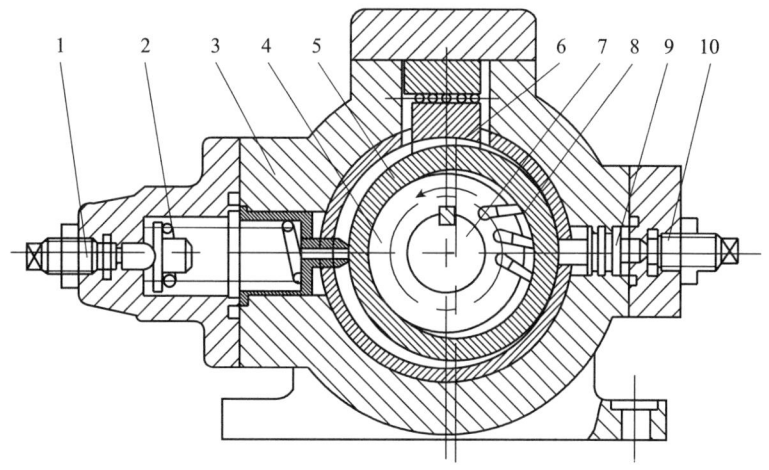

图 2-12　YBX 型外反馈限压式变量叶片泵

1—预紧力调整螺钉；2—限压弹簧；3—泵体；4—转子；5—定子；
6—滑块；7—泵轴；8—叶片；9—反馈柱塞；10—最大偏心调整螺钉。

限压式变量叶片泵在结构上与双作用叶片泵有以下三点不同。

(1) 限压式变量叶片泵的叶片倾角与双作用叶片泵的叶片倾角相反，即叶片倾角沿转子径向向后倾斜 θ 角。

(2) 限压式变量叶片泵的配油盘使处于压油区的叶片底部通压油腔，处于吸油区的叶片底部通吸油腔。这样，叶片顶部与底部液压作用力基本平衡，避免了双作用定量叶片泵在吸油区因液压作用力径向不平衡而导致定子内表面严重磨损。

(3) 根据理论分析，当叶片数为奇数时，限压式变量叶片泵瞬时流量脉动小，而双作用叶片泵的叶片数为偶数时流量脉动小。所以限压式变量叶片泵的叶片数通常为 15 片。

任务 4　柱塞泵

柱塞泵是通过柱塞在柱塞孔内往复运动时密封工作容积的变化来实现吸油和排油的。由于柱塞与缸体内孔均为圆柱表面，滑动表面配合精度高，所以这类泵的特点是泄漏小，容积效率高，可以在高压下工作。

一、斜盘式轴向柱塞泵

1. 斜盘式轴向柱塞泵的工作原理

图 2-13 所示为斜盘式轴向柱塞泵的工作原理。斜盘式轴向柱塞泵主要由柱塞 5、缸体 7、配油盘 10 和斜盘 1 等零件组成。柱塞 5 平行于缸体 7 的轴心线，并均布在缸体 7 的圆周上。斜盘 1 的法线和缸体 7 的轴线间的交角为 γ，即斜盘 1 的倾角为 γ。内套筒 4 在弹簧 6 的作用下通过压板 3 而使柱塞头部的滑履 2 和斜盘 1 靠牢；同时，外套筒 8 使缸体 7 和配油盘 10 紧密接触，起密封作用。当缸体 7 转动时，由于斜盘 1 和压板 3 的作用，柱塞 5 在缸体 7 内做往复直线运动，通过配油盘 10 的配油窗口进行吸油和压油。当缸孔自

最低位置向前上方转动（相对配油盘 10 做逆时针方向转动）时，柱塞 5 的转角在 0～π 范围内，柱塞 5 向左运动，柱塞 5 的端部和缸体 7 形成的密封容积增大，通过配油盘 10 的吸油窗口进行吸油；柱塞 5 的转角在 π～2π 范围内，柱塞 5 被斜盘 1 逐步压入缸体 7，柱塞 5 的端部容积减小，泵通过配油盘 10 的排油窗口排油。若改变斜盘 1 倾角 γ 的大小，则泵的输出流量将改变；若改变斜盘 1 倾角 γ 的方向，则进油口和排油口互换，即可双向输出高压油液，形成双向变量轴向柱塞泵。

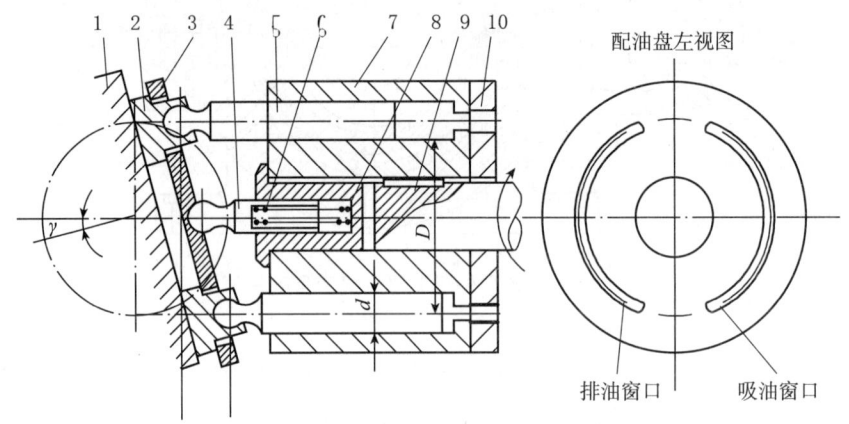

图 2-13　斜盘式轴向柱塞泵的工作原理

1—斜盘；2—滑履；3—压板；4—内套筒；5—柱塞；
6—弹簧；7—缸体；8—外套筒；9—传动轴；10—配油盘。

2. 斜盘式轴向柱塞泵的排量和流量

如图 2-13 所示，若柱塞数为 z，柱塞直径为 d，柱塞孔分布圆直径为 D，斜盘倾角为 γ，则斜盘式轴向柱塞泵的排量 V 为

$$V = \frac{\pi}{4} d^2 z D \tan\gamma \tag{2-18}$$

则斜盘式轴向柱塞泵的输出流量 q（L/min）为

$$q = \frac{\pi}{4} d^2 z D n \eta_v \tan\gamma \times 10^3 \tag{2-19}$$

式中　　n——斜盘式轴向柱塞泵转速（r/min）；

η_v——斜盘式轴向柱塞泵的容积效率。

实际上，斜盘式轴向柱塞泵的排量是转角的函数，其输出流量是脉动的，就柱塞数而言，柱塞数为奇数时的流量脉动比偶数时的小，且柱塞数越多，流量脉动越小，故斜盘式轴向柱塞泵的柱塞数一般都为奇数。从结构工艺性和脉动率综合考虑，常取 $z=7$、9 或 11。

二、径向柱塞泵

图 2-14 所示为径向柱塞泵工作原理，在转子 2 上径向均匀分布着数个柱塞孔，孔中装有柱塞 5；转子 2 的中心与定子 1 的中心之间有一个偏心量 e。在固定不动的配油轴 3 上，相对于柱塞孔的部位有相互隔开的上、下两个配流窗口与泵的吸油口、排油口连通。

当转子 2 旋转时，柱塞 5 在离心力及机械回程力的作用下，它的头部与定子 1 的内表面紧紧接触，由于转子 2 与定子 1 存在偏心，所以柱塞 5 在随转子转动时，又在柱塞孔内做径向往复滑动，当转子 2 按图示箭头方向旋转时，上半周的柱塞皆往外滑动，柱塞孔的密封容积增大，通过轴向孔吸油；下半周的柱塞皆往里滑动，柱塞孔内的密封工作容积缩小，通过配流盘向外排油。

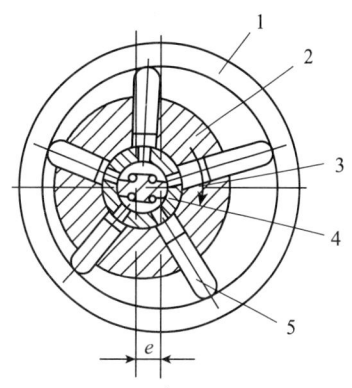

图 2-14　径向柱塞泵工作原理
1—定子；2—转子；3—配油轴；
4—衬套；5—柱塞。

当移动定子 1，改变偏心量 e 的大小时，径向柱塞泵的排量就发生改变；当移动定子 1 使偏心量从正值变为负值时，泵的吸油口、排油口就互相调换，因此，径向柱塞泵可以是单向或双向变量泵，为了使流量脉动尽可能小，通常柱塞数 z 为奇数。

径向柱塞泵的排量 V 为

$$V = \frac{\pi}{2} d^2 e z \qquad (2\text{-}20)$$

式中　d——柱塞直径。

径向柱塞泵的输出流量 q（L/min）为

$$q = \frac{\pi}{2} d^2 e z n \eta_v \times 10^3 \qquad (2\text{-}21)$$

式中　n——径向柱塞泵转速（r/min）；

η_v——径向柱塞泵的容积效率。

径向柱塞泵的径向尺寸大，结构较复杂，自吸能力差，并且配流轴受到径向不平衡力的作用，易于磨损，这些都限制了它的速度和压力的提高。

任务 5　液压马达

一、液压马达概述

液压马达是将液体的压力能转换为机械能，是使负载连续旋转运动（或摆动）的执行装置。从原理上讲，液压马达和液压泵都是依靠密封工作腔容积的大小变化来工作的，从能量转换角度来看，两者具有可逆性。但由于两者的工作状态不同，两者在结构上存在某些差异，一般不能通用。

（1）液压马达一般需要正反转，所以在内部结构上应具有对称性。液压泵一般是单方向旋转的，其内部结构可以不对称。

（2）液压泵的吸油腔为真空，一般液压泵的吸油口比出油口的尺寸大。液压马达低压腔的压力稍高于大气压力，所以没有上述要求。

（3）液压马达须保证在很宽的转速范围内正常工作，因此，应采用滚动轴承或静压轴承。因为当马达转速很低时，若采用动压轴承，就不易形成润滑膜。

（4）液压泵在结构上须保证具有自吸能力，而液压马达就没有这一要求。

（5）液压马达必须具有较大的起动扭矩。所谓起动扭矩，就是当马达由静止状态起动时，马达轴上所能输出的扭矩,该扭矩通常大于马达在同一工作压差时处于运行状态下的扭矩。所以,为了使起动扭矩尽可能接近工作状态下的扭矩,要求马达扭矩的脉动小,内部摩擦小。

液压马达可按其结构类型来分类,可以分为齿轮式、叶片式、柱塞式和其他形式。液压马达的图形符号,如图 2-15 所示。

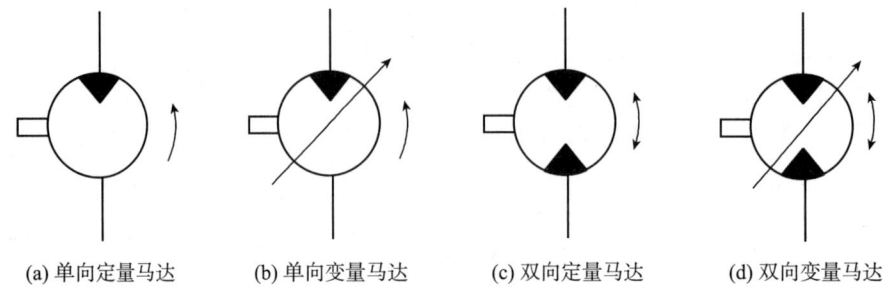

(a) 单向定量马达　　(b) 单向变量马达　　(c) 双向定量马达　　(d) 双向变量马达

图 2-15　液压马达的图形符号

二、液压马达的性能参数

1. 工作压力和额定压力

液压马达输入油液的实际压力称为液压马达的工作压力,其大小取决于液压马达的负载。按照试验标准规定,能使液压马达连续正常工作的最高压力称为液压马达的额定压力。

2. 排量和流量

液压马达的排量 V 是指在没有泄漏的情况下,液压马达每转一周所需要油液的体积(或计算得到的体积)。

液压马达的理论流量 q_t 是指液压马达在没有泄漏时,达到要求转速所需要的进口流量。

由于液压马达不可避免地存在泄漏 Δq,为了满足转速要求,马达实际输入流量 q_i 大于理论输入流量,则有

$$q_i = q_t + \Delta q \tag{2-22}$$

3. 效率和功率

液压马达的理论输入流量 q_t 与实际输入流量 q_i 之比称为液压马达的容积效率 η_v,有

$$\eta_v = \frac{q_t}{q_i} \tag{2-23}$$

液压马达的输出转矩称为实际输出转矩 T_o,由于液压马达内部不可避免地存在各种摩擦而产生能量损失 ΔT,因此,液压马达的实际输出转矩 T_o 小于理论转矩为 T_t,即

$$T_o = T_t - \Delta T \tag{2-24}$$

液压马达的实际输出转矩 T_o 与理论转矩 T_t 之比称为液压马达的机械效率 η_m,有

$$\eta_m = \frac{T_o}{T_t} \tag{2-25}$$

液压马达的总效率为 η,有

$$\eta = \eta_v \eta_m \tag{2-26}$$

如果液压马达进出口之间的压差为 Δp，实际输入油液流量为 q_i，则输入功率 P_i 为
$$P_i = \Delta p q_i \tag{2-27}$$

设液压马达角速度为 ω，液压马达实际输出的机械功率 P_o 为
$$P_o = T_o \omega = 2\pi n T_o \tag{2-28}$$

4．转矩和转速

液压马达理论转矩 T_t 为
$$T_t = \frac{1}{2\pi} \Delta p V \tag{2-29}$$

液压马达的输出转矩 T_o 为
$$T_o = \frac{1}{2\pi} \Delta p V \eta_m \tag{2-30}$$

设液压马达的实际输入流量为 q_i，液压马达的转速取决于供液的流量和液压马达本身的排量 V，因此，液压马达的理论转速 n_t 为
$$n_t = \frac{q_i}{V} \tag{2-31}$$

由于液压马达内部有泄漏，并不是所有进入液压马达的液体都推动液压马达做功，而是有一小部分液体因泄漏而损失掉了，所以液压马达的实际输出转速 n 为
$$n = n_t \eta_v \tag{2-32}$$

三、叶片液压马达

图 2-16 所示为叶片液压马达的工作原理。当压力为 p 的油液从进油口进入叶片 1 和叶片 3 之间时，叶片 2 因两面均受液压油的作用所以不产生转矩。叶片 1 和叶片 3 的两个面，一面受到高压油的作用，另一面受到低压油的作用。由于叶片 3 伸出的面积大于叶片 1 伸出的面积，因此作用于叶片 3 上的总液压力大于作用于叶片 1 上的总液压力，于是压差使转子产生顺时针的转矩。同样道理，压力油进入叶片 5 和叶片 7 之间时，叶片 7 伸出的面积大于叶片 5 伸出的面积，也产生顺时针的转矩。这样，就把油液的压力能转变成了机械能，这就是叶片马达的工作原理。当输油方向改变时，液压马达就反转。

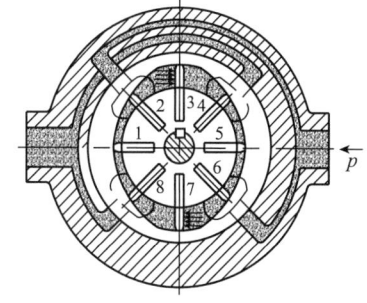

图 2-16　叶片液压马达的工作原理
1、2、3、4、5、6、7、8—叶片。

若定子的长短直径差值越大，转子的直径越大，输入的压力越高，则叶片马达输出的转矩也越大。对结构尺寸已确定的叶片马达，其输出转矩 T_o 决定于输入油的压力，其输出转速 n 决定于输入油的流量。

叶片马达的体积小，转动惯量小，因此动作灵敏，可适应的换向频率较高。但泄漏较大，不能在很低的转速下工作，因此，叶片马达一般用于转速高、转矩小和动作灵敏的场合。

四、摆动液压马达

图 2-17 所示为摆动液压马达的工作原理。图 2-17（a）是单叶片式摆动液压马达。若

从油口Ⅰ通入高压油,叶片2做逆时针摆动,低压力从油口Ⅱ排出。因叶片与输出轴连在一起,输出轴摆动同时输出转矩、克服负载。

此类摆动液压马达的工作压力小于10 MPa,摆动角度小于280°。由于径向力不平衡,叶片和壳体、叶片和挡块之间密封困难,限制了其工作压力的进一步提高,从而也限制了其输出转矩的进一步提高。

图2-17(b)所示为双叶片式摆动液压马达。在径向尺寸和工作压力相同的条件下,输出转矩是单叶片式摆动液压马达的2倍,但回转角度要相应减小,双叶片式摆动液压马达的回转角度一般小于120°。图2-17(c)所示为摆动液压马达的图形符号。

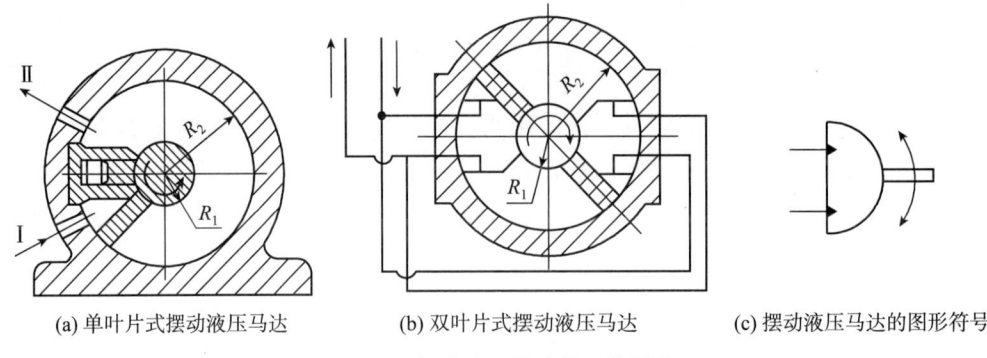

图2-17 摆动液压马达的工作原理

任务6 液压泵的拆装

一、实训目的

(1)通过拆装,熟悉液压泵内零部件构造,了解其加工工艺要求。
(2)理解影响液压泵正常工作的因素,了解易产生故障部件及产生故障的原因。
(3)熟悉解决齿轮泵困油问题的方法。
(4)理解液压泵的工作三要素(三个必需的条件)。
(5)认识液压泵的铭牌、型号等。
(6)掌握拆装液压泵的方法和拆装要点。

二、具体要求

(1)在拆装前认真预习,掌握相关液压泵的工作原理,对其结构有一个基本认识。
(2)针对不同的液压泵,利用相应的工具,严格按照其拆装步骤执行。

三、外啮合齿轮泵的拆装

1. 拆装用品

(1)CB-B齿轮泵的结构见图2-4。
(2)工具材料:内六角扳手、固定扳手、螺丝刀、手锤、铜棒、卡簧钳、棉纱、煤油等。

2. 拆卸步骤

（1）用内六角扳手在对称位置松开 6 个紧固螺钉，然后取出螺钉，再取下定位销；分开前端盖，观察并分析工作原理。

（2）依次从泵体中取出齿轮及主动轴、齿轮及从动轴；如果配合面出现卡滞现象，可用铜棒轻轻敲击拆开。

（3）分解端盖与轴承、齿轮与轴、端盖与油封（可不拆）等。

图 2-18 所示为拆卸后的 CB-B 齿轮泵。

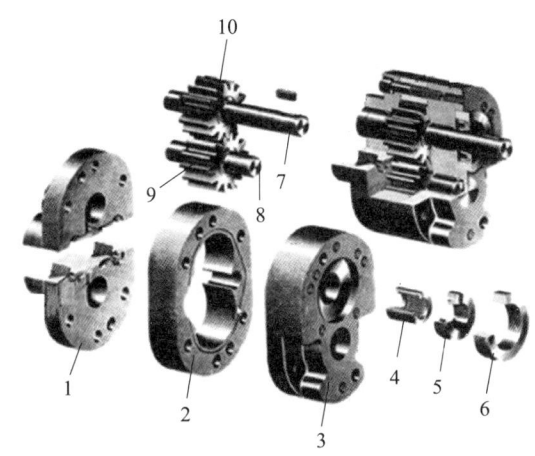

图 2-18　拆卸后的 CB-B 齿轮泵

1—后端盖；2—泵体；3—前端盖；4—压环；5—密封环；
6—主动轴；7、9—齿轮；8—从动轴；10—轴承；11—压盖。

3. 主要零件分析

（1）泵体的两端面开有卸荷沟，此沟与吸油口（大口）相通，用来防止泵内油液从泵体与泵盖接合面外泄，泵体与齿顶圆的径向间隙为 0.13～0.16 mm。

（2）前后端盖内侧开有卸荷槽，用来消除困油现象。端盖上吸油口大，压油口小，用来减小作用在轴和轴承上的径向不平衡力。

（3）两个齿轮的齿数和模数都相等，齿轮与端盖间轴向间隙为 0.03～0.04 mm，轴向间隙不可以调节。

4. 装配

（1）装配前须清洗、检验、分析，装配与拆装步骤相反。

（2）分别将齿轮和主动轴、从动轴装配，然后装在后泵盖的滚针轴承内，轻轻装上泵体和前轴盖，打紧定位销，对称拧紧螺钉。

（3）装配后泵体转动要灵活，没有卡死现象。

5. 拆装注意事项

（1）在拆装中应用铜棒轻轻敲打零部件，以免损坏零部件和轴承。

（2）安装时，粘有污物的零部件应用煤油清洗。

（3）拧紧螺钉时注意受力均匀。

四、双作用叶片泵拆装

1. 拆装用品

(1) YB1 型双作用式叶片泵的结构见图 2-9。

(2) 工具材料:内六角扳手、固定扳手、螺丝刀、手锤、铜棒、卡簧钳、棉纱、煤油等。

2. 拆卸步骤

(1) 用内六角扳手对称松开固定螺钉,取出螺钉;用铜棒轻轻敲打使传动轴和后泵体、前泵体及泵盖部分从轴承上脱下,把叶片分成两部分。

(2) 观察泵体内定子、转子、叶片、配流盘的安装位置,分析其结构、特点,理解工作过程。

(3) 取掉泵盖,取出传动轴,观察所用的密封元件,理解其特点、作用。

图 2-19 所示为拆卸后的 YB1 型双作用叶片泵。

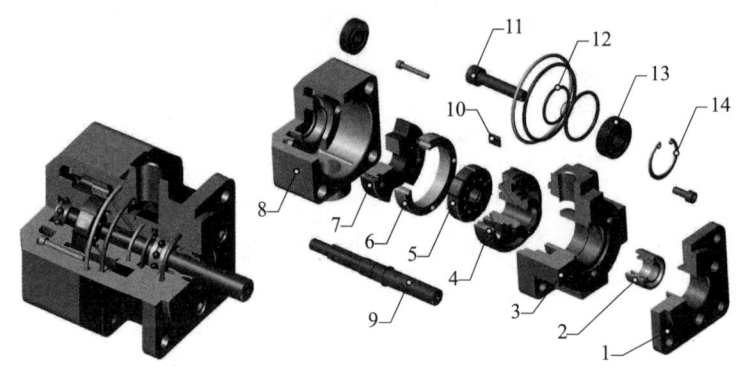

图 2-19 拆卸后的 YB1 型双作用叶片泵

1—盖板;2—油封;3—前泵体;4、7—配流盘;5—转子;6—定子;8—后泵体;
9—传动轴;10—叶片;11—螺栓;12—O 形密封圈;13—轴承;14—弹簧挡圈。

3. 主要零件分析

(1) 定子的内表面是近似椭圆柱面,由四段圆弧面和四段过渡曲面组成;转子的外表面是圆柱面,定子和转子中心固定;转子径向开有 12 条槽可以安置叶片。

(2) 该叶片泵共有 12 个叶片。叶片前倾角为 13°,有利于叶片处于压油腔时顺利缩回。叶片在转子槽内,配合间隙为 0.015~0.025 mm,叶片高度略低于转子的高度,其值为 0.005 mm。

(3) 该叶片泵的配流盘上有四条圆弧槽和一条圆形槽,其中两条圆弧槽为排油窗口,另外两条圆弧槽为吸油窗口,圆形槽是通向叶片底部的油槽,其背面与排油窗口相通,并保持叶片的底部通液压油。

(4) 传动轴通过花键带动转子在配油盘之间进行传动。

4. 装配步骤

(1) 装配前须清洗、检验、分析,装配与拆卸顺序相反。

(2) 注意配流盘、定子、转子、叶片的安装应正确,安装后泵体转动要灵活,没有卡死现象。

5. 注意事项

应调整定子方向,转子按指示方向旋转时,进油端的密封腔容积应由小变大,否则会出现不能吸油的现象。

五、液压泵拆装报告内容

在 CB-B 齿轮泵、YB1 型双作用叶片泵中选一种。
(1) 画出工作原理简图,说明其主要结构及工作原理;
(2) 叙述拆装步骤;
(3) 列出零件明细表;
(4) 叙述拆装过程中所遇到的问题及解决办法。

任务 7 液压泵与液压马达故障诊断与维修

液压泵是液压系统的动力元件,在日常使用过程中应注意液压泵的维护保养,发现问题及时维修,确保液压泵能够正常运行。表 2-3 至表 2-5 列出不同类型液压泵常见故障分析及其排除方法。表 2-6 列出液压马达常见故障分析及其排除方法。

表 2-3 齿轮泵常见故障分析及其排除方法

故障现象	产生原因	排除方法
噪声大、压力波动严重	吸油管路或过滤器堵塞	除去污物,使吸油管路畅通
	吸油管外露、插入油箱液面较浅、过于贴近油箱底面,或吸油位置太高	调整吸油管位置,使吸油管深入油箱液面内 2/3 处,吸油高度不大于 500 mm
	油箱中油液不足	补油至油标线
	泵体与泵盖平面度误差大,密封性差	研磨接触面,紧固连接件,严防泄漏
噪声大、压力波动严重	吸油口连接处密封不严,有空气进入,齿轮精度不高	加强密封,紧固连接件 更换齿轮或修整齿形
	骨架油封损坏,油封内弹簧脱落	更换油封
	泵与电动机间的联轴器同轴度太低	采用弹性联轴器,联轴器橡胶圈损坏时须更换,安装时保证同轴度
输出油液流量不足,压力无法提高	轴向间隙、径向间隙过大	检查、调整、修复或更换机件
	吸油管或过滤器堵塞	清除污物,定期更换液压油
	连接处泄漏导致吸入空气	检查密封,紧固连接处零件,重装或更换机件

(续表)

故障现象	产生原因	排除方法
输出油液流量不足，压力无法提高	油液黏度大或油温过高	选用适合的液压油，控制油温在规定范围内
	泵的转速过高或转向不对	控制转速在规定范围内，纠正转向
	泵内零件间磨损，间隙过大	更换或重新研配零件
	侧板和轴套与齿轮端面严重摩擦	修理或更换侧板和轴套
泵温、油温过高	轴向间隙、径向间隙过小，严重摩擦	检查装配质量，调整间隙，修理或更换机件
	油液黏度过高	更换黏度适当的油液
	油液变质，吸油阻力大	更换油液
	油箱小、散热不良	增大油箱，增设冷却器
	卸荷方法不当或带压溢流时间过长	改进卸荷方法，缩短带压溢流时间
	油液在管中流速过高，压力损失过大	加粗油管，调整系统布局
	受外界各种不良影响	消除外界不良影响
外泄漏严重	泵盖上的回油口堵塞	清洗回油孔
	密封圈损伤或泵盖与密封圈配合过松	调整或更换密封圈
	密封圈装配不当或失效	调整装配或更换密封圈
	零件密封面划痕严重	修磨或更换零件

表 2-4 叶片泵常见故障分析及其排除方法

故障现象	产生原因	排除方法
不出油或输出油量不足	泵的旋转方向不对	改变电动机转向
	泵的转速不够	提高转速
	吸油管路或滤油器堵塞	疏通管路，清洗滤油器
	油箱液面过低	补油至油标线
	液压油黏度过大	更换合适的液压油
	泵体有铸造缺陷，使高低压腔互通	更换泵体
	配油盘端面过度磨损	修磨或更换配油盘
	叶片与定子内表面接触不良	修磨或更换叶片
	叶片卡死	修磨或更换叶片
	联接螺钉松动	按规定拧紧螺钉
噪声大、振动大	吸油高度太大，油箱液面低	降低吸油高度至 500 mm 以下，补充液压油
	泵与电动机间的联轴器同轴度太低	采用弹性联轴器，联轴器橡胶圈损坏时需更换，安装时保证同轴度

项目二 液压泵和液压马达

(续表)

故障现象	产生原因	排除方法
噪声大、振动大	吸油管路或滤油器堵塞	疏通管路,清洗滤油器
	叶片倒角太小,高度不一致	加大倒角或加工成圆弧形,修磨或更换叶片
	吸油口连接处密封不严,有空气进入	加强密封,紧固连接件
	液压油黏度过大	更换合适的液压油
	个别叶片运动不灵活或安装不当	研磨或重装叶片
	泵的压力过大	降低压力至规定范围内
	定子曲面不光滑	抛光定子内表面
泵温或油温过高	液压油黏度过大	更换合适的液压油
	油箱小、散热不良	增大油箱,增设冷却器
	电机与泵轴不同轴	重新装配,保证同轴度
	配油盘端面过度磨损	修磨或更换配油盘
	叶片与定子内表面过度磨损	修磨或更换配油盘和定子
外泄漏严重	油封不合格或未安装好	更换或重装密封圈
	密封圈损坏	更换密封圈
	泵内零件间磨损,间隙过大	更换或重新研配零件
	联接螺钉过松	拧紧螺钉

表 2-5 柱塞泵常见故障分析及其排除方法

故障现象	产生原因	排除方法
不出油或输出油量不足	泵的旋转方向不对	改变电动机转向
	泵的转速不够	提高转速
	吸油管路或滤油器堵塞	疏通管路,清洗滤油器
	油箱液面过低	补油至油标线
	压盘损坏	更换压盘,清除碎渣
	液压油黏度过大	更换合适的液压油
	泵体有铸造缺陷,使高低压腔互通	更换新的泵体
	柱塞与缸体或配油盘与缸体间过度磨损	更换柱塞,修磨配油盘与缸体接触面
	中心弹簧折断,柱塞回程不够或不能回程	更换中心弹簧
泵的输出油压低或没有油压	柱塞与缸体或配油盘与缸体间过度磨损	更换柱塞,修磨配油盘与缸体接触面
	变量机构倾角不够	调整变量机构倾角

(续表)

故障现象	产生原因	排除方法
泵温或油温过高	液压油黏度过大	更换适合的液压油
	油箱小、散热不良	增大油箱，增设冷却器
	电机与泵轴不同轴	重新装配，保证同轴度
	柱塞与缸体或配油盘与缸体间过度磨损	更换柱塞，修磨配油盘与缸体接触面
外泄漏严重	油封不合格或未装好	更换或重装密封圈
	密封圈损坏	更换密封圈
	泵内零件间磨损，间隙过大	更换或重新研配零件
	联接螺钉过松	拧紧螺钉

表 2-6 液压马达常见故障分析及其排除方法

故障现象	产生原因	排除方法
转速低或功率不足	液压泵输出流量或压力不足	查明原因，采取相应措施
	液压马达内部泄漏严重	查明泄漏部位和原因，采取密封措施
	液压马达外部泄漏严重	加强密封
	液压马达磨损严重	更换磨损零件
	液压油黏度小	更换黏度适合的液压油
	进油口堵塞	疏通进油口
	回油阻力大	疏通回油路
	液压油不洁净	加强过滤
	密封不严，空气进入	排出气体，紧固密封
噪声过大	进油口堵塞	除去污物
	进油口漏油	拧紧接头
	液压油不洁净，气泡混入	加强过滤，排出气体
	液压马达安装不良	重新调整、安装
	液压马达零件磨损	更换磨损零件
外泄漏严重	管接头未拧紧	拧紧管接头
	接合面未拧紧	拧紧螺钉
	密封件损伤	更换密封件
	配油装置发生故障	修理配油装置
	相互运动零件间隙过大	重新调整间隙或修理、更换零件

思考练习题

一、填空题

1. 液压泵是一种能量转换装置，它将机械能转换为＿＿＿＿＿＿＿，是液压传动系统中的_____。

2. 液压马达是将_____转换为_____。

3. 液压泵按其排量能否调节分类，可分为_____和_____。

4. 按输出液流的方向分类，液压泵有_____和_____。

5. 液压泵的输出功率为_____与_____的乘积。

6. 齿轮泵的内泄漏途径主要有_____、_____、_____，其中以_____泄漏最为严重。

7. 柱塞泵中的柱塞个数通常是_____，其主要原因是_____。

二、单项选择题

1. 在不考虑泄漏的情况下，液压泵每转一周所能排出液体的体积，称为液压泵的_____。
   A. 排量　　　　　B. 理论流量　　　C. 实际流量　　　D. 额定流量

2. 解决齿轮泵困油现象的最常用方法是_____。
   A. 减少转速　　　B. 开卸荷槽　　　C. 加大吸油口　　D. 降低气体温度

3. 斜盘式轴向柱塞泵改变流量是靠改变_____。
   A. 转速　　　　　B. 油缸体摆角　　C. 浮动环偏心距　D. 斜盘倾角

4. 液压泵实际工作时的输出压力称为液压泵的_____。
   A. 最高压力　　　B. 工作压力　　　C. 平均压力　　　D. 额定压力

5. 液压泵的理论流量_____实际流量。
   A. 小于　　　　　B. 大于　　　　　C. 等于　　　　　D. 不确定

6. 双作用叶片泵的定子由多段曲线组成，不包括_____。
   A. 大圆弧　　　　B. 过渡曲线　　　C. 直线　　　　　D. 小圆弧

7. 限压式变量叶片泵是利用调节_____来实现变量功能。
   A. 输出流量　　　B. 调压螺钉　　　C. 偏心距　　　　D. 流量调节螺钉

三、多项选择题

1. 容积液压泵正常工作条件是_____。
   A. 具有密封的工作容腔
   B. 需要有相应的配油机构，使得吸油、压油过程对应的区域隔开
   C. 油箱必须与大气相通
   D. 液压泵不能有漏油现象

2. 叶片泵的优点是_____。
   A. 输出流量均匀　B. 脉动小　　　　C. 噪声小　　　　D. 对油液污染不敏感

3. 外啮合齿轮泵存在的主要问题是_____。
   A. 困油现象　　　B. 泄漏　　　　　C. 径向不平衡力　D. 自吸性较差

4. 下列能做成变量泵的是_____。
   A. 齿轮泵　　　　B. 轴向柱塞泵　　C. 径向柱塞泵　　D. 单作用叶片泵

四、判断题

1. 液压马达实际输入流量小于理论输入流量。　　　　　　　　　　　　（　　）

2. 齿轮泵的排油口设计得比吸油口小，是为了减小径向不平衡力。　　　（　　）

3. 在外啮合齿轮泵中,轮齿不断进入啮合的一侧的油腔是吸油腔。   (   )
4. 斜盘式轴向柱塞泵是通过改变斜盘的倾角实现输出流量的变化的。   (   )

五、填写下列液压元件图形符号的名称

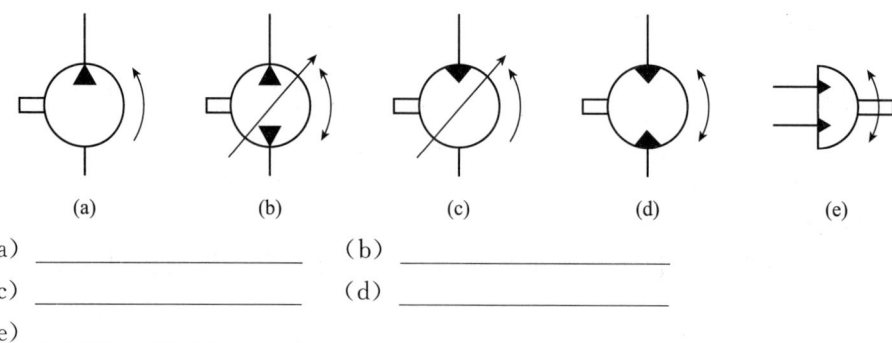

(a) _____   (b) _____
(c) _____   (d) _____
(e) _____

六、问答题

1. 外啮合齿轮泵的主要泄漏途径有哪些?
2. 什么是液压泵的工作压力、额定压力?两者有何关系?
3. 径向柱塞泵和轴向柱塞泵各有什么优缺点?各适用于什么场合?

七、计算题

1. 已知某一液压泵的排量 $V=100$ mL/r,转速 $n=1450$ r/min,容积效率 $\eta_v=0.95$,总效率 $\eta=0.9$,泵输出油的压力 $p=10$ MPa。试求液压泵的输出功率和所需电动机的驱动功率。

2. 已知某一齿轮泵的参数为:齿轮模数 $m=4$ mm,齿数 $z=12$,齿宽 $b=32$ mm,齿轮泵的容积效率 $\eta_v=0.8$,机械效率 $\eta_m=0.9$,转速 $n=1450$ r/min,工作压力 $p=2.5$ MPa。试求齿轮泵的理论流量、实际流量、输出功率及电动机的驱动功率。

3. 某变量叶片泵,其转子的外径 $d=83$ mm,定子的内径 $D=89$ mm,定子宽度 $b=30$ mm。试求:(1)当变量叶片泵的排量 $V=16$ mL/r 时,定子与转子的偏心量;(2)变量叶片泵的最大排量。

4. 某一轴向柱塞泵,其斜盘的倾角 $\gamma=22°30'$,柱塞直径 $d=22$ mm,柱塞分布圆直径 $D=68$ mm,柱塞数 $z=7$。若泵的容积效率 $\eta_v=0.98$,机械效率 $\eta_m=0.9$,转速 $n=960$ r/min,输出压力 $p=10$ MPa,试求轴向柱塞泵的理论流量、实际流量和输入功率。

5. 液压马达的时油压力为 $p=10\times10^6$ Pa,排量为 $V=200$ mL/r,总效率 $\eta=0.75$,机械效率 $\eta_m=0.9$。试求:(1)该液压马达能输出的理论转矩;(2)若液压马达的转速为 500 r/min,则输入液压马达的理论流量应为多少?(3)若外负载为 200 N·m($n=500$ r/min),该液压马达的输入功率和输出功率各为多少?

项目三 液压缸

学习目标

1. 掌握液压缸的分类及特点；
2. 掌握双作用活塞式液压缸运动速度、推力计算；
3. 了解柱塞液压缸、增压缸、多级缸的特点及应用；
4. 了解不同类型的液压缸的结构形式及特点。

液压缸又称为油缸，它是液压系统中的一种执行元件，其功能是将液压能转换成直线运动或摆动的机械能。

任务1 液压缸的分类和特点

液压缸按结构特点的不同可分为活塞式液压缸、柱塞液压缸和摆动液压缸（又称摆动马达）等。液压缸按其作用方式不同，可分为单作用式和双作用式。单作用式液压缸的液压力只能使活塞（或柱塞）单方向运动，反方向运动必须靠外力（如弹簧力或自重等）实现；双作用式液压缸可由其液压力实现两个方向的运动。下面介绍几种常用液压缸。

一、活塞式液压缸

活塞式液压缸可分为双杆液压缸和单杆液压缸两种。

1. 双杆液压缸

双杆液压缸两端都有活塞杆伸出。根据安装方式不同，双作用双杆液压缸可分为缸筒固定式和活塞杆固定式两种。图3-1（a）所示的是缸筒固定的形式，它的进口、出口布置在缸筒两端，活塞通过活塞杆带动工作台移动，当活塞的有效行程为L时，工作台的运动范围为3L，占地面积大，一般适用于小型机床。图3-1（b）所示的是活塞杆固定的形式，此时，缸体与工作台相连，活塞杆通过支架固定在机床上，动力由缸体传出。在这种安装形式中，工作台的移动范围为2L，因此其占地面积小，常用于大型设备中。

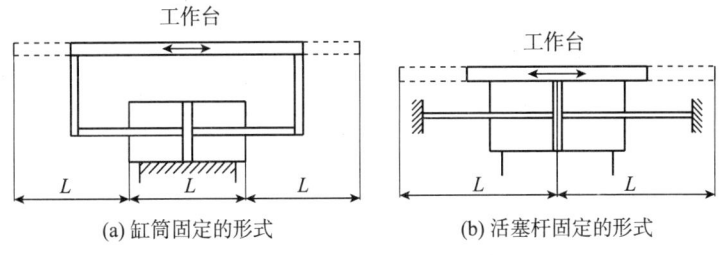

图3-1 双杆液压缸的运动范围

图3-2所示的是双作用双杆液压缸的结构。双作用双杆液压缸由活塞杆1、压盖2、

缸盖3、缸体4、活塞5和密封圈6等构成。缸体4与缸盖3用法兰连接,活塞5与活塞杆1用销连接;活塞5与缸体4之间采用间隙密封,这种密封内泄漏量较大,但适用于相对压力较小、运动速度较快的设备;活塞杆1与缸盖3之间采用V形密封圈密封,这种密封圈密封性能好,但摩擦力较大,其压紧力可用压盖2调整。

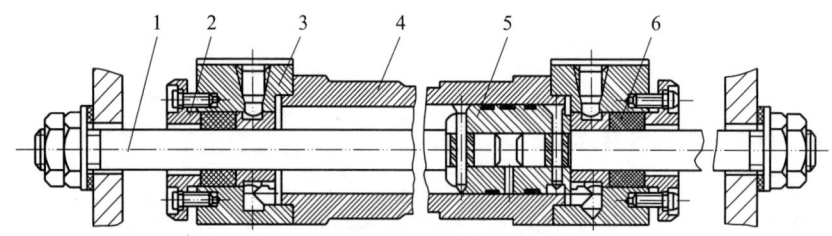

图 3-2 双作用双杆液压缸的结构

1—活塞杆;2—压盖;3—缸盖;4—缸体;5—活塞;6—V形密封圈。

由于双作用双杆液压缸两端的活塞杆的直径通常是相等的,因此液压缸左、右两腔的有效作用面积也相等。当分别向左、右腔输入相同压力和相同流量的油液时,液压缸左、右两个方向的推力和速度相等。当活塞的直径为D、活塞杆的直径为d、液压缸进油腔的压力为p_1、出油腔的压力为p_2、输入流量为q时,它的推力F和速度v为

$$F = A(p_1 - p_2)\eta_m = \frac{\pi}{4}(D^2 - d^2)(p_1 - p_2)\eta_m \tag{3-1}$$

$$v = \frac{q\eta_v}{A} = \frac{4q\eta_v}{\pi(D^2 - d^2)} \tag{3-2}$$

式中 A——活塞的有效作用面积;

η_m——液压缸的机械效率;

η_v——液压缸的容积效率。

2. 单杆液压缸

单杆液压缸的安装方式有缸筒固定和活塞杆固定两种形式,但它们的工作台移动范围都是活塞杆有效行程的2倍。如图3-3所示,双作用单杆液压缸两端油口都可以进油、排油,实现双向往复运动。

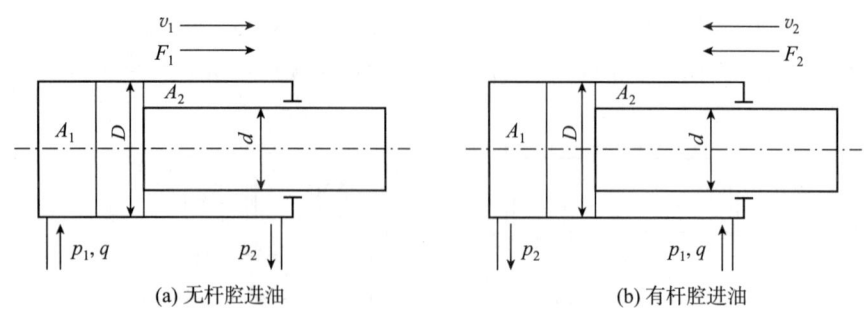

(a) 无杆腔进油　　　　　　　　(b) 有杆腔进油

图 3-3 双作用单杆液压缸

由于双作用单杆液压缸两腔的有效工作面积不相等,因此活塞杆伸缩两个方向输出的推力和速度也都不相等。设液压缸无杆腔和有杆腔的有效作用面积分别是A_1、A_2,活塞

的直径为 D，活塞杆的直径为 d，液压缸进油腔、出油腔的压力为 p_1 和 p_2，输入流量为 q，液压缸的机械效率和容积效率分别为 η_m 和 η_v。

如图 3-3（a）所示，当无杆腔进油，有杆腔回油时，推力 F_1 和速度 v_1 分别为

$$F_1 = (p_1 A_1 - p_2 A_2)\eta_m = \frac{\pi}{4}[(p_1 - p_2)D^2 + p_2 d^2]\eta_m \tag{3-3}$$

$$v_1 = \frac{q\eta_v}{A_1} = \frac{4q\eta_v}{\pi D^2} \tag{3-4}$$

如图 3-3（b）所示，当有杆腔进油，无杆腔回油时，推力 F_2 和速度 v_2 分别为

$$F_2 = (p_1 A_2 - p_2 A_1)\eta_m = \frac{\pi}{4}[(p_1 - p_2)D^2 - p_1 d^2]\eta_m \tag{3-5}$$

$$v_2 = \frac{q\eta_v}{A_2} = \frac{4q\eta_v}{\pi(D^2 - d^2)} \tag{3-6}$$

由式（3-3）至式（3-6）可知，由于 $A_1 > A_2$，所以 $F_1 > F_2$，$v_1 < v_2$。如果把两个方向上的输出速度 v_2 和 v_1 的比值称为速度比，记作 λ_v，则

$$\lambda_v = \frac{v_2}{v_1} = \frac{D^2}{D^2 - d^2}$$

或

$$d = D\sqrt{\frac{\lambda_v - 1}{\lambda_v}} \tag{3-7}$$

活塞杆直径越小，速度比 λ_v 愈接近 1，两个方向的速度差值愈小。在已知活塞直径 D 和速度比 λ_v 时，可确定活塞杆直径 d 的值。

双作用单杆液压缸在其左、右两腔都接通高压油时称为差动连接液压缸，如图 3-4 所示。差动连接液压缸左、右两腔的油液压力相同，但是由于左腔（无杆腔）的有效面积大于右腔（有杆腔）的有效面积，故活塞向右运动，同时使右腔排出的油液（流量为 q'）也进入左腔，加大了流入左腔的流量（$q + q'$），从而也加快了活塞移动的速度。实际上活塞在运动时，由于差动连接时两腔间的管路中有压力损失，所以右腔中油液的压力稍大于左腔中油液的压力，而这个差值一般都较小，可以忽略不计，则差动连接时活塞推力 F_3 为

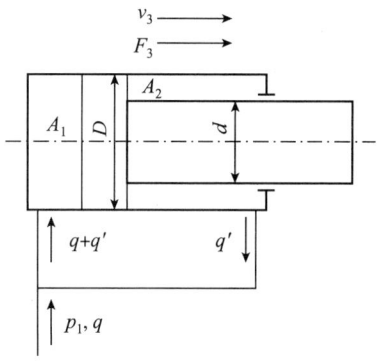

图 3-4　差动连接液压缸

$$F_3 = p_1(A_1 - A_2)\eta_m = \frac{\pi}{4}d^2 p_1 \eta_m \tag{3-8}$$

运动速度 v_3 为

$$v_3 = \frac{q\eta_v + q'}{A_1} = \frac{q\eta_v + A_2 v_3}{A_1}$$

可得

$$A_1 v_3 = q\eta_v + A_2 v_3$$

因此

$$v_3 = \frac{4q\eta_v}{\pi d^2} \tag{3-9}$$

由式（3-8）、式（3-9）可知，差动连接时液压缸的推力比非差动连接时小，速度比非差动连接时大，利用这一点，可使在不加大油源油液流量的情况下得到较快的运动速度，这种连接方式被广泛应用于组合机床的液压动力系统和其他机械设备的快速运动中。

如果要求机床往返速度相等时，则由式（3-8）和式（3-9）可得，$D=\sqrt{2}d$。

图 3-5 所示的是双作用单杆液压缸的结构。它是由缸底 20、缸筒 10、缸盖（导向套）9、活塞 11 和活塞杆 18 组成。缸筒一端与缸底焊接，另一端的缸盖（导向套）与缸筒用卡键 6、套 5 和弹簧挡圈 4 固定，以便拆装检修，两端设有油口 A 和 B。活塞 11 与活塞杆 18 利用卡键 15、卡键帽 16 和弹簧挡圈 17 连在一起。活塞 11 与缸筒内孔的密封采用的是一对 Y 形密封圈 12，由于活塞与缸筒内孔有一定间隙，采用由尼龙 1010 制成的耐磨环（又叫支承环）13 定心导向。活塞杆 18 和活塞 11 的内孔由 O 形密封圈 14 密封。较长的缸盖（导向套）9 则可保证活塞杆 18 不偏离中心，导向套外径由 O 形密封圈 7 密封，而其内孔则由 Y 形密封圈 8 和防尘圈 3 分别防止油外漏和灰尘带入液压缸内。缸底 20 及耳环 1 与外界连接的孔内有衬套 19（抗磨尼龙材料）。

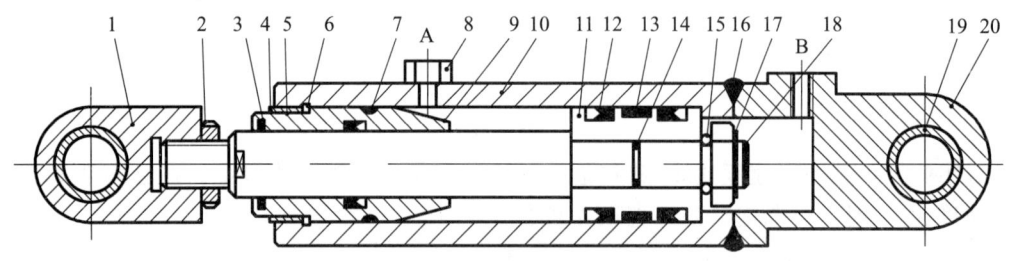

图 3-5 双作用单杆液压缸的结构

1—耳环；2—螺母；3—防尘圈；4、17—弹簧挡圈；5—套；6、15—卡键；
7、14—O 形密封圈；8、12—Y 形密封圈；9—缸盖（导向套）；10—缸筒；
11—活塞；13—耐磨环；16—卡键帽；18—活塞杆；19—衬套；20—缸底。

【例 3-1】图 3-6 所示的是串联液压缸，左液压缸和右液压缸的有效工作面积分别为 $A_1=100\ \text{cm}^2$，$A_2=80\ \text{cm}^2$，两液压缸的外负载分别为 $F_1=30\ \text{kN}$，$F_2=20\ \text{kN}$，输入流量 $q_1=15\ \text{L/min}$，不计压力损失和泄漏。试求：(1) 液压缸的工作压力；(2) 液压缸的运动速度。

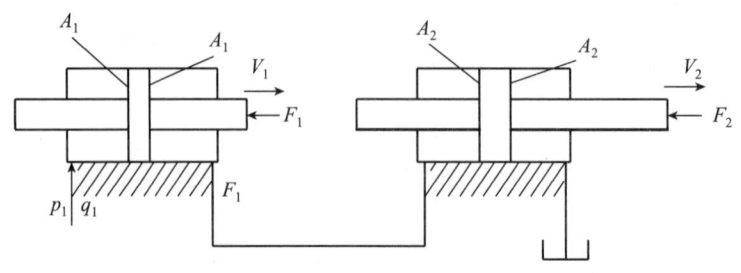

图 3-6 串联液压缸

解：(1) 右液压缸的受力平衡方程为

$$p_2 A_2 = F_2$$

可得 $$p_2=\frac{F_2}{A_2}=\frac{20\times 10^3}{80\times 10^{-4}}=2.5\times 10^6 \text{Pa}=2.5 \text{ MPa}$$

左液压缸的受力平衡方程为
$$p_1A_1=p_2A_2+F_1$$

可得 $$p_1=p_2+\frac{F_1}{A_1}=2.5\times 10^6+\frac{30\times 10^3}{100\times 10^{-4}}=5.5\times 10^6 \text{ Pa}=5.5 \text{ MPa}$$

(2) 活塞的运动速度
$$v_1=\frac{q_1}{A_1}=\frac{15\times 10^{-3}}{100\times 10^{-4}}=1.5 \text{ m/min}$$

$$v_2=\frac{q_2}{A_2}=\frac{v_1A_1}{A_2}=1.5\times \frac{100}{80}=1.875 \text{ m/min}$$

二、柱塞液压缸

柱塞液压缸只能实现一个方向的液压传动,反向运动要靠外力。若需要实现双向运动,则必须成对使用。这种液压缸中的柱塞和缸筒不接触,运动时由缸盖上的导向套来导向,因此缸筒的内壁无须精加工,它特别适用于行程较长的场合。

图 3-7 所示为柱塞液压缸,设柱塞直径为 d(面积为 A)、输入液压油压力为 p、机械效率为 η_m、容积效率为 η_v,则柱塞泵输出推力 F 和速度 v 为

$$F=pA\eta_m=\frac{\pi}{4}d^2p\eta_m \tag{3-10}$$

$$v=\frac{q\eta_v}{A}=\frac{4q\eta_v}{\pi d^2} \tag{3-11}$$

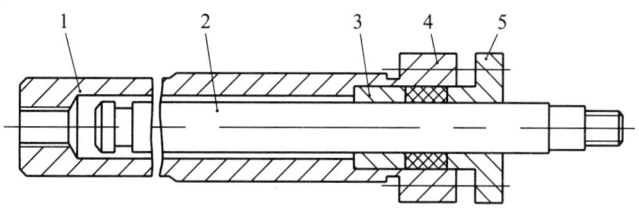

图 3-7 柱塞液压缸
1—缸筒;2—柱塞;3—导向套;4—密封圈;5—压盖。

三、其他液压缸

1. 增压缸

增压缸又称增压器,它利用活塞和柱塞有效面积的不同,使液压系统中的局部区域获得高压。增压缸有单作用和双作用两种形式,单作用增压缸的工作原理如图 3-8 所示,当输入活塞缸的液体压力为 p_1、活塞直径为 D、柱塞直径为 d 时,柱塞缸中输出的液体压力 p_2 比输入压力 p_1 高,p_2 为

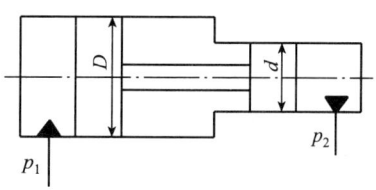

图 3-8 单作用增压缸的工作原理

$$p_2 = \left(\frac{D}{d}\right)^2 p_1 \eta_m = K p_1 \eta_m \tag{3-12}$$

式中　K——增压比，$K=(D/d)^2$，代表其增压程度；

　　　η_m——增压缸的机械效率。

2. 多级缸

多级缸（又称伸缩缸）由两个或多个活塞缸套装而成，前一级活塞缸的活塞杆内孔是后一级活塞缸的缸筒，伸出时可获得较长的工作行程，缩回时可保持较小的结构尺寸，多级缸被广泛应用于起重运输车辆上。

多级缸可以是图 3-9（a）所示的单作用式，也可以是图 3-9（b）所示的双作用式，前者靠外力回程，后者靠液压回程。

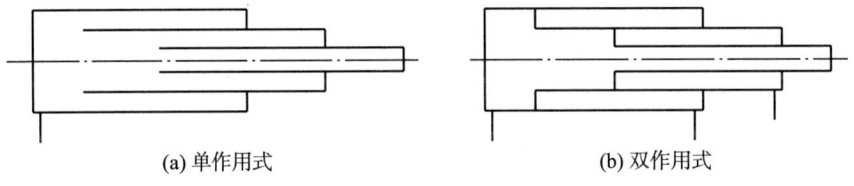

(a) 单作用式　　　　　　　　　　(b) 双作用式

图 3-9　多级缸

多级缸的外伸动作是逐级进行的。首先是最大直径的缸筒以最低的油液压力开始外伸，当到达行程终点后，直径稍小的缸筒开始外伸，直径最小的末级最后伸出。随着工作级数变大，外伸缸筒直径越来越小，工作油液压力随之升高，工作速度变快。

任务 2　液压缸结构形式

液压缸主要由缸体组件、活塞组件、密封装置、缓冲装置和排气装置等组成。

1. 缸体组件

缸体组件包括缸筒、端盖及连接件，它与活塞组件构成密封油腔，并承受很大的液体压力，因此缸体组件要有足够的强度和刚度、较高的表面质量及可靠的密封性。图 3-10 所示为缸体组件结构形式。

图 3-10（a）所示为法兰式连接，它的结构简单，容易加工，也容易装拆，但外形尺寸和质量都较大，常用于铸铁制的缸筒。图 3-10（b）所示为半圆环式连接，它的缸壁因开了环形槽而降低了强度，为此有时要加厚缸壁，它容易加工和装拆，质量较小，常用于无缝钢管或锻钢制的缸筒。图 3-10（c）所示为螺纹式连接，它的缸筒端部结构复杂，外径加工时要求保证内外径同心，装拆要使用专用工具，它的外形尺寸和质量都较小，常用于无缝钢管或铸钢制的缸筒。图 3-10（d）所示为拉杆式连接，它的结构的通用性大，容易加工和装拆，但外形尺寸较大，且质量较大。图 3-10（e）所示为焊接式连接，它的结构简单，尺寸小，但缸底处内径不易加工，且可能引起变形。

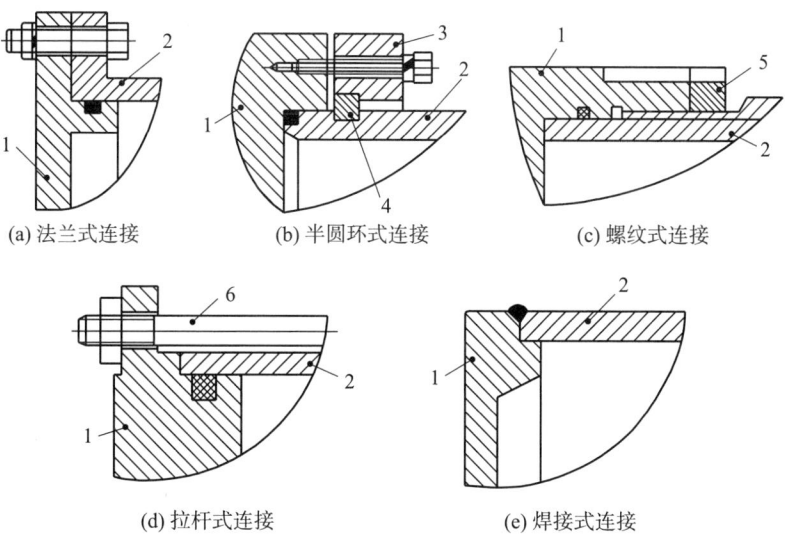

(a) 法兰式连接　　(b) 半圆环式连接　　(c) 螺纹式连接

(d) 拉杆式连接　　(e) 焊接式连接

图 3-10　缸体组件结构形式

1—缸盖；2—缸筒；3—压板；4—半圆环；5—防松螺帽；6—拉杆。

2. 活塞组件

活塞组件可以把短行程的液压缸的活塞杆与活塞做成一体，这是最简单的形式。但当行程较长时，这种整体式活塞组件的加工较费事，所以常把活塞与活塞杆分开制造，然后再连接成一体。图 3-11 所示为活塞组件结构形式。

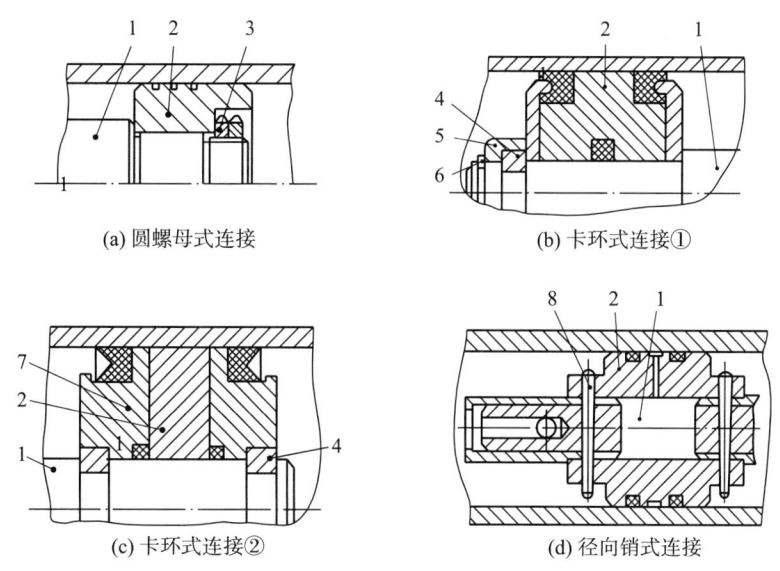

(a) 圆螺母式连接　　　　　　　　(b) 卡环式连接①

(c) 卡环式连接②　　　　　　　　(d) 径向销式连接

图 3-11　活塞组件结构形式

1—活塞杆；2—活塞；3—圆螺母；4—半圆环；
5—轴套；6—轴用弹簧挡圈；7—密封圈座；8—锥销。

图 3-11（a）所示为圆螺母式连接，即活塞 2 与活塞杆 1 之间采用圆螺母式连接，它适用于负载较小、受力无冲击的液压缸中。圆螺母连接虽然结构简单，安装方便可靠，但

在活塞杆上车螺纹将削弱其强度。图 3-11 (b) 和 (c) 所示为卡环式连接。图 3-11 (b) 中的活塞杆 1 上开有一个环形槽，槽内装有两个半圆环 4 用来夹紧活塞 2，半圆环 4 由轴套 5 套住，而轴套 5 的轴向位置用轴用弹簧挡圈 6 来固定。图 3-11 (c) 中的活塞杆 1 上使用了两个半圆环 4，它们分别由两个密封圈座 7 套住，半圆形的活塞 2 安放在两个密封圈座 7 的中间。图 3-11 (d) 所示为径向销式连接，用锥销 8 把活塞 2 固定连接在活塞杆 1 上。这种连接形式特别适用于双出杆式活塞。

3. 密封装置

液压缸中常见的密封装置如图 3-12 所示。图 3-12 (a) 所示为间隙密封，它依靠运动间的微小间隙来防止泄漏。为了提高这种装置的密封能力，常在活塞的表面上制造几条细小的环形槽，以增大油液通过间隙时的阻力。它的结构简单，摩擦阻力小，可耐高温，但泄漏量大，加工要求高，磨损后无法恢复原有能力，只有在尺寸较小、压力较低、相对运动速度较高的缸筒和活塞间使用。图 3-12 (b) 所示为摩擦环密封，它依靠套在活塞上的摩擦环（尼龙或其他高分子材料制成）在 O 形密封圈弹力作用下贴紧缸壁而防止泄漏。这种材料效果较好，摩擦阻力较小且稳定，可耐高温，磨损后有自动补偿能力，但加工要求高，装拆较不便，适用于缸筒和活塞之间的密封。图 3-12 (c) 所示为 O 形圈密封，图 3-12 (d) 所示为 V 形圈密封，它们利用橡胶或塑料的弹性使各种截面的环形圈贴紧在静、动配合面之间来防止泄漏。它们结构简单，制造方便，磨损后有自动补偿能力，性能可靠，在缸筒和活塞之间、缸盖和活塞杆之间、活塞和活塞杆之间、缸筒和缸盖之间都能使用。

对于活塞杆外伸部分来说，由于它很容易把污染物带入液压缸，使油液受污染，密封件磨损，因此需要在活塞杆密封处增加防尘圈，并放在活塞杆外伸的一端。

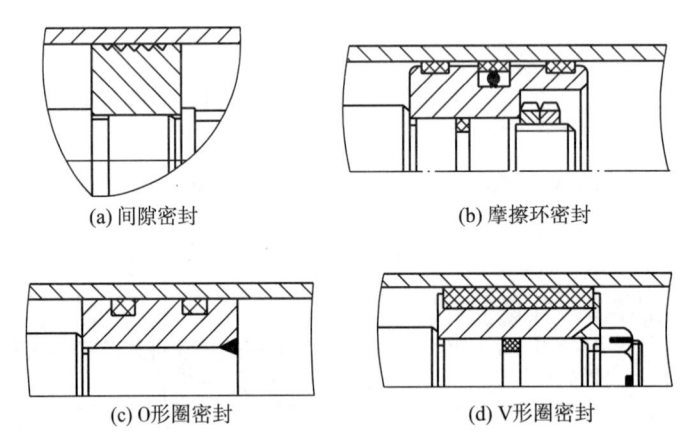

(a) 间隙密封　　　　　　　　　　(b) 摩擦环密封

(c) O 形圈密封　　　　　　　　　(d) V 形圈密封

图 3-12　密封装置

4. 缓冲装置

液压缸一般都设置缓冲装置，特别是大型、高速或要求高的液压缸，为了防止活塞在行程终点时和缸盖相互撞击，引起噪声、冲击，必须设置缓冲装置。

缓冲装置的工作原理是利用活塞或缸筒在其走向行程终端时封住活塞和缸盖之间的部分油液，强迫油液从小孔或细缝中挤出，以产生很大的阻力，使工作部件受到制动，逐渐减小运动速度，达到避免活塞和缸盖相互撞击的目的。

如图 3-13（a）所示，当缓冲柱塞进入与其相配的缸盖上的内孔时，孔中的油液只能通过间隙 δ 排出，使活塞速度减小，起缓冲作用。如图 3-13（b）所示，当缓冲柱塞进入配合孔之后，油腔中的油液只能经节流阀 1 排出。由于节流阀 1 是可调节的，因此缓冲作用也可调节，但仍不能解决速度减小后缓冲作用减弱的缺点。如图 3-13（c）所示，在缓冲柱塞上开有三角槽，随着柱塞逐渐进入配合孔中，其节流面积越来越小，解决了在行程最后阶段缓冲作用过弱的问题。

5. 排气装置

液压缸在安装过程中或长时间停放重新工作时，液压缸里和管道系统中会渗入空气，为了防止液压缸出现爬行、噪声和发热等不正常现象，需要把液压缸中和系统中的空气排出。一般可在液压缸的最高处设置进出油口把空气带走，也可在最高处设置如图 3-14（a）所示的放气孔，或如图 3-14（b）（c）所示的专门放气阀。

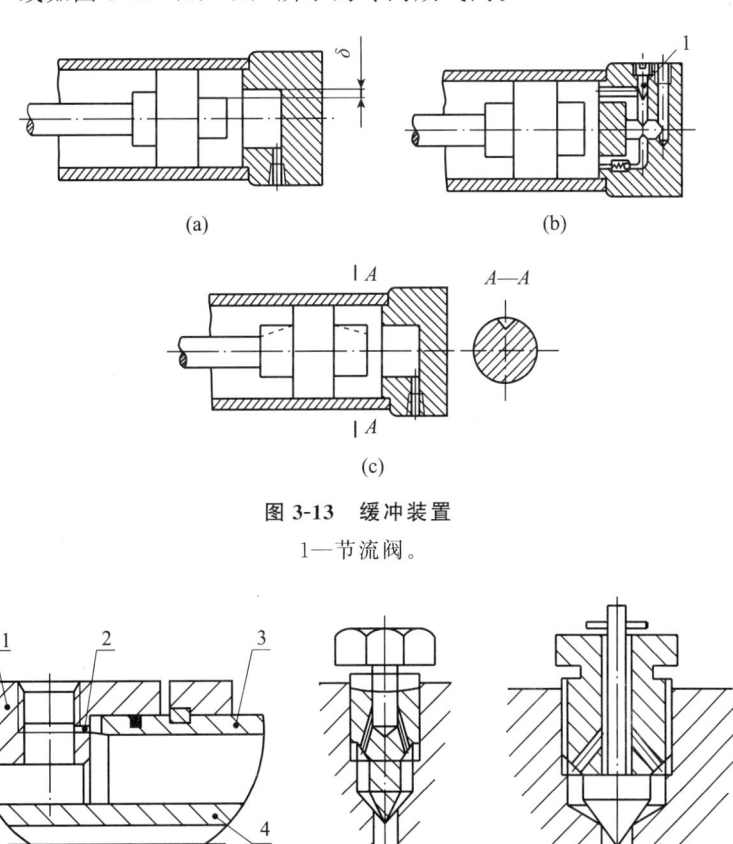

图 3-13 缓冲装置

1—节流阀。

图 3-14 排气装置

1—缸盖；2—放气小孔；3—缸体；4—活塞杆。

任务 3　液压缸故障诊断与维修

液压缸常见故障分析及其排除方法见表 3-1。

表 3-1 液压缸常见故障分析及其排除方法

故障现象	产生原因	排除方法
爬行	混入空气	排除空气
	运动密封件装配过紧	调整密封圈，使之松紧适当
	活塞杆与活塞不同轴	校正、修整或更换
	导向套与缸筒不同轴	修正调整
	活塞杆弯曲	校直活塞杆
	液压缸安装不良，其中心线与导轨不平行	重新安装
	缸筒内径圆柱度超差	修复，重配活塞或增加密封件
	缸筒内孔锈蚀、拉毛	除去锈蚀、毛刺或重新镗磨
	活塞杆两端螺母拧得过紧，使同轴度降低	调整螺母的松紧度，使活塞杆处于自然状态
	活塞杆刚度差	加大活塞杆直径
	液压缸运动件之间间隙过大	减小配合间隙
	导轨润滑不良	保持良好润滑
冲击	缓冲间隙过大	减小缓冲间隙
	缓冲装置中的单向阀失灵	修理或更换单向阀
缓冲过长	缓冲装置结构不正确，三角节流槽过短	修正凸台与凹槽，加长三角节流槽
	缓冲节流回油口开设位置不对	修改缓冲节流回油口的位置
	活塞与缸体内径配合间隙过小	加大至要求的间隙
	缓冲的回油孔道半堵塞	清洗回油孔道
推力不足或工作速度下降	缸体和活塞的配合间隙过大，或密封件损坏，造成内泄漏	修理或更换不合乎精度要求的零件，重新装配、调整或更换密封件
	缸体和活塞的配合间隙过小，密封过紧，运动阻力大	增加配合间隙，调整密封件的压紧程度
	运动零件制造存在误差和装配不良，引起不同心或单面剧烈摩擦	修理误差较大的零件，重新装配
	活塞杆弯曲，引起剧烈摩擦	校直活塞杆
	缸体内孔拉伤与活塞咬死，或缸体内孔加工不良	镗磨、修复缸体或更换缸体
	液压油中杂质过多，使活塞或活塞杆卡死	清洗液压系统，更换液压油
	液压油温度过高，加剧泄漏	分析温升原因，改进密封结构，避免温升过高

(续表)

故障现象	产生原因	排除方法
外泄漏	活塞杆密封圈密封不严,活塞杆表面损伤或密封圈损伤或老化	如活塞杆损伤则加以修复;若密封圈损伤或老化,更换密封圈
	缸盖处密封不严,加工精度不高或密封圈老化	检查密封表面的加工精度及密封圈的老化情况,做相应修整或更换
内泄漏	缸筒内孔与活塞因磨损致使配合间隙超差,造成高低压腔互通内泄漏	修复或更换缸筒、活塞,更换密封圈
	活塞上的密封圈损伤或老化,造成内泄漏	更换密封圈
	活塞与缸筒安装不同心或受偏心载荷,使活塞倾斜或偏磨造成内泄漏	检查缸筒、活塞、缸盖活塞孔的同轴度,修整对中;造成偏磨的应修复缸筒,重配活塞
	缸筒内表面加工精度达不到要求	镗缸孔,重配活塞

思考练习题

一、填空题

1. 液压缸按其作用方式不同,可分为_____和_____两种。

2. 液压缸的结构基本上可以分为_____、_____、_____、_____和_____五个部分。

3. 多级(伸缩)液压缸的活塞在向外运动时,按活塞的有效工作面积大小依次动作,有效面积_____的先动,有效面积_____的后动。

二、单项选择题

1. 要求机床工作台往复运动速度相同,应采用_____液压缸。
   A. 双作用双杆液压缸　　　　　　B. 单作用液压缸
   C. 柱塞液压缸　　　　　　　　　D. 单叶片摆动液压缸

2. 能实现差动连接的液压缸是_____。
   A. 双作用双杆液压缸　　　　　　B. 双作用单杆液压缸
   C. 柱塞液压缸　　　　　　　　　D. 以上选项都正确

3. 液压缸的运行速度主要取决于_____。
   A. 液压缸的密封　　　　　　　　B. 输入流量
   C. 泵的供油压力　　　　　　　　D. 负载大小

4. 对于差动液压缸,若使其往返速度相等,则活塞面积应为活塞杆面积的_____。
   A. 1 倍　　　B. 2 倍　　　C. $\sqrt{2}$ 倍　　　D. 4 倍

5. 使用增压缸主要是为了提高液压系统的局部_____。
   A. 功率　　　B. 压力　　　C. 流量　　　D. 速度

6. 双作用双杆液压缸,若采用活塞杆固定安装,其工作台的移动范围为缸筒有效行程的_____。
   A. 1 倍　　　B. 2 倍　　　C. 3 倍　　　D. 4 倍

三、多项选择题

1. 关于双作用单杆液压缸说法正确的是_____。
   A. 无杆腔进油时用于工进,推力大,速度慢。
   B. 有杆腔进油时用于工退,推力小,速度快。
   C. 无杆腔进油时用于工退,推力小,速度快。
   D. 差动连接时用于快进,推力小,速度快。
2. 液压缸的种类繁多,_____能用作双作用液压缸。
   A. 柱塞缸　　　　B. 活塞缸　　　　C. 摆动缸　　　　D. 多级缸

四、判断题

1. 液压缸属于执行元件,可以实现往复直线运动。　　　　　　　　　　　　（　　）
2. 作用于活塞上的推力越大,活塞的运动速度越快。　　　　　　　　　　　（　　）
3. 柱塞缸的缸筒的内壁无须精加工,它特别适用于行程较长的场合。　　　　（　　）
4. 采用增压缸可以提高系统的局部压力和功率。　　　　　　　　　　　　　（　　）
5. 为实现工作台的往复运动,可成对地使用柱塞缸。　　　　　　　　　　　（　　）

五、填写下列液压元件图形符号的名称

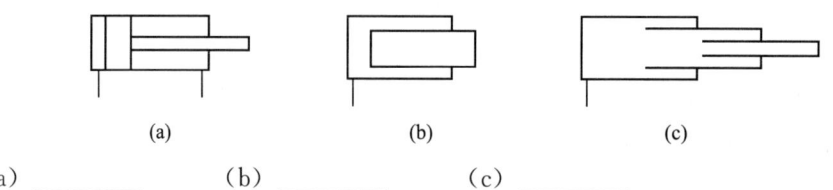

(a) _____　　　(b) _____　　　(c) _____

六、问答题

1. 液压缸为什么要设置缓冲装置?
2. 液压缸缸筒和缸盖的连接方式有哪些?各有什么特点?

七、计算题

1. 题图 3-1 为两个结构相同且相互串联的液压缸,无杆腔的面积 $A_1 = 100 \times 10^{-4}$ m²,有杆腔的面积 $A_2 = 80 \times 10^{-4}$ m²,液压缸 1 的输入压力 $p_1 = 0.9$ MPa,输入流量 $q = 12$ L/min,不计摩擦损失和泄漏,试求:

(1) 当两液压缸承受相同负载时,该负载的数值及两液压缸的运动速度;
(2) 当液压缸 2 的输入压力是液压缸 1 的一半时,两液压缸各自能承受的负载;
(3) 当液压缸 1 不承受负载时,液压缸 2 能承受的负载。

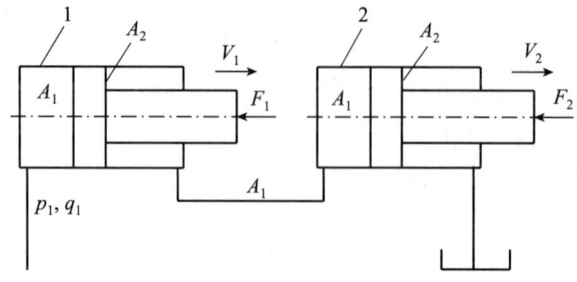

题图 3-1
1、2—液压缸。

2. 题图 3-2 所示为差动连接液压缸。已知进油流量 $q=30$ L/min，进油压力 $p=4$ MPa，要求活塞往复运动速度相等，均为 $v=6$ m/min，不计摩擦损失和泄漏。试计算此液压缸筒内径 D 和活塞杆直径 d，并求输出推力 F。

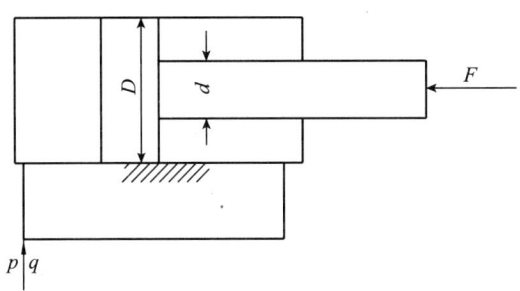

题图 3-2

项目四　液压系统辅助元件

学习目标

1. 理解过滤器的类型及其特点；
2. 理解油箱的功用、结构及油箱容量的计算；
3. 理解蓄能器的功用、分类；
4. 了解常见密封件的选用与安装；
5. 了解油管、管接头的类型与应用。

液压系统中的辅助元件是指除液压动力元件、执行元件、控制元件之外的其他组成元件，它们是组成液压系统必不可少的一部分，对系统的性能、效率、温升、噪声和寿命的影响极大。这些辅助元件主要包括蓄能器、过滤器、油箱、管件和密封件等。

任务 1　过滤器

过滤器的功用就是过滤混在油液中的杂质，降低系统中油液的污染度，保证液压系统的正常工作。在液压系统故障中，约 75% 是由油液污染引起的，故在液压系统中必须使用过滤器对油液进行过滤。

一、过滤器的基本要求

（1）应有适当的过滤精度。过滤精度是指过滤器滤除杂质颗粒直径 d 的公称尺寸（单位为 μm）。过滤器按过滤精度不同可分为四个等级：粗过滤器（$d \geqslant 100\ \mu m$）；普通过滤器（$10\ \mu m \leqslant d < 100\ \mu m$）；精密过滤器（$5\ \mu m \leqslant d < 10\ \mu m$）；特精过滤器（$1\ \mu m \leqslant d < 5\ \mu m$）。不同的液压系统的过滤精度要求，可参照表 4-1 选择。

表 4-1　不同的液压系统的过滤精度要求

系统类别	润滑系统	传动系统			伺服系统
工作压力 p/MPa	0~2.5	<14	14~32	>32	≤21
精度 d/m	≤100	25~30	≤25	≤10	≤5

研究表明，由于液压元件相对运动表面之间的间隙较小，如果采用高精度过滤器有效地控制 1~5 μm 的污染颗粒，液压泵、液压马达、各种液压阀及液压油的使用寿命均可大大延长，液压系统故障亦会明显减少。

（2）通流能力要大。过滤器通流能力是指在一定压降下允许通过过滤器的最大流量。过滤器通流能力过小会缩短清洗或更换周期，并增加压力损失。过滤器通流能力过大，虽然会减少压力损失，但过滤器体积会加大从而影响液压系统元件的布置。一般所选过滤器过滤油液的流量应是实际流量的 2~3 倍。

(3) 强度要高，可以防止过滤器在液体压力作用下被破坏。

(4) 滤芯抗腐蚀性好，保证过滤器能够在规定的温度下长期工作。

(5) 易于清洗和更换，便于拆装与维护。

(6) 考虑系统的其他功能。对于不能停机的液压系统，要选择切换式的过滤器，以利于更换滤芯；对于需要滤芯堵塞报警的场合，要选择带发讯装置的过滤器。

二、过滤器的类型及其特点

按滤芯材料和结构形式的不同，过滤器可分为网式过滤器、线隙式过滤器、纸芯过滤器、烧结式过滤器及磁性过滤器等。

1. 网式过滤器

图 4-1 所示为网式过滤器。如图 4-1（a）所示，网式过滤器是用细铜丝网 3 作过滤材料，包围在有很多窗孔的塑料或金属的筒型骨架 2 上。其过滤精度为 $80\sim180~\mu m$。网式过滤器一般装在液压系统的吸油管路入口处，过滤较大的杂质，以保护液压泵。该过滤器结构简单，清洗方便。图 4-1（b）所示为过滤器图形符号。

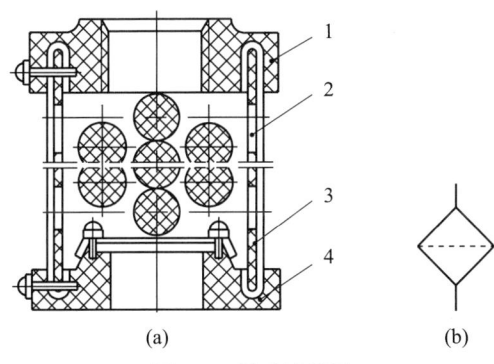

图 4-1 网式过滤器

1—上盖；2—筒型骨架；3—细铜丝网；4—下盖。

2. 线隙式过滤器

图 4-2 所示为线隙式过滤器，2 是壳体，滤芯用铜丝或铝丝 3 绕在筒型骨架 4 的外圆上，利用线丝之间形成的缝隙滤除杂质。一般用于过滤 $30\sim100~\mu m$ 的杂质颗粒，压力损失为 $0.07\sim0.35$ MPa。线隙式过滤器常用在低压管路或泵的吸入口。该过滤器结构简单，滤芯材料强度低，不易清洗。

3. 纸芯过滤器

图 4-3 所示为纸芯过滤器，这种过滤器与线隙式过滤器的结构类似，只是滤芯为纸质。滤芯由三层组成：滤芯外层 2 为粗眼钢板网，滤芯中层 3 为折叠成"W"形状的滤纸，滤芯里层 4 由金属丝网与滤纸折叠组成，这

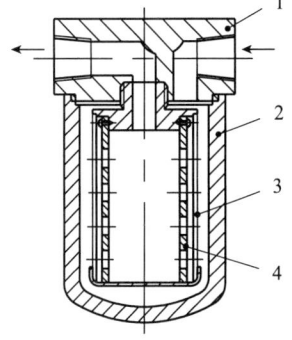

图 4-2 线隙式过滤器

1—上盖；2—壳体；
3—铜丝或铝丝；4—筒型骨架。

样可提高滤芯强度，延长寿命。该过滤器可滤除颗粒直径在 5～30 μm 的杂质，压力损失为 0.08～0.40 MPa，常用于对油液要求较高的场合。其特点是结构紧凑，通流能力大，但堵塞后无法清洗，需要经常更换纸芯。纸芯式过滤器的滤芯能承受的压差较小（0.35 MPa），为保证过滤器能正常工作，防止因杂质聚集在滤芯上引起压差增大而压破纸芯，故在其顶部安装堵塞发讯装置 1。

4. 烧结式过滤器

烧结式过滤器的滤芯材料，常用的有青铜、低碳钢或镍铬粉末。滤芯可以做成杯状、管状、碟状和板状等。如图 4-4 所示，油液从壳体 2 左侧的 A 孔进入，经滤芯 3 过滤后，从底部的 B 孔流出。烧结式过滤器强度高，耐高温，抗腐蚀性强，过滤效果好，可在压力较大的条件下工作，是一种使用广泛的精过滤器。烧结式过滤器的缺点是通油能力低，压力损失较大，堵塞后清洗比较困难，烧结颗粒容易脱落等。一般用于过滤要求较高的液压系统中。

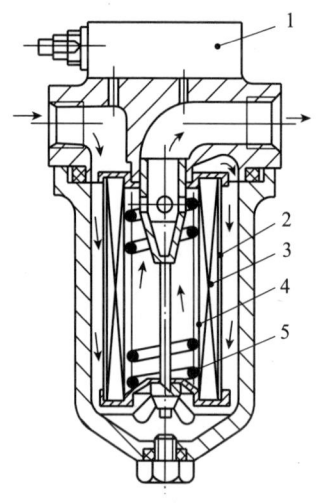
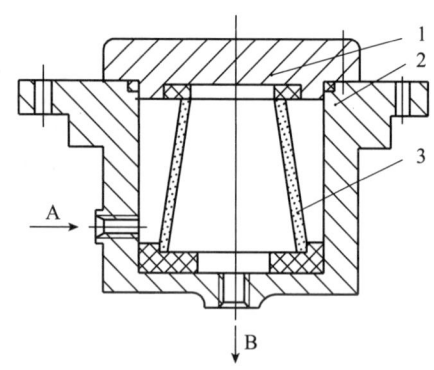

图 4-3　纸芯过滤器
1—堵塞发讯装置；2—滤芯外层；
3—滤芯中层；4—滤芯里层；5—支承弹簧。

图 4-4　烧结式过滤器
1—顶盖；2—壳体；3—滤芯。

5. 磁性过滤器

磁性过滤器靠磁性材料把混在油液中的铁质杂质吸住，达到过滤目的。磁性过滤器的优点是过滤效果好，缺点是对其他污染物不起作用，所以常把磁性过滤器与其他种类的过滤器配合使用。

三、过滤器的安装

过滤器的安装位置，通常有以下几种情况，如图 4-5 所示。

（1）安装在液压泵的吸油管路上。这种安装位置主要是保护液压泵不致吸入较大的颗粒杂质。但是由于一般液压泵的吸油口不允许有较大阻力，因此只能安装压力损失较小的粗精度等级或普通精度等级的过滤器。

（2）安装在液压泵的压油管路上。这种安装位置主要是用来保护除液压泵以外的其他液压元件。过滤器在高压条件下工作时，滤芯及壳体应能承受油路上的工作压力和冲击压力。为防止过滤器堵塞而使液压泵过载或引起滤芯破裂，可以并联安全阀和装设堵塞发讯装置。

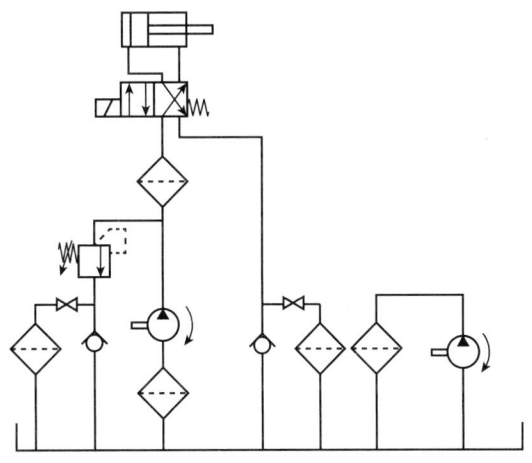

图 4-5 过滤器安装位置

（3）安装在回油管路上。这种安装位置适用于在脏湿环境下工作的液压执行系统，可在油液流入油箱以前滤去污染物。由于回油管路压力低，可采用强度较低的精过滤器。

（4）安装在系统的分支油路上。当液压泵流量较大时，若仍采用在主油路过滤杂质，则要求过滤器的通流能力大，则过滤器的体积较大。为此，在相当于总流量20%～30%的支路上安装小规格过滤器，这种方式不会在主油路上造成压力损失，但应注意会有杂质进入油液系统。

（5）单独过滤系统。这种设置方式是用一个液压泵和过滤器组成一个独立于液压系统之外的过滤回路，它可以经常清除系统中的杂质，或者定时运行从而对油箱的油液进行过滤。

为了获得较好的过滤效果，在液压系统中往往综合运用上述几种安装方法。在安装过滤器时应当注意，一般过滤器都只能单向使用（滤芯的外围进油，中心出油），进出油口不能反接，从而保证滤芯清洗和安全。因此，过滤器不要安装在液流方向可能变换的油路上。必要时可增设过滤器和单向阀。

任务 2　油箱

一、油箱的功用和结构

油箱的功用主要是储存油液，此外还起着散发油液的热量（在周围环境温度较低的情况下则是保持油液的热量）、释放混在油液中的气体、沉淀油液中的污物等作用。

液压系统中的油箱有整体式和分离式两种。整体式油箱利用主机的内腔作为油箱，这种油箱结构紧凑，各处漏油易于回收，但增加了设计和制造的复杂性，维修不便，散热条件不好，且会使主机产生热变形。分离式油箱单独设置，与主机分开，减少了油箱发热和液压振源对主机工作精度的影响，因此得到了普遍的应用，特别在精密机械上。

图 4-6 所示为油箱的结构。油箱内部用隔板 7 将吸油管 4 与回油管 3 隔开，并装有滤油器 9、液位计 12 和排放污油的放油阀 8。安装液压泵及其驱动电机的安装板 6 则固定在油箱顶面上。

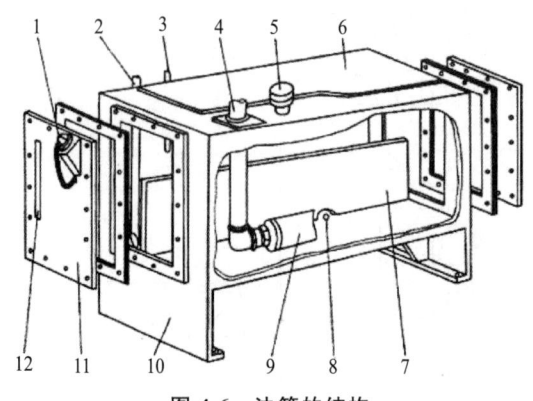

图 4-6 油箱的结构

1—注油器；2—泄油管；3—回油管；4—吸油管；5—通气孔；6—安装板；
7—隔板；8—放油阀；9—滤油器；10—箱体；11—端盖；12—液位计。

二、油箱容量的确定

油箱容积是指油面高度为油箱高度的 80% 时的油箱有效容积，应根据液压系统发热、散热平衡的原则来计算。一般情况下，油箱的有效容积可以按液压泵的额定流量 q_V（L/min）估算出来。为了在相同的容量下得到最大的散热面积，油箱外形以立方体或长六面体为宜。

$$V = k q_V \tag{4-1}$$

式中 V——油箱的有效容积（L）；

k——与系统压力有关的经验数字：低压系统 $k = 2 \sim 4$，中压系统 $k = 5 \sim 7$，高压系统 $k = 10 \sim 12$。

三、注意事项

（1）吸油管和回油管应尽量相距远些，两管之间要用隔板隔开，以增加油液循环距离，使油液有足够的时间分离气泡、沉淀杂质和消散热量。隔板高度最好为油箱内油面高度的 3/4。吸油管入口处要安装粗滤油器。粗滤油器与回油管的管端在油面最低时仍应浸没在油中，防止吸油时吸入空气或回油冲入油箱时搅动油面而混入气泡。回油管的管端宜斜切 45°，以增大出油口截面积，并减慢出口处油流速度。此外，应使回油管斜切口面对箱壁。当回油管排回的油量很大时，宜使它的出口处高于油面，向一个带孔或不带孔的斜槽（倾角为 5°～15°）排油，使油流散开，一方面减慢流速，另一方面排出油液中的空气。为了减慢回油流速并减小其冲击搅拌作用，可以采取让回油通过扩散室的措施。

（2）管端与箱底、箱壁间距离均不宜小于管径的 3 倍。粗滤油器距箱底不应小于 20 mm。

（3）为了防止油液污染，油箱上各盖板、管口处都要妥善密封。注油器上要加滤油网。油箱通气孔上须装空气滤清器。空气滤清器的容量至少应为液压泵额定流量的 2 倍。

油箱内回油集中部分及清污口附近宜装设一些磁性材料块，以去除油液中的铁屑和带磁性的颗粒。

（4）为了易于散热和便于对油箱进行搬移及维护保养，箱底与地面的距离至少应在 150 mm 以上。箱底应适当倾斜，在最低部位处设置放油阀，以便排放污油。箱体上注油口的近旁必须设置液位计。滤油器的安装位置应便于装拆。箱内各处应便于清洗。

（5）油箱正常工作的温度应在 20～50 ℃之间。油箱中如要安装热交换器，必须考虑它的安装位置、测温及控制等措施。

（6）分离式油箱一般用 2.5～4 mm 钢板焊成。箱壁愈薄，散热愈快，建议容量 100 L 的油箱箱壁厚度取 1.5 mm，400 L 以下的取 3 mm，400 L 以上的取 6 mm。箱底厚度应大于箱壁厚度，箱盖厚度应为箱壁厚度的 4 倍。大尺寸油箱要加焊角板、筋条，以增加刚性。当液压泵及其驱动电机和其他液压件都要装在油箱上时，油箱顶盖要相应地加厚。

（7）油箱内壁应涂上耐油防锈的涂料。外壁如涂上一层极薄的黑漆（不超过 0.025 mm 厚度），会有很好的辐射冷却效果。铸造的油箱内壁一般只进行喷砂处理，不需要涂漆。

任务 3　蓄能器

一、蓄能器的功用、安装与使用

1. 蓄能器的功用

蓄能器是一种能储存液体压力能并在需要时把它释放出来的能量储存元件。它的主要功用如下：

（1）蓄能器作为辅助动力源。如图 4-7 所示，当液压系统在间歇性或周期性工作时，蓄能器可以把液压泵输出的多余的能量储存起来。当液压系统在很短的时间内需要大流量时，有蓄能器作为辅助动力源，可以减小液压泵的规格并采用功率较小的电动机，使系统中能量利用更为合理，提高效率，减少发热。

（2）蓄能器减小液压冲击或压力脉动，如图 4-8 所示。蓄能器能够吸收系统在液压泵突然启动或停止、液压阀突然关闭或开启、液压缸突然运动或停止时所产生的液压冲击，也能吸收液压泵工作时的压力脉动。

（3）蓄能器系统保压或作为紧急动力源。如图 4-9 所示，对于那些执行元件长时间不动作但需要保持恒定压力的系统，可用蓄能器来补偿泄漏，从而使压力恒定。对于某些系统，当液压泵发生故障或停电时，执行元件应继续完成必要的动作，需要配备具有适当容量的蓄能器作为紧急动力源。

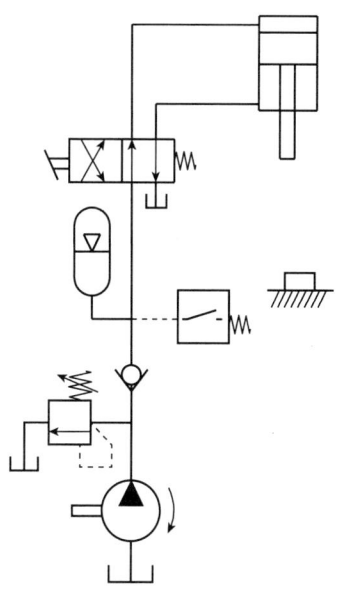

图 4-7　蓄能器作为辅助动力源

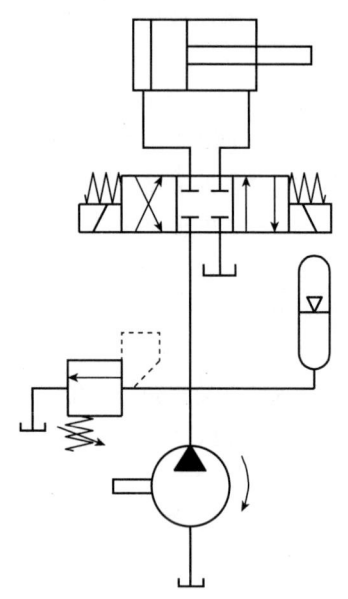

图 4-8 蓄能器减小液压冲击或压力脉动

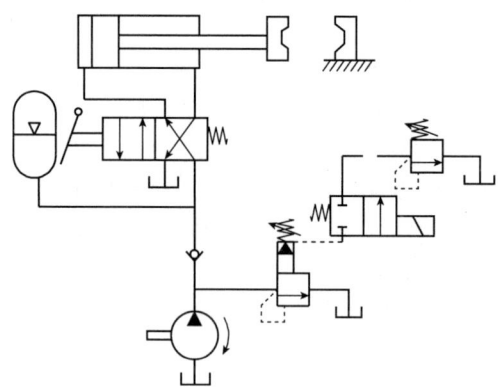

图 4-9 蓄能器系统保压或作为紧急动力源

2. 蓄能器的安装与使用

蓄能器在安装、使用时还应注意以下问题：

(1) 气体式蓄能器应使用惰性气体（一般为氮气），其允许工作压力由结构形式而定。

(2) 不同蓄能器适用工作范围也不相同，例如气囊强度不够，不能有很大的压力波动，而且只能在 $-20 \sim 70$ ℃ 的温度范围内工作。

(3) 气体式蓄能器的油口应向下垂直安装。安装在管路上的蓄能器，须用支板或支架固定。

(4) 蓄能器与液压泵之间应安装单向阀，从而防止液压泵停转或卸荷时，蓄能器内储存的压力油倒流。为便于系统充气和检修，蓄能器与管路系统之间应安装截止阀。

二、蓄能器的分类

根据加载方式的不同，蓄能器分为重锤式（亦称重力加载式）、弹簧式（亦称弹簧加载式）和充气式三类。

1. 重锤式蓄能器

如图 4-10 所示，重锤式蓄能器是利用重物 1 的重力对液体加载，通过重物 1 的势能来储存能量的蓄能器。其压力取决于重物 1 的重力和油液 3 的受压面积（即柱塞 2 的直径）。重锤式蓄能器的特点是结构简单、输油过程中油液压力保持不变，但结构笨重、惯性大、反应不灵敏，仅适用于固定设备的储能。

2. 弹簧式蓄能器

如图 4-11 所示，弹簧式蓄能器是用弹簧力对液体加载，通过弹簧 1 的势能来储存能量的蓄能器。其压力取决于弹簧 1 的刚度和压缩量。弹簧式蓄能器的特点是结构简单、反应灵敏，但输油过程中油液压力会产生变化，弹簧易疲劳，大容量时其结构也较庞大，因此它适用于循环频率较低、容量不大的中低压系统。

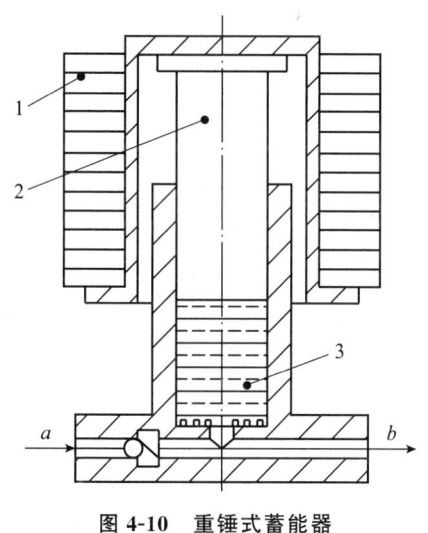

图 4-10　重锤式蓄能器

1—重物；2—柱塞；3—油液。

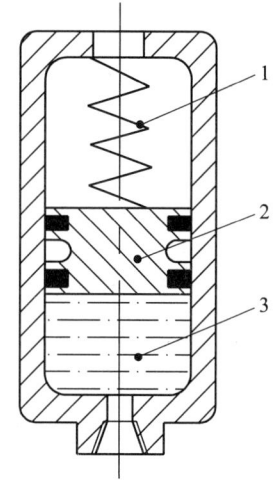

图 4-11　弹簧式蓄能器

1—弹簧；2—柱塞；3—油液。

3. 充气式蓄能器

充气式蓄能器是用压缩气体对液体加载，利用压缩气体所具有的内能来储存能量的蓄能器。其输油压力取决于气体压力，气体一般为惰性气体（如氮气）。根据气体和液体被隔离的方式不同，常用的充气式蓄能器可分为活塞式和气囊式两种。

（1）活塞式蓄能器。

图 4-12 所示为活塞式蓄能器，它利用活塞 1 将气体与油液隔开，利用气体压缩和膨胀来储存和释放液压能。压缩气体由充气阀 3 进入上腔。油液经油口 4 流入或流出下腔，活塞 1 随着下腔油液压力的增减在缸筒 2 内上下移动。当活塞 1 向上移动时，气体受到压缩储能；反之，活塞 1 向下移动时释放能量。活塞式蓄能器具有结构简单、工作可靠、易安装、维修方便、使用寿命长等优点；具有活塞惯性和摩擦阻力较大、反应不灵敏、容量不大、密封要求较高等缺点。此外，密封件磨损后，会使气液混合，影响系统工作的稳定性，不适用于缓和液压冲击、脉动以及低压系统。活塞式蓄能器主要应用于压力低于 20 MPa 的液压系统中，既能储存能量，又能吸收压力脉动。

（2）气囊式蓄能器。

图 4-13 所示为气囊式蓄能器，主要由壳体 3、气囊 2、充气阀 1 和菌形阀 4 等组成。气囊 2 用特殊耐油橡胶与充气阀 1 一起压制而成，从壳体 3 下部的开口放进去，用螺母固定于壳体 3 的上部，气囊 2 将容器内的气体和液体隔开。充气阀 1 只在气囊充气时打开，蓄能器工作时该阀关闭。油液经菌形阀 4 流入或流出。当油液排空时，菌形阀 4 可防止气囊 2 从油口 6 挤出。这种蓄能器密封可靠、气囊惯性小、反应灵敏、结构紧凑、体积小、质量小、容易维护。但气囊 2 和壳体 3 制造较困难。气囊式蓄能器的工作压力可达 32 MPa，可用于液压系统中进行储能、吸收液压冲击和压力脉动。

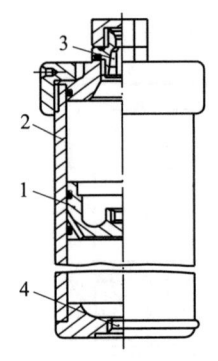

图 4-12 活塞式蓄能器

1—活塞；2—缸筒；
3—充气阀；4—油口。

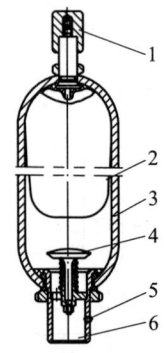

图 4-13 气囊式蓄能器

1—充气阀；2—气囊；3—壳体；
4—菌形阀；5—放气螺塞；6—油口。

任务 4　密封装置

一、密封装置的功用及要求

液压传动是以液体为工作介质，依靠密封容积变化来传递力和速度的。要使液压系统高效且可靠地工作，就要有效地防止系统内液体的内外泄漏，以及外界杂物的侵入。密封的好坏直接影响液压系统的工作性能和效率，因此密封装置应满足以下要求：

（1）在一定的工作压力和温度范围内，具有良好的密封效果，泄漏量尽可能小；

（2）摩擦系数小，摩擦力稳定，不会引起运动零件的爬行和卡死；

（3）耐磨性好、寿命长，在一定程度上能自动补偿被密封件的磨损和几何精度的误差；

（4）耐油性、抗腐蚀性好，不损坏被密封零件的表面；

（5）制造容易，维护简单，价格低廉。

二、密封装置的类型及特点

根据被密封部位配合面间有无相对运动，密封装置分为静密封装置和动密封（包括非接触式密封、接触式密封）装置两大类（见表 4-2）；根据密封装置的工作原理，密封装置可分间隙密封和接触密封。

表 4-2　密封装置分类

分类		密封装置
静密封	非金属静密封	O 形密封圈
		橡胶垫片
		聚四氟乙烯带
	半金属静密封	组合密封垫圈
	液态静密封	密封胶

(续表)

分类			密封装置
动密封	非接触式密封		间隙密封
	接触式密封	预压紧力密封	O 形密封圈
			橡塑组合密封圈
		唇形密封	Y 形密封圈
			Yx 形密封圈
			其他（V 形、L 形、J 形密封圈）
		油封	油封件

1. 间隙密封

间隙密封是依靠密封表面之间很小的配合间隙来实现密封的，例如滑阀式换向阀的阀芯与阀体之间的密封。密封的效果取决于间隙大小、密封面长度、密封两端压差和密封面加工质量。间隙密封不需要任何专用的密封元件，它的特点是结构简单、尺寸小，但是它对尺寸精度、几何形状精度和表面粗糙度的要求高。由于温度和变形等原因，间隙密封有时会产生别劲或卡滞等现象。虽然有间隙存在，不能完全避免泄漏，但间隙内充满油液，密封装置在运动时摩擦阻力小，寿命长。在容许有少量泄漏的地方采用这种密封方式是合理的，间隙密封不需要密封件。

2. 接触密封

接触密封是在需要密封的接触面间安装专用的密封件，依靠密封件的弹性力和工作介质的压力达到密封目的。密封件使用的材料有橡胶（丁腈橡胶、聚氨酯橡胶、氯丁橡胶等）、夹织物橡胶、塑料（如聚四氟乙烯）、皮革、金属等。在液压装置中接触密封常用的密封件有 O 形密封圈、Y 形密封圈、Yx 形密封圈、V 形密封圈等。

三、常见密封件的选用与安装

1. O 形密封圈

如图 4-14（a）所示，O 形密封圈的截面为圆形，其主要材料为合成橡胶，是应用最普遍的一种密封件。O 形密封圈的优点是，密封性能好、摩擦系数小、安装空间小，结构简单，使用方便，广泛应用于固定密封和运动密封之中，其应用范围最广。

O 形密封圈的密封原理是，在没有液压力作用时，O 形密封圈必须处于预压缩状态，如图 4-14（b）所示；在有液压力作用时，O 形密封圈被挤到槽的一侧，处于自封状态，如图 4-14（c）所示。

一般情况下，对于动密封，当工作压力超过 10 MPa 时，或者对于静密封，当工作压力超过 32 MPa 时，为防止密封圈被挤入间隙，应考虑使用挡圈。密封装置单向承受压力时，单侧加挡圈，如图 4-14（d）所示；密封装置双向承受压力时，两侧都要加挡圈，如图 4-14（e）所示。

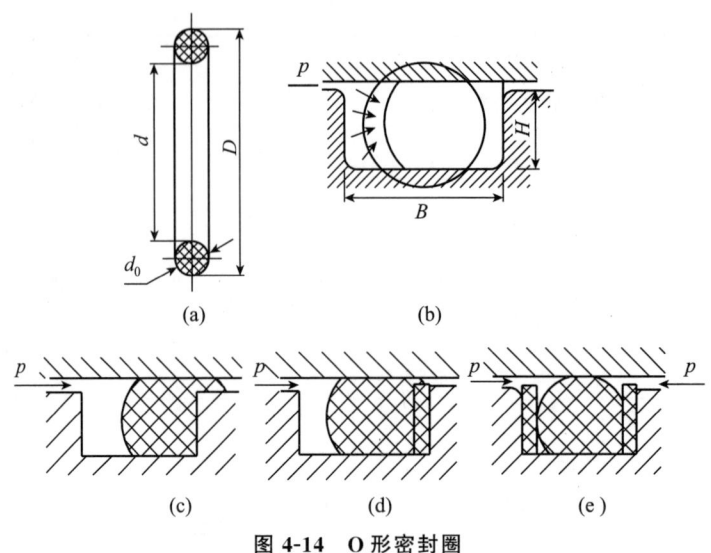

图 4-14 O 形密封圈

当压力脉动较大时,也要使用挡圈,以防止 O 形密封圈的磨损加快。但是,采用挡圈,会增加密封装置的摩擦阻力,应用时应予以考虑。

2. 唇形密封圈

唇形密封圈通过其唇口在液压力作用下发生变形,紧密贴合密封面以实现密封效果。随着液压力的增加,唇边贴合得更加紧密,且具备磨损后自动补偿的功能。这类密封圈一般用于往复运动密封。常见唇形密封圈有 Y 形密封圈、Yx 形密封圈、V 形密封圈等。

(1) Y 形密封圈

Y 形密封圈的截面呈 Y 形,是用耐油橡胶硫化制成的,如图 4-15 所示。

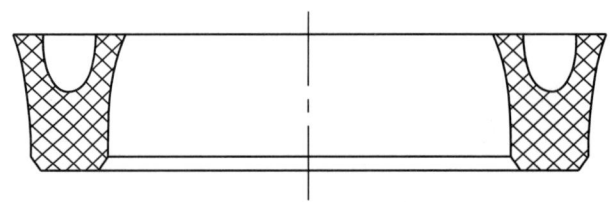

图 4-15 Y 形密封圈

在安装 Y 形密封圈时,唇口一定要对着压力高的一侧。当工作压力大于 14 MPa 或压力波动较大、滑动速度较高时,为防止 Y 形密封圈翻转,应加设支承环固定密封圈。为保证密封圈唇口张开,应在支承环上开设小孔,使压力流体能作用到密封圈的唇边上,从而保持良好的密封,如图 4-16 所示。

Y 形密封圈一般适用于工作压力低于 20 MPa,工作温度为 $-30\sim100$ ℃,滑动速度小于或等于 0.5 m/s 的场合。

(2) Yx 形密封圈

Yx 形密封圈是由 Y 形密封圈改进设计而成,通常是用聚氨酯橡胶压制而成。如图 4-17 所示,根据结构不同,Yx 形密封圈可分为孔用、轴用两种。其结构特点是:截面小,结构简单；截面高度与宽度之比大于 2，因而不易翻转，稳定性好；Yx 形密封圈的两个唇边高度不等，其短唇与密封面接触，滑动摩擦阻力小，耐磨性好，长唇与非运动表面有较大的预压缩量，摩擦阻力大，工作时不易窜动；Yx 形密封圈一般适用于工作压力低于 32 MPa，工作温度为 −30～100 ℃，滑动速度小于或等于 0.5 m/s 的场合。

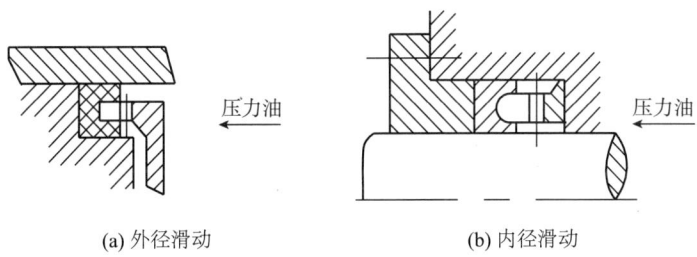

图 4-16　Y 形密封圈安装

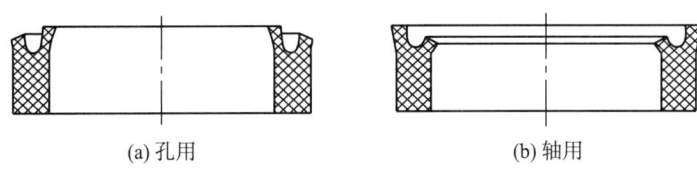

图 4-17　Yx 形密封圈

1—接头体；2—接管；3—螺母；4—卡套；5—组合密封圈。

（3）V 形密封圈

V 形密封圈用于柱塞密封。如图 4-18 所示，V 形密封圈由压环 1、V 形密封圈 2 和衬环 3 组成。V 形密封圈由夹织物橡胶制成，既能增加其结构强度，又能使高压油液渗透进去，增强其与柱塞的润滑效果，延长密封圈的使用寿命。安装时槽口对着压力液体并要预紧，使其唇部产生初始接触压力。工作时，工作液体对 V 形密封圈的谷部和唇口产生径向压力，使唇口扩张对柱塞与缸孔实现密封，液体压力越高，接触压力越大，密封效果越好。

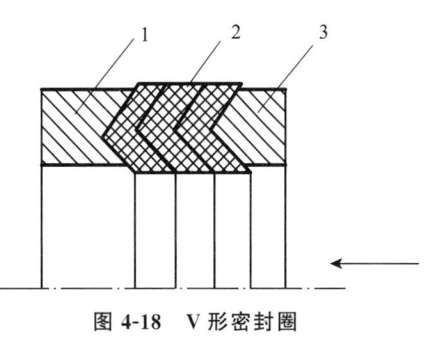

图 4-18　V 形密封圈

1—压环；2—V 形密封圈；3—衬环。

V 形密封圈密封可靠，适用于高速往复运动的高压密封。但 V 形密封圈的层数与柱塞阻力成比例，层数越多阻力越大，消耗功率也越大。

任务 5　管件

管件包括管子和各种管接头，作用是连接各液压元件，以输送液压油。为保证液压系统的正常工作，管件应保证具有足够的强度，无泄漏，密封性好，压力损失小，拆装方便等特性。

一、油管

1. 油管种类

液压系统中使用的油管种类很多，有钢管、铜管、尼龙管、塑料管、橡胶管等，需要按照安装位置、工作环境和工作压力来正确选用。液压系统中使用的油管的特点及其适用场合见表4-3。

表4-3 液压系统中使用的油管的特点及其适用场合

类别		特点和适用场合
硬管	钢管	能承受高压，价格低廉，耐油，抗腐蚀，刚性好，但装配时不能任意弯曲；常在装拆方便处用作压力管道，中、高压系统用无缝管，低压系统用焊接管
	紫铜管	易弯曲成各种形状，但承压能力一般为6.5～10 MPa，抗振能力较弱，又易使油液氧化；通常用在液压装置内配接不便之处
软管	尼龙管	乳白色半透明，加热后可以随意弯曲成形或扩口，冷却后又能定形，承压能力因材质而异，一般为2.5～8 MPa
	塑料管	耐油，价格低廉，装配方便。长期使用易老化，只适合作压力低于0.5 MPa的回油管或泄油管
	橡胶管	高压管由耐油橡胶夹几层钢丝编织网制成，钢丝网层数越多，耐压越高，价格昂贵，用作中、高压系统中两个相对运动件之间的压力管道；低压管由耐油橡胶夹帆布制成，可用作回油管道

2. 油管尺寸确定

油管尺寸主要指内径 d 和壁厚 δ。由于油管的内径尺寸影响液体的流动阻力，因此，油管内径 d 的选取以降低流速、减少压力损失为原则。油管内径过小，管内油液流速过高，压力损失大，易产生振动和噪声；内径过大，会使液压装置不紧凑。油管的壁厚 δ 不仅与工作压力有关，而且与油管的材料及工作环境有关。内径 d 和壁厚 δ 可通过查阅手册确定。

在保证强度的情况下，管壁可尽量选得薄些。薄壁管易于弯曲，规格较多，装接较容易，采用薄壁管可减少管接头的数量，有助于解决系统泄漏问题。

二、管接头

管接头是油管与油管、油管与液压件之间的可拆式连接件，管接头须满足装拆方便、连接牢固、密封可靠、外形尺寸小、通流能力大、压降小、工艺性好等要求。管接头的种类很多均已标准化，其规格品种可通过查阅有关手册确定。

管接头的种类很多，按接头的通路方向分类，可分为直通、直角、三通、四通和铰接等形式；按其与油管的连接方式分类，可分为扩口式管接头、焊接式管接头、卡套式管接头、橡胶软管接头和快速管接头等。常见管接头的类型和特点如下。

1. 扩口式管接头

扩口式管接头，如图 4-19 所示。先将接管 2 的端部用扩口工具扩成 74°~90°的喇叭口，拧紧螺母 3，通过导套 4 压紧接管 2 的扩口和接头体 1 的相应锥面，实现连接和密封。扩口式管接头结构简单，重复使用性好，适用于薄壁管件连接，用于压力低于 8 MPa 的中低压系统。

2. 焊接式管接头

焊接式管接头，如图 4-20 所示。由接头体 1、螺母 3 和接管 2 组成。接管 2 与系统管路中的钢管焊接连接，螺母 3 将接管 2 与接头体 1 连接在一起，接头体 1 与机体的连接用螺纹连接实现。根据螺纹的不同种类，接头体与机体之间要采用不同的密封方式。若接头体与机体间采用圆柱螺纹连接，则要采用加装组合密封圈 5 的方式密封；若采用锥螺纹连接，则要在螺纹表面包一

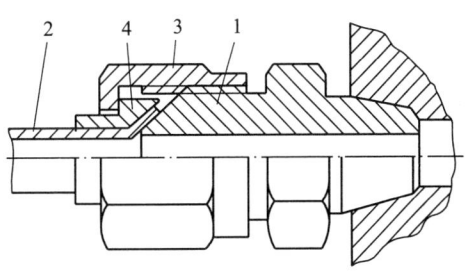

图 4-19 扩口式管接头

1—接头体；2—接管；3—螺母；4—导套。

层聚四氟乙烯材料，旋入后形成密封。焊接式管接头装拆方便，工作可靠，工作压力可达 32 MPa 或更高。但装配工作量大，要求焊接质量高。

3. 卡套式管接头

卡套式管接头，如图 4-21 所示。卡套式管接头既不用焊接也不用扩口，使用很方便。它由接头体 1、接管 2、螺母 3 和卡套 4 组成。卡套 4 是一个内圈带有锋利刃口的金属环。当螺母 3 旋紧时，卡套 4 变形，一方面螺母 3 的锥面与卡套 4 的尾部锥面相接触形成密封，另一方面卡套 4 的外表面与接头体 1 的内锥面配合形成球面接触密封。卡套式管接头连接方便，密封性好，但对钢管外径尺寸和卡套制造工艺要求高，须按规定进行预装配，一般要用冷拔无缝钢管，工作压力可达 32 MPa。

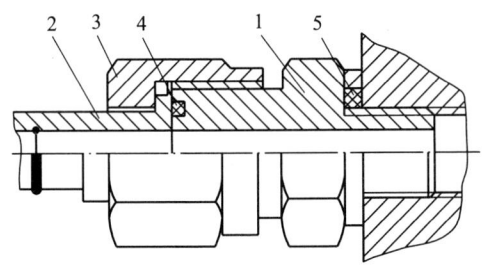

图 4-20 焊接式管接头

1—接头体；2—接管；3—螺母；
4—O 型密封圈；5—组合密封圈。

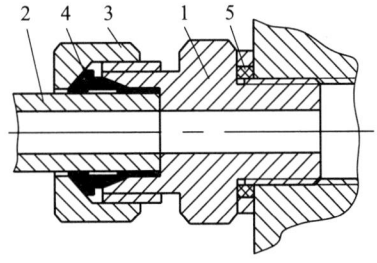

图 4-21 卡套式管接头

1—接头体；2—接管；3—螺母；
4—卡套；5—组合密封圈。

4. 橡胶软管接头

橡胶软管接头分为可拆式和扣压式两种。图 4-22 所示为可拆式橡胶软管接头。在胶管 4 上剥去一段外层胶，将六角形接头外套 3 套在胶管 4 上，再将锥形接头体 2 拧入，由锥形接头体 2 和外套 3 上带锯齿形的倒内锥面把胶管夹紧，实现连接和密封。

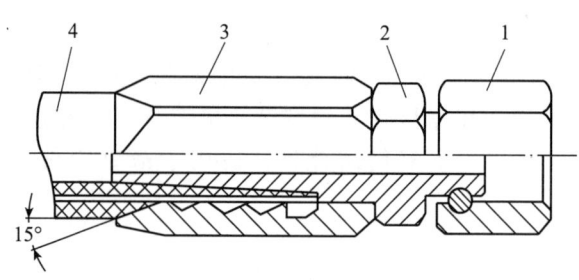

图 4-22 可拆式橡胶软管接头

1—接头螺母；2—锥形接头体；3—外套；4—胶管。

扣压式橡胶软管接头装配工序与可拆式橡胶软管接头的区别是外套 3 是圆柱形。这种接头最后要用专门的模具在压力机上对外套 3 进行挤压，使外套 3 变形后紧紧地与橡胶软管和接头连成一体。扣压式橡胶软管接头可用于工作压力在 6～40 MPa 的系统。

5. 快速管接头

快速管接头，如图 4-23 所示，装拆不需要工具，适用于经常接通和断开的地方。图 4-23 所示是油路接通的工作位置，当需要断开油路时，可用力将外套 6 向左推，再拉出接头体 10，同时单向阀阀芯 4 和 11 分别在弹簧 3 和 12 的作用下封闭阀口，断开油路。这种管接头的结构复杂，压力损失大。

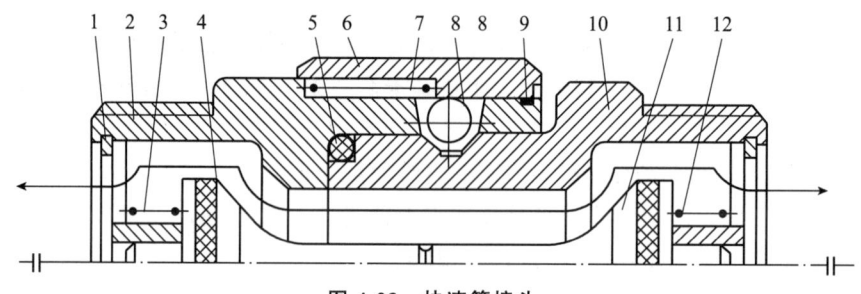

图 4-23 快速管接头

1—挡圈；2、10—接头体；3、7、12—弹簧；4、11—单向阀阀芯；
5—O 形密封圈；6—外套；8—钢球；9—弹簧圈。

思考练习题

一、填空题

1. 按滤芯材料和结构形式的不同，过滤器可分为 ＿＿＿＿、＿＿＿＿、＿＿＿＿、＿＿＿＿ 及 ＿＿＿＿ 等。
2. 油箱的功用主要是 ＿＿＿＿，此外还起着 ＿＿＿＿、＿＿＿＿、＿＿＿＿ 等作用。
3. 过滤器的功用就是 ＿＿＿＿，＿＿＿＿，保证液压系统的正常工作。

二、单项选择题

1. 精过滤器滤芯能滤去杂质的粒度大小为 ＿＿＿＿。

   A. $100\ \mu m \leqslant d$
   B. $10\ \mu m \leqslant d < 100\ \mu m$
   C. $5\ \mu m \leqslant d < 10\ \mu m$
   D. $1\ \mu m \leqslant d < 5\ \mu m$

2. _____是液压系统的储能元件，它能储存液体压力能，并在需要时释放出来供给液压系统。
   A. 油箱　　　　　B. 过滤器　　　　C. 蓄能器　　　　D. 压力计
3. 一般中压系统油箱的有效容积为液压泵每分钟排油量的_____倍即可。
   A. 1～2　　　　　B. 2～4　　　　　C. 3～5　　　　　D. 5～7
4. _____多用于两个相对运动部件之间的连接，还能吸收部分液压冲击。
   A. 铜管　　　　　B. 钢管　　　　　C. 橡胶软管　　　D. 塑料管
5. 通常在液压泵的吸油口安装_____。
   A. 粗过滤器　　　B. 普通过滤器　　C. 精过滤器　　　D. 特精过滤器
6. 与_____管接头连接的油管对外壁尺寸精度要求最高。
   A. 焊接式　　　　B. 扩口式　　　　C. 卡套式　　　　D. 快换式

三、多项选择题

1. 下列属于辅助装置的是_____。
   A. 油箱　　　　　B. 过滤网　　　　C. 蓄能器　　　　D. 液压缸
2. 蓄能器的功用主要包括_____。
   A. 作辅助动力源　　B. 系统保压
   C. 作紧急动力源　　D. 减小液压冲击或压力脉动

四、判断题

1. 在液压系统中，约75%的故障是由油液污染引起的，因此液压系统中应使用过滤器。（　）
2. 吸油管和回油管应尽量相距近些。（　）
3. 纸芯式过滤器比烧结式过滤器的耐压高。（　）
4. 液压系统的油箱内隔板应高出油面。（　）

五、问答题

1. 在液压缸活塞上安装O形密封圈时，为什么在其侧面安放挡圈？怎样确定安放一个挡圈还是两个挡圈？
2. 液压泵的吸油口为什么选用粗过滤器？
3. 过滤器在液压系统中有哪些安装位置？

项目五　液压控制阀

学习目标

1. 了解液压阀的基本结构、工作原理及分类；
2. 掌握单向阀、换向阀的分类、结构、功用及图形符号；
3. 理解三位换向阀的中位机能；
4. 掌握溢流阀、减压阀、顺序阀的分类、结构原理、功用及图形符号；
5. 掌握节流阀、调速阀的结构原理、作用及图形符号；
6. 了解压力继电器、插装阀、电液比例阀的工作原理；
7. 能够按规范拆装常用的液压阀；
8. 初步具备液压阀常见故障诊断与维修能力。

在液压系统中，液压控制阀（简称液压阀）的作用是调节油液的压力、流量和流动方向，从而控制液压执行元件的启动、停止、运动方向、速度和作用力等，以满足液压设备在不同工况下的运行要求。

任务 1　概述

一、液压阀的基本结构和工作原理

液压阀的基本结构主要包括阀芯、阀体及驱动阀芯在阀体内做相对运动的装置。阀芯的主要形式有滑阀、锥阀和球阀；阀体上除了有与阀芯配合的阀体孔、阀座孔外，还有外接油管的进油口、出油口和泄油口；驱动装置可以是手调机构，也可以是弹簧或电磁铁，有些场合还用液压作用力来驱动。

液压阀的原理是：利用阀芯在阀体内的相对运动来控制阀口的通断及开口量的大小，以实现对油液压力、流量及流动方向的控制。当液压阀工作时，流经阀口的流量 q 与阀口前后压差 Δp 和阀的开口面积 A 有关，符合小孔流量公式。

二、液压阀的分类

1. 按用途分类

按用途分类，液压阀可分为方向控制阀（如单向阀、换向阀等）、压力控制阀（如溢流阀、减压阀、顺序阀等）和流量控制阀（如节流阀、调速阀等）等。

2. 按控制方式分类

按控制方式分类，液压阀可分为定值或开关控制阀、电液比例控制阀、电液伺服控制阀和数字控制阀等。

3. 按安装连接方式分类

按安装连接方式分类，液压阀可分为管式连接阀（又称螺纹连接阀）、板式连接阀、叠加式连接阀和插装式连接阀等。

4. 按操纵方式分类

按操纵方式分类，液压阀可分为手动式液压阀、机动式液压阀、电动式液压阀、液动式液压阀和电液动式液压阀等多种。

5. 按结构形式分类

按结构形式分类，液压阀可分为滑阀（包括圆柱滑阀、旋转阀和平板滑阀等）、座阀（包括锥阀、球阀等）、射流管阀等。

三、液压阀的性能参数

1. 公称通径

公称通径代表阀的通流能力，对应于阀的额定流量。与阀的进出口连接的管道的规格应与阀的公称通径相一致。阀工作时的实际流量应小于或等于它的额定流量，最大不得大于额定流量的 1.1 倍。

2. 额定压力

额定压力是指控制阀长期工作所允许的最高压力。对于压力控制阀，其实际最高压力还与阀的调压范围有关；对于换向阀，其实际最高压力还受其功率极限的限制。

四、对液压阀的要求

液压系统中所采用的液压阀应满足如下要求。
(1) 动作灵敏，使用可靠，工作时冲击和振动小，噪声小，寿命长。
(2) 当阀口开启时，作为方向阀，油液流过时压力损失要小；作为压力阀，阀芯工作时稳定性要好。
(3) 密封性能好，内泄漏少，无外泄漏。
(4) 结构紧凑，安装、调整、使用、维护方便，通用性强。

任务 2 方向控制阀

方向控制阀主要用来控制液压系统中各油路的接通、切断或改变油液流动方向。方向控制阀分为单向阀和换向阀。

一、单向阀

液压系统中常用的单向阀分为普通单向阀和液控单向阀两种。

1. 普通单向阀

普通单向阀（简称单向阀）的作用是只允许液流沿一个方向通过，并且反向截止。液压系统对单向阀的要求是：液流正向通过时压力损失小；反向截止时密封性能好；动作灵敏，工作时冲击和噪声小等。

图 5-1 (a) 所示为管式连接的单向阀，由阀体 1、阀芯 2 和弹簧 3 等组成。当压力油从阀体左端的油口 P_1 流入时，为了克服弹簧 3 作用在阀芯 2 上的力，推动阀芯 2 向右移动，打开阀口，并通过阀芯 2 上的径向孔、轴向孔从阀体右端的通口流出。当压力油从阀体右端的油口 P_2 流入时，它和弹簧力一起使阀芯锥面压紧在阀座上，使阀口关闭，油液无法通过。图 5-1 (b) 所示为板式连接的单向阀，图 5-1 (c) 所示为单向阀的图形符号。

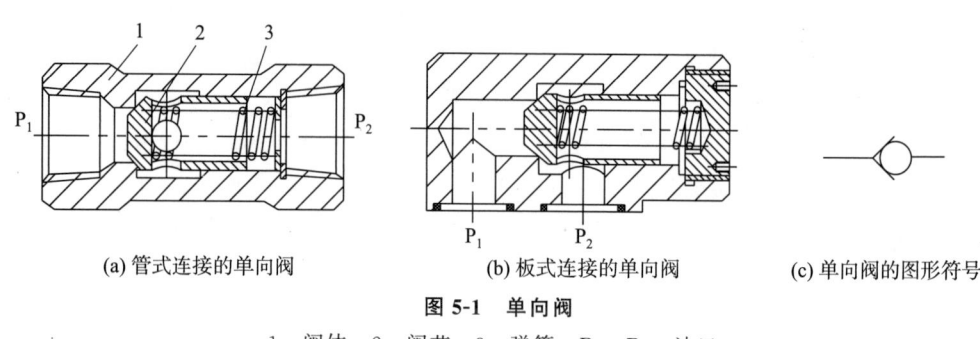

(a) 管式连接的单向阀　　(b) 板式连接的单向阀　　(c) 单向阀的图形符号

图 5-1　单向阀

1—阀体；2—阀芯；3—弹簧；P_1、P_2—油口。

从工作原理可知，单向阀的弹簧在为了保证其克服阀芯和阀体的摩擦力及阀芯的惯性力而复位的情况下，弹簧的刚度应该尽可能地小，以免在液流流动时产生较大的能量损失。一般情况下，单向阀的开启压力为 0.03～0.05 MPa。

单向阀常被安装在泵的出口，既可防止压力冲击影响泵的正常工作，又可防止当泵不工作时系统油液倒流；单向阀还用来分割油路以防止干扰。当单向阀作背压阀使用时，一般要换上刚度较大的弹簧，此时单向阀的开启压力为 0.2～0.6 MPa。

在单向阀中，锥阀与阀座密封不严、密封面上有污物、弹簧安装歪斜等原因，都可能造成单向阀泄漏严重，起不到单向控制作用。管式连接的单向阀亦称为直通式单向阀。板式连接的单向阀常称为直角式单向阀。

2．液控单向阀

液控单向阀由普通单向阀和液控装置两部分组成，图 5-2 (a) 所示为液控单向阀的结构。液控单向阀由阀盖 1 和 7、阀体 2、控制活塞 3、推杆 4、阀芯 5、弹簧 6 等组成。当控制油口 K 不通压力油时，液控单向阀的作用和普通单向阀一样，油液只能从油口 P_1 流到油口 P_2，不能反向流动。当控制油口 K 通压力油时，液压力推动控制活塞 3，通过推杆 4 将阀芯 5 顶离阀座，这样正向（油口 P_1 到油口 P_2）、反向（油口 P_2 到油口 P_1）的油液均可以自由通过。由于控制活塞 3 的面积较大，所以控制油压力不必很大，为其主油路压力的 30%～50% 即可。图 5-2 (b) 所示为液控单向阀的图形符号。

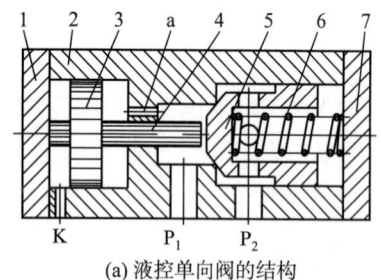
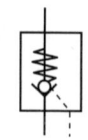

(a) 液控单向阀的结构　　(b) 液控单向阀的图形符号

图 5-2　液控单向阀

1、7—阀盖；2—阀体；3—控制活塞；
4—推杆；5—阀芯；6—弹簧；a—内泄油孔；
P_1、P_2—油口；K—控制油口。

液控单向阀按控制活塞背压腔的泄油方式不同,分为内泄式和外泄式。液控单向阀既具有普通单向阀的特点,又可以在一定条件下允许正反向液流自由通过,因此,液控单向阀通常用于液压系统的保压、锁紧和平衡回路。

如图 5-3(a)所示,两个液控单向阀共用一个阀体和控制活塞,这样组合的结构称为液压锁。当从油口 A_1 通入压力油时,油液在导通油口 A_1 与油口 A_2 油路的同时推动活塞右移,顶开右侧的单向阀,解除油口 B_2 到油口 B_1 的反向截止作用;当油口 B_1 通入压力油时,油液在导通油口 B_1 与油口 B_2 油路的同时推动活塞左移,顶开左侧的单向阀,解除油口 A_2 到油口 A_1 的反向截止作用;而当油口 A_1 与油口 B_1 没有压力油作用时,两个液控单向阀都为关闭状态,锁紧油路。图 5-3(b)所示为液压锁的图形符号。

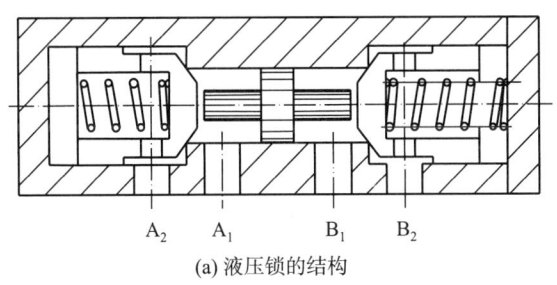

(a) 液压锁的结构　　　　　　　(b) 液压锁的图形符号

图 5-3　液压锁

A_1、A_2、B_1、B_2—油口。

二、换向阀

换向阀是利用阀芯相对于阀体的相对运动,使油路接通、切断或变换油液流动的方向,从而使液压执行元件启动、停止或变换运动方向。

1. 换向阀的工作原理

图 5-4 所示为换向阀的工作原理。当阀芯 1 处于中间位置(图示位置)时,液压缸 3 左右两腔不通压力油,处于停止状态。若使换向阀的阀芯 1 左移,阀体 1 上的油口 P 和油口 A 连通,油口 B 和油口 T 连通。压力油经油口 P、油口 A 进入液压缸 3 左腔,液压缸 3 的活塞右移;液压缸右腔油液经油口 B、油口 T 流回油箱。反之,若使阀芯 1 右移,则油口 P 和油口 B 连通,油口 A 和油口 T 连通,液压缸 3 的活塞便左移。

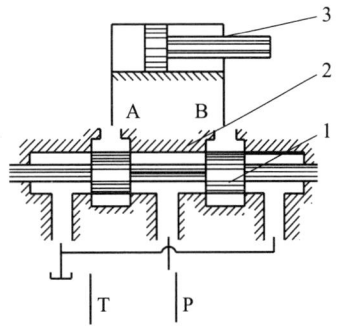

图 5-4　换向阀的工作原理

1—阀芯;2—阀体;3—液压缸;
A、B、T、P—油口。

2. 换向阀的分类

换向阀的应用十分广泛,种类很多,分类方法也不同,一般可以按表 5-1 分类。

表 5-1　换向阀的分类

分类方法	类型
按阀的结构形式分类	滑阀式、转阀式

(续表)

分类方法	类型
按阀的操纵方式分类	手动式、机动式、电磁式、液动式、电液动式、气动式
按阀的工作位置数和控制通路数分类	二位二通、二位三通、二位四通、二位五通、三位四通等

3. 换向阀的结构原理及图形符号

常用换向阀的结构原理及图形符号如表 5-2 所示。

表 5-2 常用换向阀的结构原理及图形符号

名称	结构原理	图形符号
二位二通	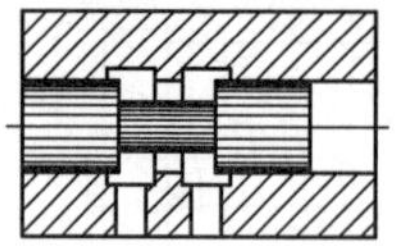	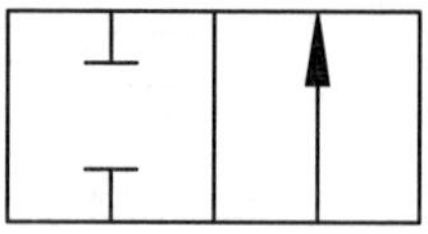
二位三通	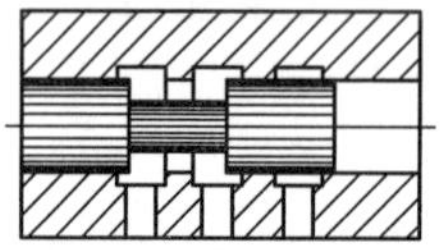	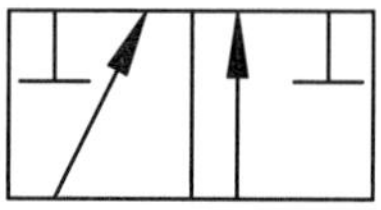
二位四通	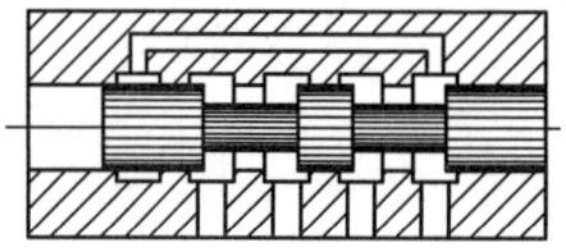	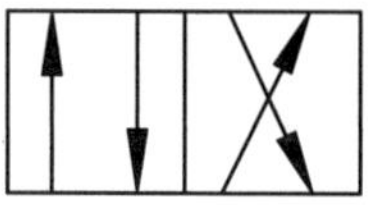
二位五通	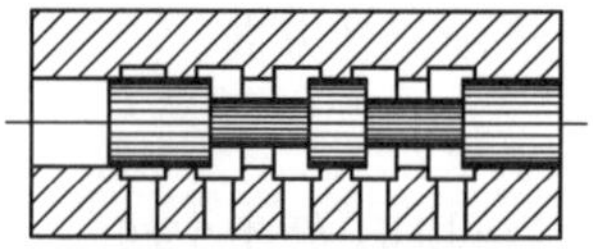	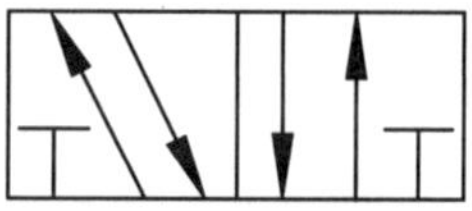
三位四通	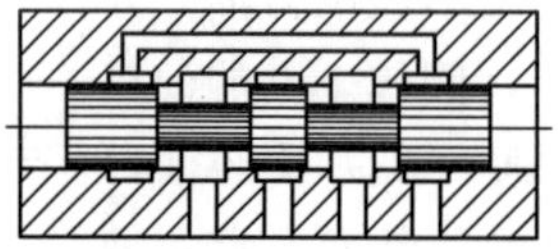	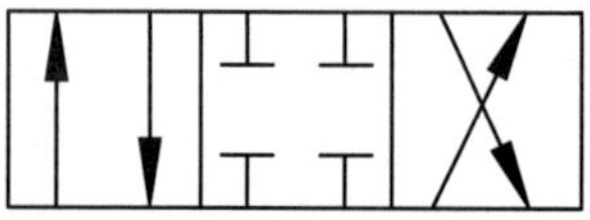

（1）用方框表示阀的工作位置数，有几个方框就是几位换向阀。

（2）在一个方框内，箭头"↑"或堵塞符号"⊤"或"⊥"与方框相交的点数就是通路数，有几个交点就是几通阀。箭头"↑"表示阀芯处在这一位置时两油口相通，但不一定是油液的实际流向；"⊤"或"⊥"表示此油口被阀芯封闭（堵塞），不通流。

（3）P 表示进油口，T（或 O）表示出油口，A 和 B 表示连接其他两个工作油路的油口。

（4）三位换向阀中间的方框、两位换向阀画有复位弹簧的那个方框为常态位置（即未施加控制号以前的原始位置）。在液压系统原理图中，换向阀的图形符号与油路的连接，一般应画在常态位置上，同时在常态位置上标出油口的代号。

（5）控制方式和复位弹簧的符号画在方框的两侧。

4. 三位换向阀的中位机能

对于三位换向阀，图形符号的中间位置为常态位，在这个位置时，油口连通方式称为中位机能。中位机能不同，中位时阀对系统的控制性能也不同，如表 5-3 所示。

表 5-3 三位换向阀的中位机能

中位形式	结构原理	图形符号	中位特点
O			液压阀从其他位置转换到中位时，执行元件立即停止，换向位置精度高，但液压冲击大；执行元件停止工作后，油液被封闭在液压阀后的管路及元件中，重新启动时较平稳；液压泵在中位时不卸荷
H			换向平稳，液压缸冲出量大，换向位置精度低；执行元件浮动；重新启动时有冲击；液压泵在中位时卸荷
Y			油口 P 封闭，油口 A、B、T 导通。换向平稳，液压缸冲出量大，换向位置精度低；执行元件浮动；重新启动时有冲击；液压泵在中位时不卸荷
P			T 口封闭，油口 P、A、B 导通。换向平稳，液压缸冲出量大，换向位置精度低；执行元件浮动（差动液压缸不能浮动）；重新启动时有冲击；液压泵在中位时不卸荷
M			液压阀从其他位置转换到中位时，执行元件立即停止，换向位置精度高，但液压冲击大；液压执行元件停止工作后，执行元件及管路充满油液，重新启动时较平稳；液压泵在中位时卸荷

（1）系统保压与卸荷。当液压阀的油口 P 被堵塞时，系统保压，这时的液压泵可以用于多缸系统。如果液压阀的油口 P 与油口 T 相通，这时液压泵输出的油液直接流回油箱，没有压力，称为系统卸荷。

（2）换向精度与平稳性。若油口 A、B 封闭，液压阀从其他位置转换到中位时，执行元件立即停止，换向位置精度高，但液压冲击大，换向不平稳；若油口 A、B 都与油口 T 相通，液压阀从其他位置转换到中位时，执行元件不易制动，换向位置精度低，但液压冲击小。

(3) 启动平稳性。若油口 A、B 封闭，执行元件停止工作后，液压阀后的元件及管路充满油液，重新启动时较平稳；若油口 A、B 与油口 T 相通，液压执行元件停止工作后，元件及管路中油液泄漏回油箱，执行元件重新启动时不平稳。

(4) 液压执行元件"浮动"。液压阀在中位时，外力可以使执行元件运动从而调节其位置，称为"浮动"，如油口 A、B 互通时的双出杆液压缸，或油口 A、B、T 连通时的情况等。

5. 常用的换向阀

(1) 机动换向阀。

机动换向阀又称行程阀，它主要用来控制机械运动部件的行程，它借助于安装在工作台上的挡块或凸轮来推动阀芯移动，从而控制油液的流动方向。图 5-5 所示为机动换向阀。在图示位置，阀芯 4 被弹簧 2 压向上端，油口 P 和油口 A 相通。当挡块压住滚轮 7，使阀芯 4 移动到下端时，油口 P 和油口 A 断开。图 5-5（b）所示为机动换向阀图形符号。

机动换向阀结构简单，动作可靠，换向位置精度高，改变挡块的迎角或凸轮的外形，可使阀芯获得合适的换向速度，减小换向冲击，但该阀要安装在它的操纵件旁，安装位置受到限制。

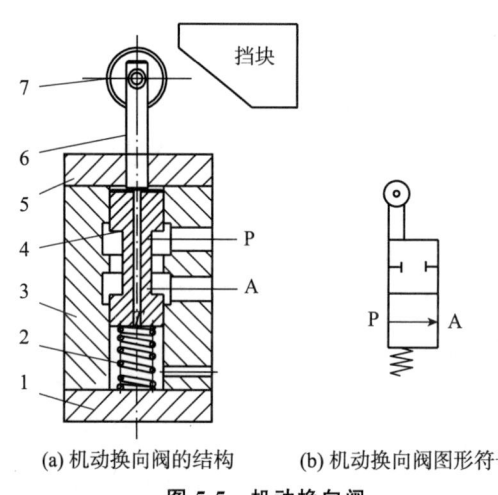

(a) 机动换向阀的结构　　(b) 机动换向阀图形符号

图 5-5　机动换向阀

1、5—盖板；2—弹簧；3—阀体；4—阀芯；6—阀杆；7—滚轮。

(2) 手动换向阀。

手动换向阀是用手动杠杆操纵阀芯换位的换向阀。按换向定位方式不同，手动换向阀分为弹簧复位式［图 5-6（a）］和钢球定位式［图 5-6（b）］。前者在手动操纵结束后，弹簧力的作用使阀芯能够自动回复到中间位置；后者由于定位弹簧的作用，钢球卡在定位槽中，换向后可以实现位置的保持。

手动换向阀结构简单，动作可靠。一般情况下还可以人为地控制阀开口的大小，从而控制执行元件的速度，在机械工程中得到了广泛的应用。

(3) 电磁动换向阀。

电磁动换向阀简称电磁换向阀，是依靠通电线圈对衔铁的吸引转化而来的推力操纵阀芯换位的换向阀。图 5-7 所示为三位四通电磁换向阀。阀体 6 的两侧各有一个电磁铁 3 和一个弹簧9。图示位置为电磁铁断电状态，在弹簧力的作用下，阀芯7处在常态位（中位）。当左侧的电磁铁通电吸合时，衔铁5通过推杆将阀芯7推至右端，则油口P、A和油口B、T分别相通，换向阀在图形符号的左位工作；当右侧电磁铁通电吸合时，换向阀就在图形符号的右位工作。

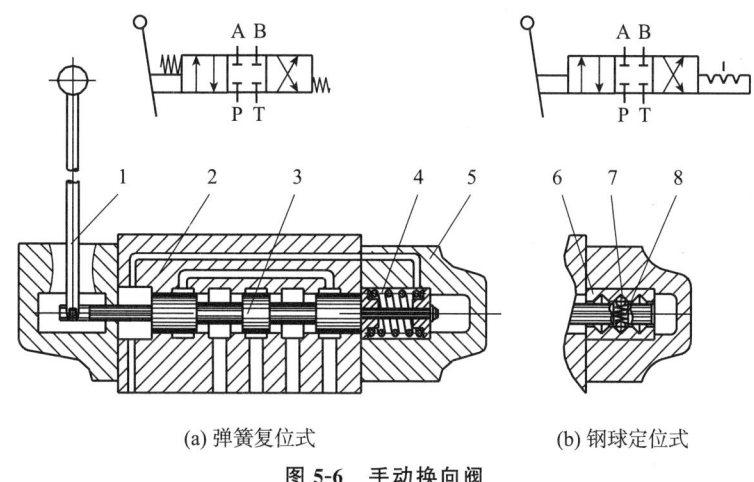

图 5-6 手动换向阀

1—手柄；2—阀体；3—阀芯；4—弹簧；5—阀盖；6—定位槽；
7—定位钢球；8—定位弹簧；A、B、P、T—油口。

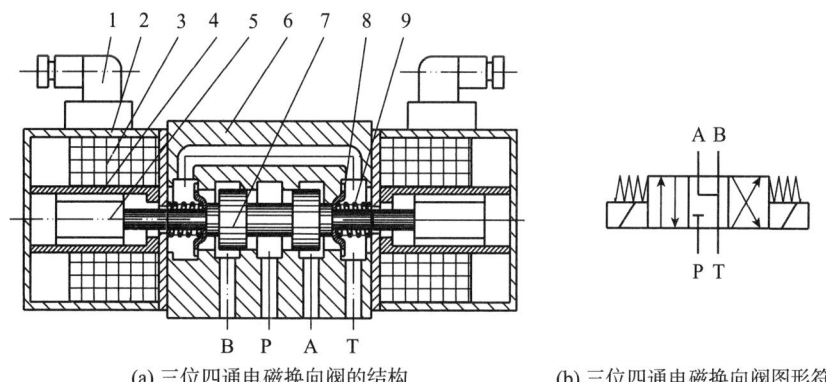

图 5-7 三位四通电磁换向阀

1—电源头；2—壳体；3—电磁铁；4—隔磁套；5—衔铁；
6—阀体；7—阀芯；8—弹簧座；9—弹簧；A、B、P、T—油口。

电磁铁按使用电源的不同，可分为交流电磁铁和直流电磁铁两种；按衔铁工作腔是否有油液又可分为干式电磁铁和湿式电磁铁。交流电磁铁起动力较大，不需要专门的电源，吸合、释放快，动作时间为 0.01～0.03 s，其缺点是若电源电压下降15%以上，则电磁铁吸力明显减小，若衔铁不动作，干式电磁铁会在 10～15 min 后烧坏线圈（湿式电磁铁为 1～1.5 h），且冲击及噪声较大，寿命短，因而在实际使用中交流电磁铁允许的切换频率一般为 10 次/分钟，不得超过 30 次/分钟。直流电磁铁工作较可靠，吸合、释放的动作时间为 0.05～0.08 s，允许使用的切换频率较高，一般可达 120 次/分钟，最高可达 300 次/分钟，且冲击小、体积小、寿命长。但需有专门的直流电源，成本较高。此外，还有一种整体电磁铁,其电磁铁是直流的,但电磁铁本身带有整流器,通入的交流电经整流后再供给直流电磁铁。

(4) 液动换向阀。

电磁换向阀动作灵敏,易于实现自动控制,但电磁铁吸力有限。当液压阀规格较大,通过的流量大时,产生的液动力就很大,这时电磁换向很难满足换向要求。实际上,当换向阀的通径大于 10 mm 时,常采用液压力来操纵阀芯换位。采用液压力操纵阀芯换位的液压阀称为液动换向阀,图 5-8 所示为三位四通液动换向阀,其中 K_1、K_2 为液控口。

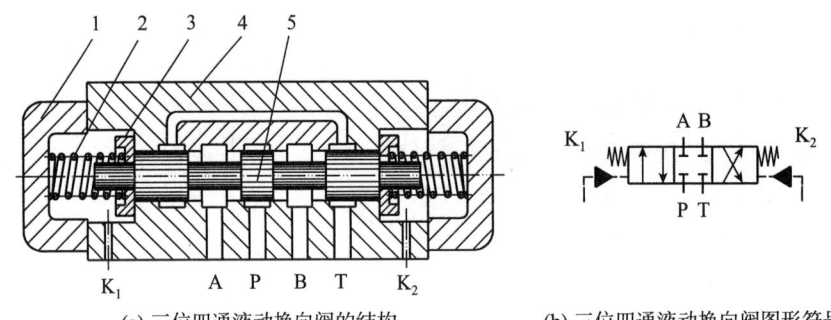

(a) 三位四通液动换向阀的结构　　(b) 三位四通液动换向阀图形符号

图 5-8　三位四通液动换向阀

1—阀盖;2—弹簧;3—弹簧座;4—阀体;5—阀芯;A、B、P、T—油口;K_1、K_2—油口。

(5) 电液换向阀。

电液换向阀是用间接压力控制(又称先导控制)方法改变阀芯工作位置的换向阀。电液换向阀由电磁换向阀和液动换向阀组合而成。电磁换向阀起先导作用,称先导阀,用来控制液流的流动方向,从而改变液动换向阀(称为主阀)的阀芯位置,实现用较小的电磁铁来控制较大的液流。

图 5-9 (a) 所示为三位四通电液换向阀的结构,图 5-9 (b) 所示为三位四通电液换向阀图形符号,图 5-9 (c) 所示为三位四通电液换向阀简化图形符号。

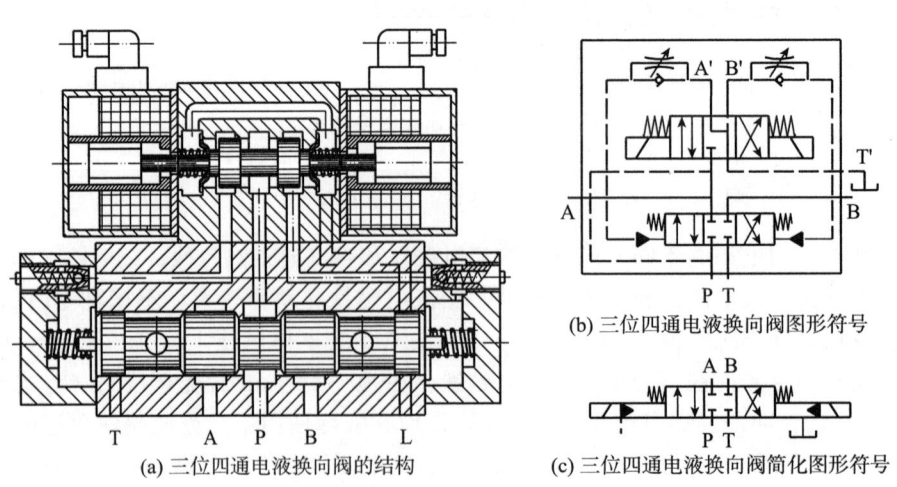

(a) 三位四通电液换向阀的结构　　(b) 三位四通电液换向阀图形符号

(c) 三位四通电液换向阀简化图形符号

图 5-9　三位四通电液换向阀

A、B、P、T、L—油口。

当先导阀右端电磁铁通电时，阀芯左移，控制油路的压力油进入主阀右控制油腔，使主阀阀芯左移（左控制油腔油液经先导阀泄回油箱），使进油口 P 与油口 A 相通，油口 B 与回油口 T 相通；当先导阀左端电磁铁通电时，阀芯右移，控制油路的压力油进入主阀左控制油腔，推动主阀阀芯右移（主阀右控制油腔的油液经先导阀泄回油箱），使进油口 P 与油口 B 相通，油口 A 与回油口 T 相通，实现换向。

任务 3　压力控制阀

压力控制阀是指通过控制油液压力高低或利用压力的变化来实现某种动作的阀，简称压力阀。压力阀是利用作用在阀芯上的液压力和弹簧力相平衡的原理工作的。常用的压力阀有溢流阀、减压阀、顺序阀和压力继电器等。

一、溢流阀

溢流阀是通过阀口的开启实现溢流，使被控制液压系统或回路的压力维持恒定，实现稳压、调压或限压的作用。按照结构原理分类，溢流阀可分为直动式和先导式两种。

1. 直动式溢流阀

图 5-10 所示为直动式溢流阀。当压力油由油口 P 进入溢流阀，经阀芯 7 上的阻尼孔 a 进入下腔。设阀芯 7 下部的面积为 A，弹簧 3 的预压缩量为 x_0，弹簧的刚度为 k。这时，液压油作用在阀芯 7 上的力为 PA，弹簧的预紧力为 $F_s = kx_0$，当进口油液压力较低时，向上的力不足以克服弹簧的预紧力，阀口处于关闭状态。当进口油液压升高，使 $PA = F_s$ 时，阀芯即将开启，这一状态的压力称为开启压力 p_k。

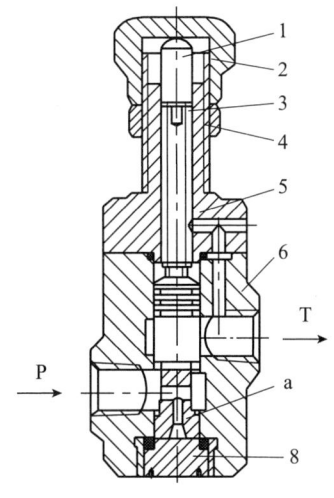

(a) 直动式溢流阀的结构　　(b) 直动式溢流阀图形符号

图 5-10　直动式溢流阀

1—调节螺钉；2—螺帽；3—弹簧；4—螺母；5—阀体；
6—阀座；7—阀芯；8—螺堵；P、T—油口；a—阻尼孔。

即 $$PA = F_s = kx_0$$

或
$$p_k = \frac{kx_0}{A} \tag{5-1}$$

当进口油液压力继续升高，使 $PA > F_s$ 时，阀芯向上移动，油液由油口 P 进入油口 T 流回油箱，溢流阀溢流。阀芯处于某一新的平衡位置，若忽略阀芯的自重、摩擦力和液动力，则阀芯上的受力平衡方程为

$$PA = pA = k(x_0 + \Delta x)$$

或
$$p = \frac{k(x_0 + \Delta x)}{A} \tag{5-2}$$

式中　p——进油腔压力；

Δx——弹簧的压缩量（阀口开度）。

当通过溢流阀的流量改变时，阀口的开度也改变，但因阀芯的移动量很小，所以作用在阀芯的弹簧力变化也很小，因此可以认为式（5-1）与式（5-2）基本相等，即当有油液流过溢流阀阀口时，溢流阀进口处的压力基本保持定值。

阀芯上的阻尼孔 a 对阀芯运动形成阻尼，可避免震动，提高阀工作平稳性；调节弹簧的预压缩量 x_0，就可调节阀口的开启压力，从而调节控制阀的进口压力，此弹簧称为调压弹簧。

直动式溢流阀利用阀芯上的液压作用力和弹簧力保持平衡，使阀的进口压力不超过或保持调定值。因为弹簧较硬，当流量较大时，阀口开度大，弹簧力有较大的变化量，因此控制压力会随着流量的变化而产生较大的变化。另外，由于弹簧较硬，调节比较费力，故这种溢流阀不适用于在高压（最大压力 2.5 MPa）、大流量情况下工作。

2. 先导式溢流阀

如图 5-11 所示为先导式溢流阀，由先导阀和主阀两部分组成。先导阀实际上是一个小流量的直动式溢流阀，先导阀阀芯 3 是锥阀，用来控制压力；主阀阀芯 5 是滑阀，用来控制溢流流量。

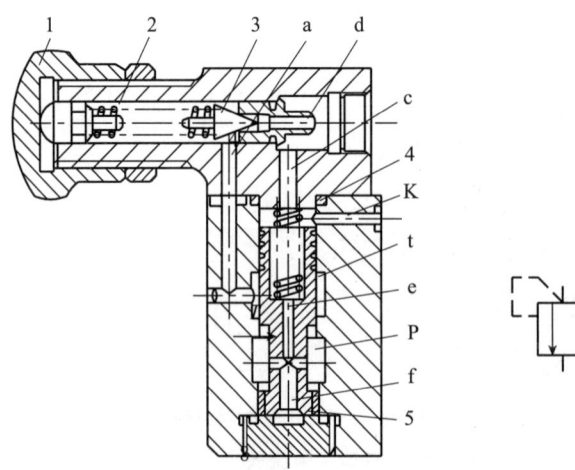

(a) 先导式溢流阀的结构　　　　(b) 先导式溢流阀图形符号

图 5-11　先导式溢流阀

1—调节螺母；2—调压弹簧；3—先导阀阀芯；4—稳压弹簧；5—主阀阀芯；
a、c、d、f—通道；e—阻尼孔；K—远程控制口；P—油口。

压力油经进油口 P 后,经过主阀阀芯 5 的轴向通道 f 进入主阀阀芯 5 底部,同时油液又经阻尼孔 e 进入主阀阀芯 5 上部油腔,再经通道 c、d 进入先导阀右侧油腔,给先导阀阀芯 3 以向左的作用力,当系统压力低于先导阀调定的压力时,作用于先导阀阀芯 3 上的液压作用力小于调压弹簧 2 的弹簧力,先导阀关闭,此时,主阀阀芯 5 处于最下端位置,回油口关闭,没有溢油。当油液压力 p 增大,使作用于先导阀阀芯 3 上的液压作用力大于调压弹簧 2 的弹簧力时,先导阀开启,主阀上腔的油液经先导阀开口、回油口流回油箱。这时,压力油流经阻尼孔 e 时产生压力降,主阀阀芯上腔油液压力 p_1 小于下部油液压力 p。当此压差 $p-p_1$ 产生的向上作用力超过稳压弹簧 4 的弹簧力时,主阀阀芯 5 向上移动,接通进油口和回油口,溢流阀溢油。调节螺母 1 可调节调压弹簧 2 的预紧力,从而调定系统的压力。

当溢流阀起溢流作用时,作用在主阀阀芯上的力(不计摩擦阻力)的平衡方程为
$$pA = p_1 A + F_s = p_1 A + k(x_0 + \Delta x)$$
或
$$p = p_1 + \frac{F_s}{A} = p_1 + \frac{k(x_0 + \Delta x)}{A} \tag{5-3}$$

式中　p——进油腔压力;

p_1——主阀阀芯上腔油液压力;

A——主阀阀芯的端面积;

F_s——稳压弹簧的作用力;

k——稳压弹簧的刚度;

x_0——稳压弹簧的预压缩量;

Δx——稳压弹簧的附加压缩量。

由式(5-3)可见,由于主阀上腔存在油液压力 p_1,所以稳压弹簧 4 的刚度可以较小,F_s 的变化也较小,p_1 基本是定值。因此,先导式溢流阀压力稳定、波动小,克服了直动式溢流阀的缺点。同时,先导式溢流阀先导阀阀芯锥孔尺寸较小,调压弹簧不必很硬,调压方便,振动小,噪声小。先导式溢流阀的缺点是响应不如直动式溢流阀快。先导式溢流阀适用于中压、高压系统。

调节先导阀的调压手轮,便能调整溢流压力;更换不同刚度的调压弹簧,便能得到不同的调压范围。

先导式溢流阀上开有一个远程控制口 K,它和主阀阀芯的左腔相连,在图 5-11 中为控制口封闭状态。当需要实行远程控制时,在控制口连接一个调压阀,相当于给溢流阀的调压部分并联一个先导阀,溢流阀工作压力就由溢流阀本身的先导阀和远程控制口上连接的调压阀中较小的调压值决定。调节远程控制口上连接的调压阀(调节压力小于溢流阀本身的先导阀的调定值),就可以实现对溢流阀的远程控制。如果不使用此功能,则关闭远程控制口。

二、减压阀

减压阀是利用液流流过缝隙产生压降的原理,使出口压力低于进口压力的一种压力控制阀。减压阀的作用是降低系统中某一回路油液的压力,使同一系统具有两个或两个以上

的压力回路。

减压阀根据功用的不同可分为：用于保证出口压力为定值的定值式减压阀，用于保证进出口压差不变的定差式减压阀，用于保证进出口压力成比例的定比式减压阀。其中，定值式减压阀应用最广，此处介绍的减压阀是定值式减压阀。

减压阀也分直动式减压阀和先导式减压阀两种，先导式减压阀应用较多。图 5-12（a）所示为先导式减压阀的结构。压力为 p_1 的压力油从进油口 P_1 流入，经节流口减压后压力降为 p_2 并从出油口 P_2 流出。出油口油液通过小孔流入主阀阀芯 7 的底部，并通过阻尼孔 9 流入阀芯的上腔，作用在先导阀阀芯 3 上。当出口压力小于先导阀调定压力时，先导阀阀芯 3 关闭。由于阻尼孔中没有油液流动，所以主阀阀芯 7 上下两端的油压相等。这时主阀阀芯 7 在主阀弹簧 10 的作用下处于最下端，减压口全部打开，减压阀不起作用。当出口压力超过先导阀调定压力时，出油口部分液体经阻尼孔、先导阀阀口、阀盖上的泄油口 L 流回油箱。阻尼孔中的液体流动使主阀的下腔产生压差，当此压差所产生的作用力大于主阀弹簧 10 的弹簧力时，主阀阀芯 7 上移，使减压口减小，减压作用增强，直至出口压力 p_2 稳定在先导阀所调定的压力值上。如果外来干扰使 p_1 升高（如流量瞬时增大），则 p_2 也升高，使主阀阀芯 7 上移，减压口减小，p_2 又降低，使阀芯在新的位置上处于受力平衡，而出口压力 p_2 基本维持不变。图 5-11（b）所示为先导式减压阀图形符号。

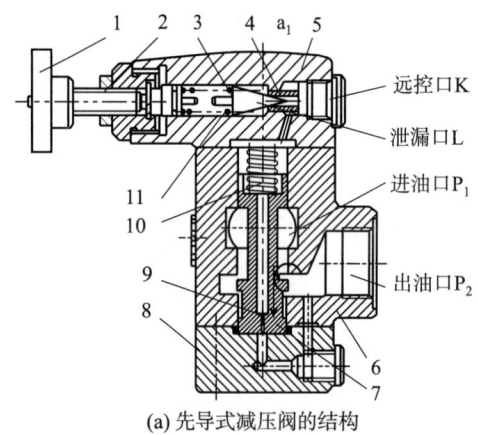
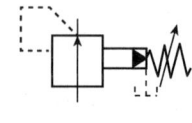

(a) 先导式减压阀的结构　　　　(b) 先导式减压阀图形符号

图 5-12　先导式减压阀

1—调节手柄；2—调节螺钉；3—先导阀阀芯；4—先导阀阀座；5—先导阀阀体；
6—主阀阀体；7—主阀阀芯；8—端盖；9—阻尼孔；10—主阀弹簧；11—先导阀弹簧。

比较减压阀和溢流阀可知，两者结构相似，调节原理也相近，但其主要差别如下。

（1）减压阀为出口压力控制，保证出口压力恒定；溢流阀为进口压力控制，保证进口压力恒定。

（2）常态时减压阀阀口常开，溢流阀阀口常闭。

（3）减压阀串联在系统中，其出口油液接通执行元件，因此泄漏油液须单独引回油箱（外泄）；溢流阀的出口直接接回油箱，它是并联在系统中的，因此其泄漏油液须引至出口（内泄）。

减压阀常用于降低系统某一支路油液的压力，使二次油路的压力稳定且低于系统压力。需要说明的是，减压阀出口压力还与出口的负载有关，若负载建立的压力低于调定压力，则出口压力由负载决定，此时减压阀不起作用。与溢流阀相同的是，减压阀也可在先导阀的遥控口接远程调压阀，实现远程控制或多级调压。

三、顺序阀

顺序阀是用压力信号实现油路的通断，从而控制多个执行元件的顺序动作的一种压力阀。根据结构的不同，顺序阀分为直动式顺序阀和先导式顺序阀，一般先导式顺序阀用于压力较高的场合。根据控制压力来源不同，顺序阀分为内控式顺序阀和外控式顺序阀。

图 5-13（a）所示为直动式顺序阀。从图中可以看出，顺序阀的结构和工作原理与溢流阀很相似，其主要区别在于，溢流阀有自动恒压调节作用，其出口接油箱，因此其泄漏是内泄至出口；而顺序阀只有开启和关闭两种状态。当顺序阀进油口压力低于调压弹簧调定压力时，顺序阀关闭；当顺序阀进油口压力超过调压弹簧调定压力时，进口、出口接通，出口的压力油使其后面的执行元件动作。由于顺序阀的进油口、出油口均为压力油，所以它的泄油口必须单独外接油箱。图 5-13（b）所示为直动式顺序阀图形符号。

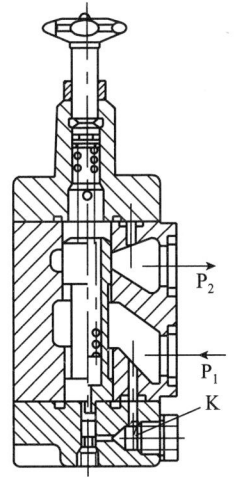

(a) 直动式顺序阀的结构　　(b) 直动式顺序阀图形符号

图 5-13　直动式顺序阀

P_1、P_2、K—油口。

将先导式顺序阀和先导式溢流阀进行比较，它们之间有以下不同之处：

（1）溢流阀的进口压力在通流状态下基本不变。而顺序阀的进口压力在通流状态下由出口压力决定，如果出口压力 p_2 比进口压力 p_1 低，p_1 基本不变；而当 p_2 增大到一定程度时，p_1 也随之增大，此时，$p_1 = p_2 + \Delta p$，Δp 为顺序阀上的损失压力。

（2）溢流阀为内泄漏；而顺序阀须单独引出泄漏通道，为外泄漏。

（3）溢流阀的出口必须回油箱，顺序阀出口可接负载。

四、压力继电器

压力继电器是一种液-电信号转换元件。当控制油压达到调定值时，便触动电气开关发出信号,控制电气元件(如电动机、电磁铁、电磁离合器等)实现液压传动系统的下一步动作(如液压泵的升压或卸载、液压执行元件顺序动作、系统安全保护和元件动作连锁等)。任何压力继电器都由压力-位移转换装置和微动开关两部分组成。按压力-位移转换装置的结构分类,压力继电器可分为柱塞式、弹簧管式、膜片式和波纹管式四类,其中以柱塞式最为常用。

图 5-14 所示为单柱塞式压力继电器。压力油从油口 P 通入,作用在柱塞 5 的底部,若其压力已达到弹簧的调定值,便可克服弹簧阻力和柱塞摩擦力推动柱塞 5 上移,通过顶杆 3 触动微动开关 1 发出信号。限位挡块 4 可在压力超载时保护微动开关。

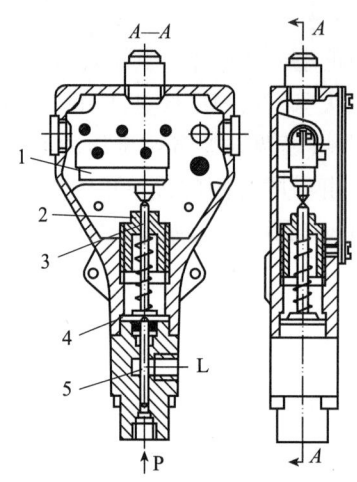
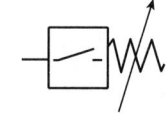

(a) 单柱塞式压力继电器的结构　　(b) 柱塞式压力继电器图形符号

图 5-14　单柱塞式压力继电器

1—微动开关；2—调节螺丝；3—顶杆；4—限位挡块；5—柱塞；P、L—油口。

任务4　流量控制阀

流量控制阀是通过改变阀口通流面积的大小,来控制通过阀的流量,从而调整执行元件的运行速度。常用的流量控制阀有节流阀、调速阀、溢流节流阀和分流集流阀等。

一、节流阀

1. 节流阀的特性

节流阀的节流口有三种基本形式:薄壁小孔、细长小孔和厚壁小孔。但无论节流口采用何种形式,其流量特性均可用小孔流量的通用公式 $q=CA\Delta p^m$ 来表示。由小孔流量通用公式可知,当系数 C、压差 Δp 和指数 m 一定时,只要改变节流口通流面积,就可以调节流过此阀的液体流量。

在节流阀工作时,节流阀阀口面积 A 一经调定,通过节流阀的流量 q 则不变,从而保证液压执行元件速度稳定。但实际上还有许多因素影响着流量的稳定性。

(1)压差对流量的影响。节流阀两端压差 Δp 变化时,通过节流阀的流量要发生变化,在三种结构形式的节流口中,通过薄壁小孔的流量受到压差改变的影响最小。

(2)温度对流量的影响。温度会影响油液黏度,对于细长小孔,当温度变化时,流量也会随之改变；而薄壁小孔的黏度对流量几乎没有影响，故当温度变化时，流量基本不变。

（3）孔口形状对流量的影响。能维持最小稳定流量是节流阀的一个重要性能，最小稳定流量越小，表示该阀的稳定性越好。实践表明，最小稳定流量与阀口截面形状有关，截面水力半径越大，则阀在最小流量下稳定性就越好。圆形节流阀水力半径最大，方形和三角形次之，但方形和三角形节流口便于连续均匀调整，因而应用较多。

2．节流阀的结构

如图 5-15 所示，普通节流阀的节流通道呈轴向三角槽式。压力油从进油口 P_1 流入，经孔道 a 和阀芯 2 左端的三角形节流槽进入孔道 b，再从出油口 P_2 流出。调节带螺纹的调节手柄 4，借助推杆 3 可使阀芯 2 做轴向移动，从而改变节流口的通流截面面积来调节流量。阀芯 2 在弹簧 1 的作用下始终贴紧在推杆 3 上。图 5-15（c）所示为节流阀图形符号。

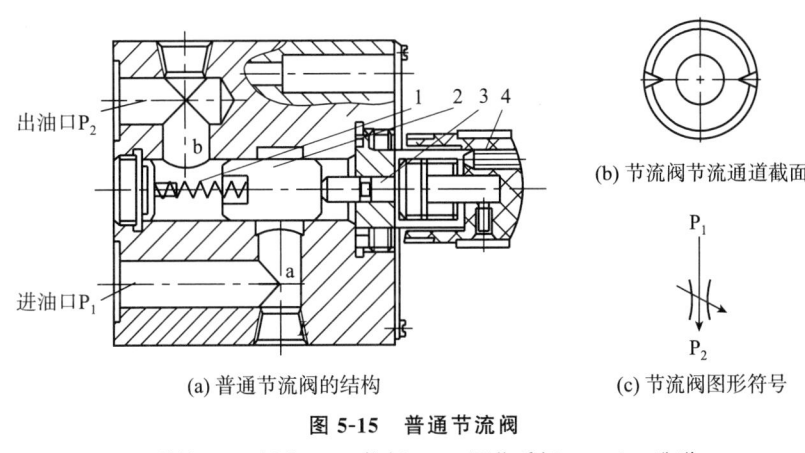

图 5-15　普通节流阀

1—弹簧；2—阀芯；3—推杆；4—调节手柄；a、b—孔道。

3．节流阀的作用

（1）节流阀主要起节流作用。

（2）节流阀起负载阻尼作用。通过改变节流阀开口面积可改变液流的阻尼，即节流阀开口面积越小，阻尼越大。

（3）节流阀起压力缓冲的作用。在液流压力容易发生突变的地方安装节流阀可延缓压力突变对后续液压元件的影响，起保护作用。

二、调速阀

调速阀是由定差式减压阀与节流阀串联而成。定差式减压阀能自动保持节流阀前后的压差不变，从而使通过节流阀的流量不受负载变化的影响。

图 5-16 所示为调速阀结构原理及图形符号。将定差式减压阀和节流阀串联在一起，减压阀入口的压力 p_1 由溢流阀调节，基本保持恒定。压力油经过减压口 x_R 减压后的压力为 p_m，p_m 同时为节流阀的入口压力。在节流阀的入口，压力油经过通道 e 和 f 进入定差式减压阀的 c 腔和 d 腔；节流阀出口的压力为 p_2（由外负载决定），压力油经通道 a 进

入定差式减压阀的 b 腔。调速阀正常工作时，$\Delta p=p_\mathrm{m}-p_2$ 基本恒定。当外负载增大时，p_2 增大，减压阀弹簧腔压力增大，阀芯原先的平衡被打破，阀芯向下移动，开大减压口 x_R，使 p_m 增大，维持 Δp 基本恒定；当外负载减小时，阀芯运动情况正好相反，同样维持压差基本恒定。

分析调速阀中减压阀阀芯的受力情况，可以得到

$$p_\mathrm{m}A_1+p_\mathrm{m}A_2=p_2A+K\,(x+\Delta x) \tag{5-4}$$

$$p_\mathrm{m}-p_2=\frac{K\,(x+\Delta x)}{A} \tag{5-5}$$

式中　A_1——定差式减压阀 d 腔阀芯左腔面积；
　　　A_2——定差式减压阀 c 腔阀芯环形腔面积；
　　　A——定差式减压阀 b 腔阀芯面积；
　　　Δx——定差式减压阀弹簧压缩变化量；
　　　x——定差式减压阀弹簧的预压缩量；
　　　K——定差式减压阀弹簧刚度。

在工作时，定差式减压阀弹簧的压缩量变化 Δx 很小，从而保证了节流阀进出口压差 Δp 基本恒定，使通过的流量恒定。

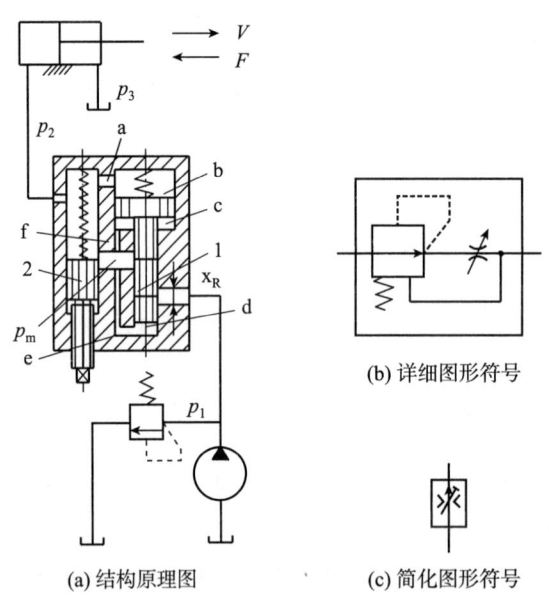

(a) 结构原理图　　(b) 详细图形符号　　(c) 简化图形符号

图 5-16　调速阀结构原理及图形符号
1—减压阀；2—节流阀。

由图 5-17 可以看出，当调速阀的进出口压差 Δp 达到一定值时，流量维持恒定。在调速阀进出口压差 Δp 较小时，调速阀和节流阀的特性曲线重合，这是因为在进出口压差较小时，调速阀内的减压阀不起作用，实际工作的只是节流阀。调速阀正常工作所需的压差因调速阀的压力不同而异，一般低压调速阀约为 0.5 MPa，高压调速阀为 1 MPa。

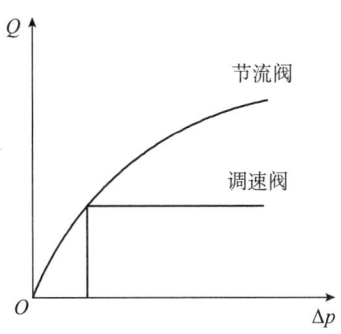

图 5-17 调速阀和节流阀特性曲线

三、温度补偿调速阀

温度补偿调速阀与普通调速阀的不同之处是，在温度补偿调速阀的节流阀调节螺钉和节流阀口之间增加了自动温度补偿杆，图 5-18 为温度补偿原理。温度补偿杆的材料为温度膨胀系数较大的聚氯乙烯材料。当温度升高时，液压油的运动黏度降低，通过节流口的流量增加，这时温度补偿杆膨胀使阀芯移动，减小节流口的通流面积，补偿由于油温升高后黏度变小而使流量增大的影响。

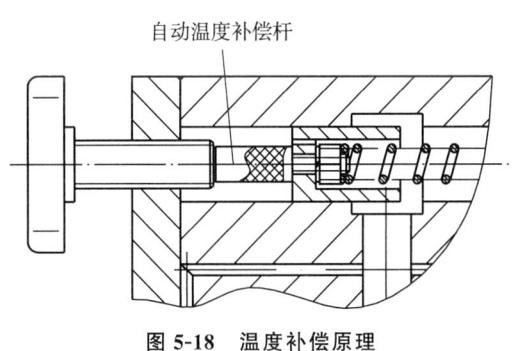

图 5-18 温度补偿原理

任务 5 其他液压阀

一、插装阀

插装阀（又称为逻辑阀）是一种以二通插装元件为主体，采用先导控制阀和插装式连接的液压控制元件。插装阀在高压、大流量系统中得到了广泛应用。由于插装元件已经标准化，因此将几个插装式元件进行简单的组合，便可以组成复合阀。插装阀与普通液压阀相比，具有以下优点：

（1）通流能力大，特别适用于大流量的场合，通径可达 200～250 mm，通过的流量可达 1000 L/min。

（2）采用锥阀结构，阀芯动作灵敏，密封性能好，泄漏量小。

（3）机能多，集成度高。配备不同的先导控制级，就能实现方向、压力、流量等控制。

(4) 结构简单，易于实现标准化。

1. 基本结构及工作原理

图 5-19 所示为插装阀的结构，插装阀由控制盖板 1、插装主阀（由阀套 2、弹簧 3、阀芯 4 及密封件组成）、插装块体 5 和先导元件（置于控制盖板上，图中未画）组成。

插装主阀采用插装式连接，阀芯为锥形。根据不同的需要，阀芯 4 的锥端可开阻尼孔或节流三角槽，阀芯也可以是圆柱形。控制盖板 1 将插装主阀封装在插装块体 5 内，并通过控制油口 K 沟通先导阀和主阀，控制阀芯 4 的开闭，从而控制主油路的通断。使用不同的先导阀可组成压力控制阀、方向控制阀或流量控制阀，还可组成复合控制阀。若干个不同控制功能的插装阀组装在同一个阀体内，并配上相应的控制盖板和先导元件，就可组成所需的液压回路和系统。

如图 5-19 所示，A、B 为主油路的工作油口，K 为控制油口。设油口 A、B 和 K 的油液压力分别为 p_A、p_B 和 p_K，阀芯 4 上的有效作用面积分别为 A_A、A_B 和 A_K，且 $A_K = A_A + A_B$，弹簧 3 的作用力为 F_s，则

当 $p_A A_A + p_B A_B < p_K A_K + F_s$ 时，阀口关闭，A 口、B 口不通；当 $p_A A_A + p_B A_B \geq p_K A_K + F_s$ 时，阀口开启，A 口、B 口连通。

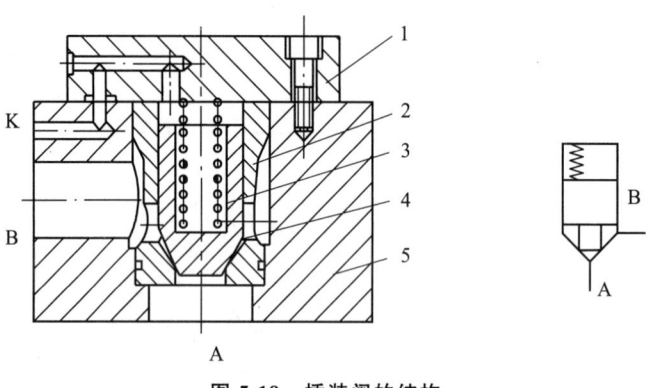

图 5-19 插装阀的结构

1—控制盖板；2—阀套；3—弹簧；4—阀芯；5—插装块体；
A、B—主油路的工作油口；K—控制油口。

实际工作时，阀芯的受力状况是通过改变控制油口 K 的通油方式来控制的。如果控制油口 K 接通油箱，则 $p_K = 0$，阀芯 4 下部的液压力大于上部弹簧 3 的弹力，阀口开启。至于液流的方向，视 A 口、B 口压力大小而定，当 $p_A > p_B$ 时，油液由 A 口流向 B 口；当 $p_A < p_B$ 时，油液由 B 口流向 A 口。当控制油口 K 通压力油，且 $p_K \geq p_A$、$p_K \geq p_B$ 时，阀芯 4 在上下两端压差的作用下关闭 A 口、B 口。可见，只要改变控制油口 K 的压力 p_K，就可以控制 A 口、B 口的通断。

2. 插装阀作方向控制阀

(1) 插装阀作单向阀。

如图 5-20 所示，将控制油口 K 和 A 口或 B 口连接，即成为插装式单向阀。

如图 5-20 (a) 所示，控制油口 K 与 B 口连通，当压力 $p_A < p_B$ 时，锥阀关闭，A 口

和 B 口不通；当压力 $p_A > p_B$ 时，锥阀开启，成为使油液由 A 口流向 B 口的单向阀。

如图 5-20（b）所示，控制油口 K 与 A 口连通，当 $p_A > p_B$ 时，锥阀关闭，A 口和 B 口不通；当 $p_A < p_B$ 时，锥阀开启，成为使油液由 B 口流向 A 口的单向阀。

如图 5-20（c）所示，在控制盖板上连接一个二位三通液动换向阀来改变控制油口 K 的压力。当控制油口 K 不通压力油、二位三通换向阀处于右位工作时，油液由 A 口流向 B 口，成为单向阀；当控制油口 K 通压力油、二位三通换向阀处于左位工作时，锥阀上腔控制口与油箱连通，从而使油液从 B 口流向 A 口，即可组成液控单向阀。

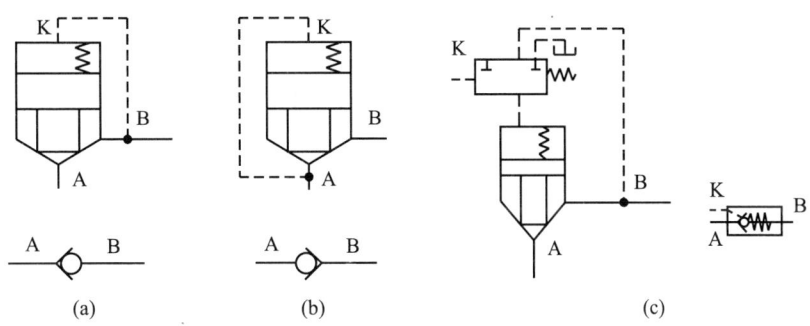

图 5-20 插装阀作单向阀

（2）插装阀作二位二通阀。

如图 5-21（a）所示，由二位三通换向阀作为先导阀控制油口 C 的通油方式。当二位三通换向阀电磁铁断电时，控制油口 C 与 B 口连通，A 口进油可顶开阀芯通油，而 B 口进油则使阀口关闭，成为油液只能从 A 口流向 B 口的单向阀；当二位三通换向阀电磁铁通电时，控制油口 C 通过二位三通换向阀与油箱连接，此时，无论 A 口进油还是 B 口进油，均可将阀口开启通油，A 口、B 口互通。

如图 5-21（b）所示，在控制油路中增设一个梭阀（作用相当于两个单向阀）。当二位三通换向阀电磁铁断电时，控制油口 C 的压力始终是 A 口、B 口压力中的较高者。因此，无论 A 口进油还是 B 口进油，阀口始终处于关闭状态，A 口、B 口不通；当二位三通换向阀电磁铁通电时，控制油口 C 与油箱连接，A 口、B 口互通。

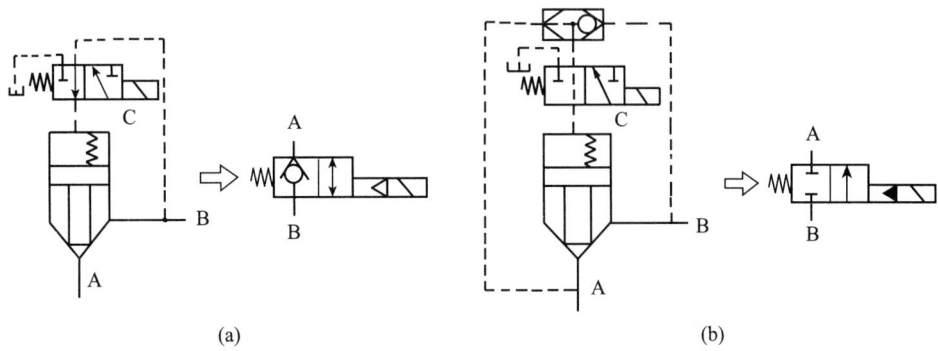

图 5-21 插装阀作二位二通阀

（3）插装阀作二位四通阀。

用四个插装阀及相应的先导阀可组成一个四通阀。如图 5-22 所示，用一个二位四通电磁先导阀对四个锥阀进行控制，就构成二位四通插装阀。在图示状态下，锥阀 1、3 因其控制腔通油箱而开启，锥阀 2、4 因其控制腔通压力油而关闭，此时，A 口和 T 口连通、P 口和 B 口连通。当二位四通电磁换向阀通电时，锥阀 1、3 因其控制腔通压力油而关闭，锥阀 2、4 因其控制腔通油箱而开启，A 口和 P 口连通、B 口和 T 口连通。

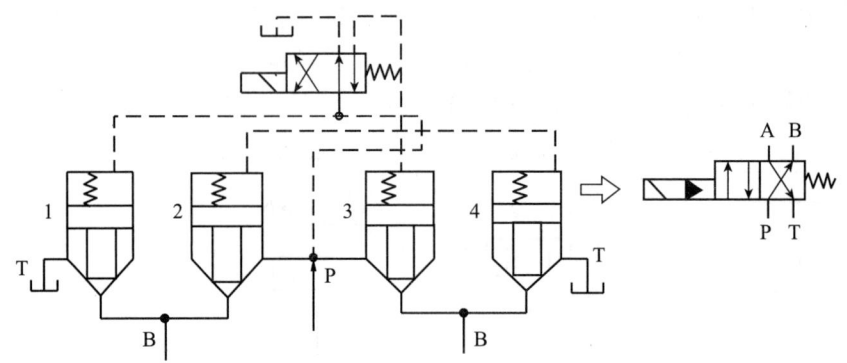

图 5-22　插装阀作二位四通阀

1、2、3、4—锥阀。

3．插装阀作压力控制阀

采用带有阻尼孔的插装阀芯，并对 C 口采用压力控制，即可构成各种压力控制阀，如图 5-23（a）所示。用直动型溢流阀作为先导阀来控制 C 口，在不同的油路连接下便构成不同的压力阀。

如图 5-23（b）所示，B 口通油箱，可用作溢流阀。当 A 口油压升高到先导阀调定压力时先导阀开启，油液流过主阀阀芯阻尼孔时造成两端压差，使主阀阀芯克服弹簧阻力开启，A 口压力油便通过打开的阀口经 B 口流回油箱，实现溢流稳压，即为插装溢流阀。当二位二通电磁换向阀通电时，便可作为卸荷阀使用。在图 5-23（b）中，若 B 口不接油箱，而与负载油路连接，就构成了插装式顺序阀。

如图 5-23（c）所示，主阀采用油口常开的阀芯，B 口为进油口，A 口为出油口，A 口的压力油经内设阻尼孔与 C 口先导阀相通。当 A 口压力油上升达到或超过先导阀调定压力时，先导阀开启，在阻尼孔压差作用下，滑阀芯上移，调整阀口 B 的大小，控制出口压力为一定值，即构成插装式减压阀。

4．插装阀作流量控制阀

在控制盖板上安装行程调节器（调节螺杆），以调节阀芯的开度，就构成了节流阀。改变阀口的通流面积，则锥阀可起流量控制阀的作用。

图 5-24（a）所示为手调插装式节流阀，其阀芯端部开有三角沟槽，用来调节流量。如图 5-24（b）所示，如果在手调插装式节流阀前串接一个插装式定差式减压阀，减压阀阀芯两端分别与节流阀进出口相通，与普通调速阀原理相同，利用减压阀的压力补偿功能可保证节流阀进出口压差基本为定值，使通过节流阀油液的流量不受负载压力的变化的影响，就构成了插装式调速阀。

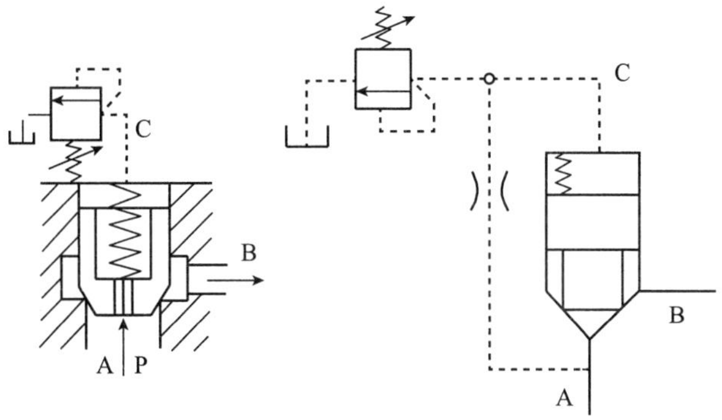

图 5-23 插装阀作压力控制阀

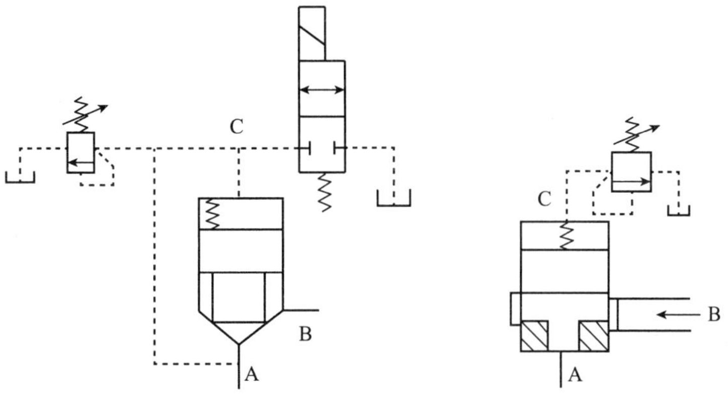

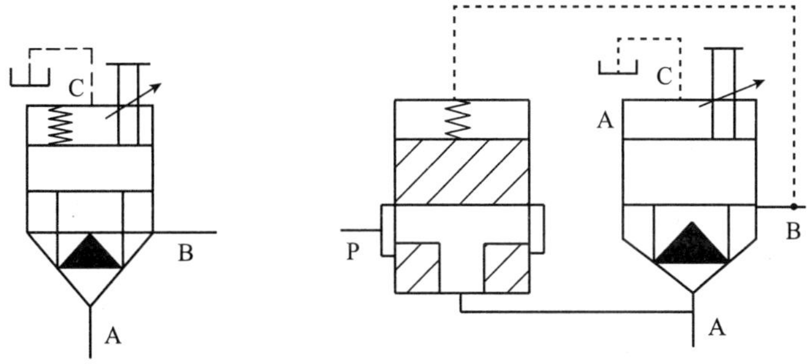

(a) 手调插装式节流阀   (b) 插装式调速阀

图 5-24 插装阀作流量控制阀

二、电液比例阀

电液比例阀（简称为比例阀）是采用电气-机械比例转换装置来替代普通液压阀的调节和控制装置。电液比例阀既可以根据输入的电信号大小，连续、成比例地对液压系统的参量（压力、流量及方向）实现远距离计算机控制，又在制造成本、抗污染等方面优于电液伺服阀。由于其控制性能低于电液伺服阀，因此电液比例阀被广泛应用于要求不是很高的一般工业部门。

1. 电液比例压力阀

图 5-25 所示为电液比例压力阀，它由压力阀 6 和力马达 5 两部分组成。当力马达 5 的线圈中通入电流时，推杆 4 通过钢球 3、弹簧 2 把电磁推力传给锥阀 1，推力的大小与电流的大小成比例。当进油口 P 处的压力油作用在锥阀 1 上的力超过弹簧力时，锥阀 1 打开（此时弹簧 2、钢球 3 和推杆 4 一起后退），油液从出油口 T 排出。只要连续地按比例调节输入电流，就能连续地按比例控制锥阀的开启压力。这种阀可作为直动型压力阀使用；也可作为压力阀的先导阀，与普通溢流阀、减压阀和顺序阀的主阀组合，构成电液比例溢流阀、电流比例减压阀和电流比例顺序阀。

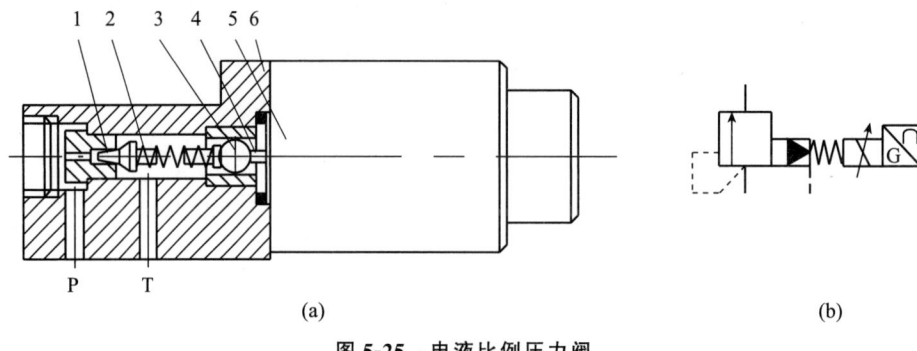

图 5-25　电液比例压力阀

1—锥阀；2—弹簧；3—钢球；4—推杆；5—力马达；6—压力阀；P—进油口；T—出油口。

2. 电液比例换向阀

用比例电磁铁取代电液换向阀中的普通电磁铁，便构成如图 5-26 所示的电液比例换向阀。电液比例换向阀由电磁力马达 2、4，比例减压阀和液动换向阀组成。

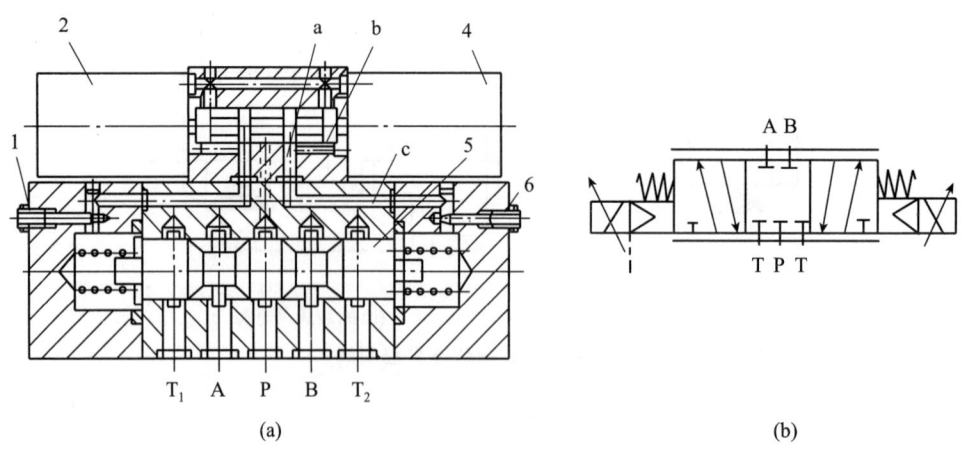

图 5-26　电液比例换向阀

1、6—节流阀；2、4—电磁力马达；3—减压阀阀芯；5—阀芯；a、b、c—孔道。

此处，比例减压阀作为先导阀使用，用出口压力来控制液动换向阀的正反方向和开口量的大小，从而控制液流的方向和流量的大小。当左端电磁力马达 2 通入电流信号时，减压阀阀芯 3 右移，压力油经右侧阀口减压后，经孔道 a、b 反馈到阀芯的右端，和左端电磁力马达 2 的电磁力相平衡。因而减压后的压力和输入电流信号的大小成比例。减压后的压力油经孔道 a、c 作用在液动换向阀的右端，使换向阀阀芯左移，打开 P 口到 B 口的通道，同时压缩左端弹簧。换向阀阀芯的移动量和控制油压力大小成比例，即使通过阀的流量和输入的电流成比例。同理，当右端电磁力马达 4 通电时，压力油由 P 口经 A 口输出。液动换向阀的端盖上装有节流阀 1、6，它们可以根据需要分别调节换向阀的换向时间。此外，电液比例换向阀和普通换向阀一样，可以具有不同的中位机能。

任务 6 液压阀的拆装

一、实训目的

（1）理解三位四通电磁换向阀、先导式溢流阀和调速阀的结构及工作原理。
（2）熟悉三位四通换向阀的中位机能；
（3）掌握正确的拆卸、装配液压阀的方法。

二、实训要求

（1）拆装前认真预习，掌握相关液压元件的工作原理结构。
（2）针对不同类型的液压阀，利用相应的工具，严格按照其拆卸、装配步骤进行相关操作。
（3）按照液压阀的工作原理，将液压阀拆解，分析液压阀各部分的具体结构；分析液压阀中主要零件的相互配合精度、装配精度和技术要求。
（4）明确对密封装置的基本要求，熟悉所用密封的类型及拆装密封元件时需要注意的事项。液压阀在装配前必须进行严格的清洗。

三、三位四通电磁换向阀拆装

1. 拆装用品

（1）三位四通电磁换向阀。
（2）工具材料：内六角扳手、油盆、螺钉旋具、卡簧钳、铜棒、棉纱、煤油、耐油橡胶板等。

2. 拆卸步骤

（1）如图 5-27 所示，观察三位四通电磁换向阀外观，找出进油口 P、回油口 T 和两个工作油口 A、B。
（2）将换向阀两端的电磁铁拆下。A、B—工作油口；P—进油口；T—回油口。
（3）轻轻取出弹簧、推杆及阀芯等。如果阀芯卡住，可用铜棒轻轻敲击出来。
（4）观察阀芯与阀体的结构和相互配合关系，并结合结构图观察阀芯与阀体内腔的构造，分析换向原理及中位机能。

3. 装配

（1）装配前清洗各零件，给配合零件表面涂润滑油。
（2）按拆卸的相反顺序装配换向阀，即后拆的零件先装配、先拆的零件后装配。

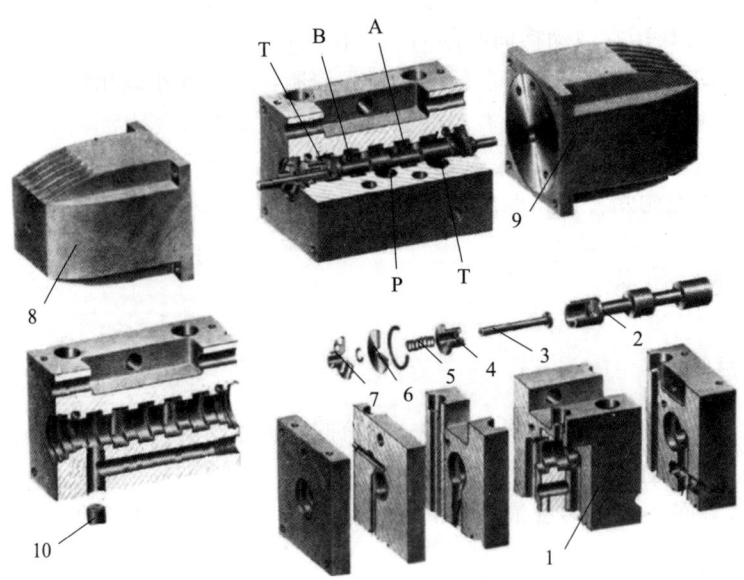

图 5-27 三位四通电磁换向阀三维实体图

1—阀体；2—阀芯；3—推杆；4—定位套；5—弹簧；6、7—挡板；8、9—电磁铁；10—螺塞；A、B—工作油口；P—进油口；T—回油口。

4．拆装注意事项

（1）禁止用猛力敲打零部件，容易造成损坏。

（2）在装配时，轻轻装上阀芯，使其受力均匀，防止卡住不能动作。如零件有灰尘污物，应该用煤油清洗干净后装配。

（3）装配时严禁遗漏零件。

四、先导式溢流阀的拆装

1．拆装用品

（1）先导式溢流阀。

（2）工具材料：内六角扳手、油盆、螺钉旋具、卡簧钳、铜棒、棉纱、煤油等。

2．拆卸步骤

（1）拆卸前应清洗阀的外表面，观察阀的外形，找出进油口 P、回油口 T 和控制油口 K，转动调节手柄。

（2）用内六角扳手拧下螺钉，用铜棒轻轻敲打，使主阀和先导阀分开。

（3）取出主阀弹簧和主阀阀芯。

（4）拧下先导阀上的手柄和远控口螺塞，用卡簧钳钳下内控挡圈，取出先导阀弹簧和阀芯。

（5）观察主阀和先导阀弹簧的大小和刚度；观察先导阀阀芯和主阀阀芯的结构，主阀阀芯阻尼孔的大小，进油口、出油口、远程口和泄油口的位置，图 5-28 所示为先导式溢流阀三维实体图。

项目五　液压控制阀

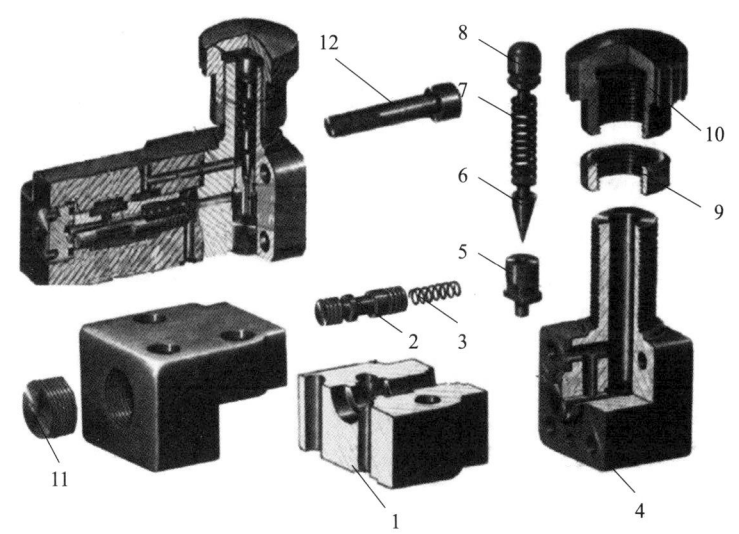

图 5-28　先导式溢流阀三维实体图

1—阀体；2—主阀阀芯；3—弹簧；4—先导阀阀体；5—阀座；6—先导阀阀芯；
7—调压弹簧；8—调节螺杆；9—限位螺母；10—调节螺母；11—阀盖。

3．装配

(1) 装配前清洗各零件，给配合零件表面涂润滑油；

(2) 按拆卸的相反顺序装配，将调压弹簧安放在先导阀阀芯的圆柱面上，然后一起推入先导阀阀体。

4．拆装注意事项

(1) 检查各零件的油孔、油路是否通畅，且无灰尘污物；

(2) 主阀阀芯装入主阀阀体后，应运动自如；

(3) 先导阀的卸油口必须与主阀卸油口相对应；

(4) 先导阀与主阀接触平面完全贴合后，方能用螺钉连接，螺钉要分两次拧紧，并按对角交替进行。

五、调速阀的拆装

1．实训用品

(1) 调速阀。

(2) 工具材料：内六角扳手、固定扳手、油盆、螺钉旋具、卡簧钳、手锤、铜棒、棉纱、煤油等。

2．拆卸步骤

(1) 拆卸前应清洗阀的外表面，观察阀的外形。

(2) 先拆节流阀，再拆减压阀。

(3) 松开旋转手柄与推杆的紧定螺钉，取下旋转手柄；拆开螺塞，取出 O 形密封圈；用卡簧钳取出弹性挡圈，拧下推杆。

(4) 拧下节流阀螺塞，取出 O 形密封圈、推杆、阀芯及弹簧等。
(5) 拧下减压阀、旋塞、螺塞，取出 O 形密封圈、减压阀阀芯及弹簧等。
(6) 注意观察节流阀和减压阀的结构。

3．装配

(1) 装配前清洗各零件，给阀芯及配合零件的表面涂润滑油；
(2) 按拆卸的相反顺序装配。

4．拆装注意事项

(1) 检查各零件的油孔、油路是否通畅，且无灰尘污物；
(2) 减压阀阀芯和节流阀阀芯按正确方向装入阀体，并运动自如；
(3) 拆装减压阀阀芯时，因减压阀弹簧刚度较大，要用手压住旋塞。

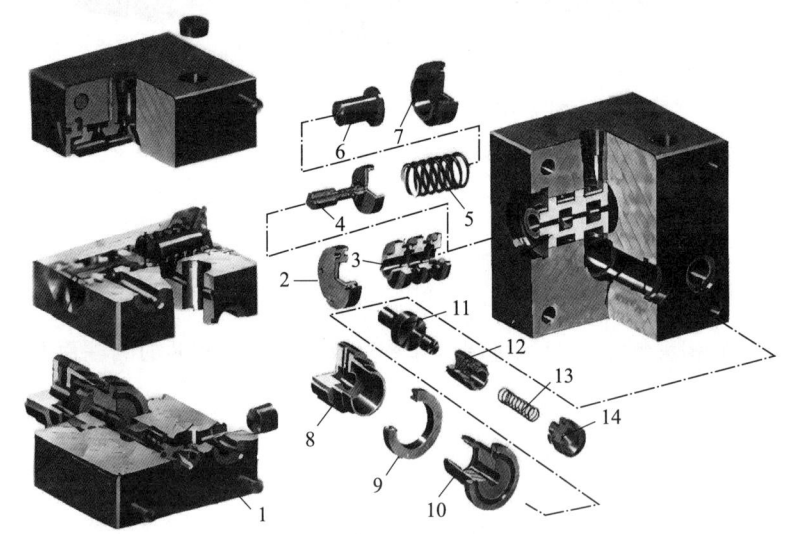

图 5-29　调速阀三维实体图

1—阀体；2—旋塞；3—阀座；4—减压阀阀芯；5、13—弹簧；6—螺塞；
7、8—手柄；9—弹簧卡环；10—套；11—推杆；12—节流阀阀芯；14—弹簧座。

六、液压阀拆装报告内容

任选一种液压阀完成下列任务。
(1) 画出工作原理简图，说明其主要结构、组成及工作原理；
(2) 叙述拆装步骤；
(3) 列出零件明细表；
(4) 叙述拆装过程中所遇到的问题及解决办法。

任务 7　液压阀故障诊断与维修

液压阀是直接影响液压系统工作过程和工作特性的重要元件，是液压系统的重要组成部分。液压阀在应用中可能出现故障，只要掌握各类液压阀的工作原理、特点及功用，那么分析故障原因及排除故障就不会有太大的困难。表 5-4 至表 5-11 列出各类液压阀常见故障分析及其排除方法。

表 5-4 单向阀常见故障分析及其排除方法

故障现象	产生原因	排除方法
单向阀失灵	阀体或阀芯变形、阀芯有毛刺、油液污染引起的单向阀卡死	清洗、检修或更换阀体或阀芯，更换液压油
	弹簧折断、漏装或弹簧刚度太大	更换或补装弹簧
	锥阀与阀座同轴度超差或密封表面有生锈麻点，从而形成接触不良和严重磨损等	清洗、研磨阀芯和阀座
	锥阀（或钢球）与阀座完全失去作用	研磨阀芯和阀座
液控单向阀反向时打不开	控制压力过低	按规定压力调整
	泄油口堵塞或有背压	检查外泄管路和控制油路
	控制活塞因毛刺或污物卡住	清洗，去毛刺
	液控单向阀选得不合适	选择合适的液控单向阀
泄漏	液压油中有杂质，阀芯不能关死	清洗阀，更换液压油
	螺纹连接的结合部分没有拧紧或密封不严而引起外泄漏	拧紧，加强密封
	阀座锥面密封不严	检查、研磨阀座锥面
	锥阀的锥面（或钢球）不圆或磨损	检查、研磨或更换
	加工、装配不良，阀芯或阀座拉毛甚至损坏	检修或更换
噪声	单向阀与其他元件产生共振	适当调节阀的工作压力或改变弹簧刚度
	单向阀的流量超过额定流量	更换大规格的单向阀或减少通过阀的流量

表 5-5 换向阀常见故障分析及其排除方法

故障现象		产生原因	排除方法
阀芯不动或不到位	电磁铁故障	电压太低造成吸力不足，推不动阀芯	提高电源电压
		电磁铁接线焊接不良，接触不好	检查并重新焊接
		漏磁引起吸力不足	更换电磁铁
		滑阀卡住，导致交流电磁铁的铁芯吸不到底而烧毁	清除滑阀卡住故障，更换电磁铁
		湿式电磁铁使用前未先松开放气螺钉放气	湿式电磁铁在使用前应松开放气螺钉

(续表)

故障现象		产生原因	排除方法
阀芯不动或不到位	滑阀卡住	阀体安装螺钉的拧紧力过大或不均匀,致使阀芯卡住	检查,使拧紧力适当、均匀
		阀芯被碰伤,油液被污染	检查、研磨或更换阀芯,更换液压油
		滑阀与阀体配合间隙过小,阀芯在阀孔中卡住不动作或动作不灵活	检查间隙情况,研磨或更换阀芯
		阀芯几何形状超差。阀芯与阀体装配不同心,产生轴向液压卡紧现象	检查、修正几何偏差和同心度,检查液压卡紧情况并修复
	液动换向阀控制油路故障	液压控制压力不足,滑阀不动,不能换向或换向不到位	提高控制油压;检查弹簧是否过硬,以便更换
		节流阀关闭或堵塞	检查、清洗节流口
		滑阀两端泄油口没有接回油箱或泄油管堵塞	检查,并接通回油箱;清洗回油管,使之通畅
		电磁换向阀的推杆磨损后长度不够,致使阀芯移动过小,引起换向不灵或不到位	检修,必要时更换推杆
		弹簧折断或者太软,不能使滑阀恢复中位	检查、更换或补装弹簧
换向冲击与噪声		当控制流量过大、滑阀移动速度太快时,产生冲击声	调小单向节流阀节流口,减慢滑阀移动速度
		固定电磁铁的螺钉松动而产生振动	紧固螺钉,并加防松垫圈
		电磁铁的铁芯接触面不平或接触不良	清除异物,并修整电磁铁的铁芯
		滑阀时卡时动或局部摩擦力过大	研磨修整或更换滑阀
		单向节流阀阀芯与阀孔配合间隙过大,单向阀弹簧漏装,导致阻尼失效并产生冲击声	检查、修整到合理间隙,补装弹簧

表 5-6 溢流阀常见故障分析及其排除方法

故障现象	产生原因	排除方法
压力升得很慢或压力升不高	主阀阀芯上有毛刺,或阀芯与阀体孔配合间隙内卡有污物	修磨、清洗阀芯
	主阀阀芯与阀座接触处纵向拉伤有划痕,接触线处磨损有凹坑	清洗与换油,修磨阀芯
	先导阀锥阀与阀座接触处纵向拉伤有划痕,接触线处磨损有凹坑	清洗与换油,修磨阀芯
	先导阀锥阀与阀座接触处粘有污物	清洗与换油

(续表)

故障现象	产生原因	排除方法
无压力	主阀阀芯阻尼孔堵塞	清洗阻尼孔，过滤或换油
	主阀阀芯在开启位置卡死	检修，重新装配，过滤或换油
	主阀平衡弹簧折断或弯曲使主阀阀芯不能复位	更换弹簧
	调压弹簧未装	更换或补装弹簧
	锥阀未装或钢球破损	补装或更换
	先导阀阀座破碎	更换阀座
	远程控制口通油箱	检查远程控制口状态，排除故障根源
压力达不到公称压力	液压泵故障	检修或更换液压泵
	油温过高，内部泄漏量大	加强冷却，消除泄漏
	调压弹簧折断或错装	更换调压弹簧
	主阀阀芯与主阀阀体孔的配合过松，拉伤出现沟槽，或使用后磨损	更换主阀阀芯
	主阀阀芯卡死	去毛刺，清洗
	污物颗粒部分堵塞主阀阀芯阻尼孔、旁通孔和先导阀阀座阻尼孔	用φ1 mm的钢丝穿通阻尼孔
	先导针阀与阀座之间能磨合但不能良好地密合	研磨先导针阀与阀座配合
压力波动大	液压泵流量脉动太大致使溢流阀无法平衡	修复液压泵
	主阀阀芯动作不灵活，有时有卡住现象	修换零件，重新装配，过滤或换油
	主阀阀芯和先导阀阀座阻尼孔时堵时通	清洗阻尼孔，过滤或换油
	阻尼孔太大，消振效果差	更换阀芯
	调压手轮未锁紧	调压后锁紧调压手轮
泄漏	锥阀与阀座的接触不良	锥阀磨损或者有毛刺时进行更换
	滑阀与阀体配合间隙过大	更换滑阀，重配间隙
	管接头没拧紧	拧紧连接螺钉
	接合面纸垫冲破或铜垫失效	更换纸垫或铜垫

(续表)

故障现象	产生原因	排除方法
振动和噪声大	阀芯在工作时径向力不平衡,导致溢流阀性能不稳定	检查阀体孔和主阀芯的精度,更换零件,过滤或换油
	锥阀和阀座接触不好,圆度误差太大,导致锥阀受力不平衡,引起锥阀振动	圆度误差控制在 0.005～0.01 mm
	调压弹簧弯曲导致锥阀受力不平衡,引起锥阀振动	更换调压弹簧
	系统内存在空气	排除空气
	通过的流量超过公称流量,在溢流阀阀口处引起空穴现象	流量限制在公称流量范围以内
	通过溢流阀的溢流量太小,使溢流阀处于启闭临界状态而引起液压冲击	控制正常工作的最小溢流量
	回油管路阻力过大	适当增大管径,减少弯头,回油管口与油箱底面距离应在 2 倍管径以上

表 5-7 减压阀常见故障分析及其排除方法

故障现象	产生原因	排除方法
减压阀出现不减压、减压失灵或直通现象	主阀阀芯的阻尼孔或阀座孔堵塞,失去自动调节功能	可用细钢丝或压缩空气吹通阻尼孔,清洗后再装配
	阀芯和阀孔配合过紧,或装配时拉毛,使阀芯卡死在最大开度上	可用间隙配合
	带阻尼孔的阻尼件被油冲出,使 P_1 和 P_2 腔相通而不减压	拆卸,重新加工外径较大的阻尼件压入
	膜片疲劳或损坏	更换膜片
	拆修时将阀盖装错方向,错位 90°或 180°使外泄口堵死,无法泄油	重新安装阀盖
	减压阀进出口接反	按油口标记安装
不稳压或压力振摆大及噪声大	流量超过额定流量,使主阀振荡	选用型号规格合适的阀件
	泄油口的背压大	泄油管应单独回油箱
	弹簧变形或刚度不合适	更换弹簧
	系统中进空气	排净系统空气
外漏	调节杆上 O 形圈外径过小	更换合适的 O 形圈
	调节杆上装 O 形圈的沟槽过深	更换合适的调节杆

表 5-8　顺序阀常见故障分析及其排除方法

故障现象	产生原因	排除方法
出油口总有油流出，不能使执行元件实现顺序动作	上下阀盖装错，外控与内控混淆	纠正上下阀盖安装方向
	单向顺序阀的单向阀卡死在打开位置	清洗单向阀阀芯
	主阀阀芯与主阀阀体孔的配合过紧，主阀阀芯卡死在打开位置，顺序阀变为直通阀	研磨主阀阀芯与主阀阀体孔，使阀芯运动灵活
	外控顺序阀的控制油道被污物堵塞，控制活塞被污物、毛刺卡死	清洗疏通控制油道，清洗控制活塞
	主阀阀芯被污物、毛刺卡死在打开位置，顺序阀变为直通阀	拆开主阀清洗并去毛刺，使阀芯运动灵活
出油口无油流出，不能使执行元件实现顺序动作	液压系统压力没有建立起来	检修液压系统
	上下阀盖装错，外控与内控混淆	纠正上下阀盖安装方向
	主阀阀芯被污物、毛刺卡死在关闭位置，顺序阀变为直通阀	拆开主阀清洗并去毛刺，使阀芯运动灵活
	主阀阀芯与主阀阀体孔的配合过紧，主阀阀芯卡死在关闭位置，顺序阀变为直通阀	研磨主阀阀芯与主阀阀体孔，使阀芯运动灵活
	液控顺序阀控制压力太小	调整控制压力至合理值
调定压力值不稳定，不能使执行元件实现顺序动作	污物颗粒部分堵塞主阀阀芯阻尼孔	用中 φ1 mm 钢丝穿通阻尼孔，并清洗阻尼孔
	控制活塞外径与阀盖孔配合太松，导致控制油的泄漏油作用到主阀阀芯上，出现顺序阀调定压力值不稳定，不能使执行元件顺序动作	更换控制活塞

表 5-9　压力继电器常见故障分析及其排除方法

故障现象	产生原因	排除方法
动作不灵敏	弹簧永久变形	更换弹簧
	滑阀在阀孔中移动不灵活	清洗或研磨滑阀
	薄膜片在阀孔中移动不灵活	更换薄膜片
	钢球不正圆	更换钢球
	行程开关不发信号	检修或更换行程开关
不发信号与误发信号	压力继电器安装位置错误	正确安装压力继电器
	返回区间调节太小	正确调节返回区间
	系统压力未上升或下降到压力继电器的设定压力	检查系统压力不上升或下降的原因，予以排除
	压力继电器的泄油管路不畅通	疏通压力继电器的泄油管路

(续表)

故障现象	产生原因	排除方法
不发信号与误发信号	微动开关不灵敏，复位性能差	更换微动开关
	微动开关定位没装牢或未压紧	装牢或压紧微动开关定位
	当微动开关的触头与杠杆之间的空行程过大或过小时，易发误动作信号	正确调整微动开关的触头与杠杆之间的空行程
	薄膜式压力继电器的橡胶隔膜破裂	更换橡胶隔膜
	柱塞卡死	使柱塞运动灵活

表 5-10 节流阀常见故障分析及其排除方法

故障现象	产生原因	排除方法
节流调节作用失灵	节流阀阀芯因毛刺或污染物卡死	拆卸，清洗系统并过滤油液
	阀芯与阀孔的几何公差不好，导致液压卡紧使节流阀失调	重新研磨，保证公差要求
	阀芯与阀体孔间隙过大或过小，使节流阀失调	保证配合精度
	设备长期未用，油液中的水分使阀芯锈蚀而卡死	除锈，清洗系统并过滤油液
流量虽然可调，但调好的流量不稳定，致使执行元件的速度不稳定	油中杂质黏附在节流口边上，通油截面减小，流量减少	拆洗有关零件，更换液压油
	油温升高，油液的黏度降低	加强散热
	调节手柄锁紧螺钉松动	锁紧调节手柄，锁紧螺钉
	节流阀因系统负载有变化而使流量变化	改用调速阀
	阻尼孔堵塞、系统中有空气	排出空气，畅通阻尼孔
	密封圈损坏	更换密封圈
	阀芯与阀体孔配合间隙过大而造成泄漏	检查磨损、密封情况，更换阀芯
泄漏	调节手柄与阀安装面处密封圈变形、破损或漏装造成的外漏	更换密封圈
	节流阀阀芯与阀孔的配合间隙太大造成内漏	调节或研磨，消除影响
	油温过高，使得油液黏度降低，导致泄漏量加大	增加油箱的容量或加装冷却装置

表 5-11 调速阀常见故障分析及其排除方法

故障现象	产生原因	排除方法
节流调节作用失灵	节流口或阻尼小孔被严重堵塞，滑阀被卡住	拆洗滑阀，更换液压油，使滑阀运动灵活
	阀芯复位弹簧断裂或漏装	更换或补装弹簧
	节流滑阀与阀体孔配合间隙过大而造成泄漏	检查磨损、密封情况，更换阀芯
	调速阀进出口接反了	纠正进出口接法
	定差式减压阀阀芯卡死在全闭或小开度位置	清洗和去毛刺，使减压阀阀芯能灵活移动
	调速阀进口与出口压差太小	按说明书调节压力
调速阀输出的流量不稳定，从而使执行件速度不稳定	定差式减压阀阀芯被污物卡住，导致动作不灵敏，失去压力补偿作用	拆洗定差式减压阀阀芯
	定差式减压阀阀芯与阀套配合间隙太大或太小、不同芯	研磨定差式减压阀阀芯
	定差式减压阀阀芯上的阻尼孔堵塞	畅通定差式减压阀阀芯上的阻尼孔
	节流滑阀与阀体孔配合间隙过大而造成泄漏	检查磨损、密封情况，更换阀芯
	漏装了减压阀的弹簧，或弹簧折断、装错	补装或更换减压阀的弹簧
	在带单向阀装置的调速阀中，单向阀阀芯与阀座接触处有污物卡住或沟槽不密合，存在泄漏	研磨单向阀阀芯与阀座，使之密合，必要时予以更换
最小稳定流量不稳定，执行元件低速运动时速度不稳定，出现爬行、抖动现象	油温高且温度变化大	加强散热，控制油温
	温度补偿杆弯曲或补偿作用失效	更换温度补偿杆
	节流阀阀芯因污物造成时堵时通	拆洗滑阀，更换液压油，使滑阀运动灵活
	节流滑阀与阀体孔配合间隙过大而造成泄漏	检查磨损、密封情况，更换阀芯
最小稳定流量不稳定，执行元件低速运动时速度不稳定，出现爬行、抖动现象	在带单向阀装置的调速阀中，单向阀阀芯与阀座接触处有污物卡住或沟槽不密合，存在泄漏	研磨单向阀阀芯与阀座，使之密合，必要时予以更换

思考练习题

一、填空题

1. 在液压系统中,液压控制阀是用来控制油液的_____、_____和_____。
2. 方向控制阀主要包括_____和_____。
3. 调速阀可使速度稳定,是因为其节流阀前后的_____不变。
4. 压力继电器是一种将液压油的_____信号转换成_____信号的控制元件。
5. 常用的流量控制阀有_____和_____两种。
6. 根据在系统中的用途不同,液压控制阀主要分为_____、_____和_____。
7. 先导式溢流阀是由_____和_____两部分组成。
8. 调速阀是由_____和_____组合而成。
9. 插装阀使用不同的先导阀可构成_____、_____或_____,还可组成_____。
10. 两个液控单向阀共用一个阀体和控制活塞,这样组合的结构称为_____。

二、单项选择题

1. 三位四通换向阀在中位工作时可使液压缸锁紧,液压泵卸荷的是_____中位机能。
   A. O 型　　　　B. P 型　　　　C. Y 型　　　　D. M 型
2. 溢流阀的作用是配合油泵等溢出系统中多余的油液,使系统保持一定的_____。
   A. 压力　　　　B. 流量　　　　C. 流向　　　　D. 流速
3. 广泛应用的换向阀操作方式是_____。
   A. 手动式　　　B. 电磁式　　　C. 液动式　　　D. 电液动式
4. 二位五通阀在任意位置时,阀芯上的油口数目为_____。
   A. 2　　　　　B. 3　　　　　C. 5　　　　　D. 4
5. 为了降低液压系统中某一部分的压力,系统中可以配置_____。
   A. 溢流阀　　　B. 减压阀　　　C. 节流阀　　　D. 顺序阀
6. 在液压系统中,可用于液压执行元件速度控制的阀是_____。
   A. 顺序阀　　　B. 节流阀　　　C. 溢流阀　　　D. 换向阀
7. 二通流量阀(调速阀)是一种组合阀,其组成是_____。
   A. 可调节流阀与定值式减压阀串联
   B. 定差式减压阀与可调节流阀并联
   C. 定差式减压阀与可调节流阀串联
   D. 可调节流阀与单向阀并联
8. 流量控制阀是通过改变阀口的_____来调节阀的流量。
   A. 形状　　　　B. 压力　　　　C. 通流面积　　D. 压差

三、多项选择题

1. 关于溢流阀描述正确的是_____。
   A. 溢流阀为进口压力控制　　　　B. 常态时溢流阀阀口常闭
   C. 溢流阀的出口直接接回油箱　　D. 溢流阀并联在系统中

2. 关于减压阀描述正确的是_____。
   A. 减压阀为出口压力控制   B. 常态时减压阀阀口常开
   C. 减压阀串联在系统中   D. 减压阀并联在系统中
3. 下列各阀属于压力控制阀的是_____。
   A. 单向阀   B. 减压阀   C. 溢流阀   D. 顺序阀
4. 节流阀的作用包括_____。
   A. 节流作用   B. 负载阻尼作用
   C. 压力缓冲的作用   D. 方向控制作用
5. 节流阀节流口的形式有_____。
   A. 短孔   B. 薄壁小孔   C. 细长小孔   D. 厚壁小孔

四、判断题

1. 普通单向阀的作用是只允许液流朝一个方向流动,不能反向流动。 （ ）
2. 手动换向阀是用手动杆操纵阀芯换位的换向阀,只有弹簧自动复位一种。（ ）
3. 单向阀用作背压阀时,应将其弹簧更换成软弹簧。 （ ）
4. 液控单向阀的锁紧回路比用中间封闭的滑阀式换向阀的锁紧回路锁紧效果好。
   （ ）
5. 插装阀在低压、小流量系统中得到广泛应用。 （ ）
6. 直动式溢流阀弹簧较硬,这种溢流阀适于在高压、大流量情况下工作。（ ）

五、填写下列液压元件图形符号的名称

(a) _____ (b) _____
(c) _____ (d) _____
(e) _____

六、问答题

1. 二位四通电磁阀能否作为二位二通阀使用?具体接法如何?
2. 若先导式溢流阀主阀阀芯上阻尼孔被污物堵塞,溢流阀会出现什么样的故障?如果溢流阀、先导阀、锥阀阀座上的进油小孔堵塞,又会出现什么故障?
3. 若把先导式溢流阀的远程控制口当成泄漏口接油箱,则液压系统会产生什么问题?
4. 两个不同调整压力的减压阀串联后的出口压力决定于哪一个减压阀的调整压力?为什么?当两个不同调整压力的减压阀并联时,出口压力又决定于哪一个减压阀?为什么?
5. 为什么调速阀能够使执行机构的运动速度稳定?

七、分析题

1. 如题图 5-1 所示,溢流阀的调定压力为 4 MPa,若不计阀芯阻尼小孔造成的损失,试判断下列情况下压力表的读数：(1) YA 断电,负载为无限大时；(2) YA 断电,负载压力为 2 MPa 时；(3) YA 通电,负载压力为 2 MPa 时。

2. 在如题图 5-2 所示的回路中,溢流阀的调整压力为 5.0 MPa,减压阀的调整压力为 2.5 MPa。试分析下列情况,并说明减压阀阀口所处的状态:(1) 当泵压力等于溢流阀调整压力时,夹紧缸使工件夹紧后,A、C 点的压力各为多少?(2) 当泵压力由于工作缸快进降到 1.5 MPa 时(工作原先处于夹紧状态),A、C 点的压力各为多少?(3) 夹紧缸在夹紧工件前做空载运动时,A、B、C 三点的压力各为多少?

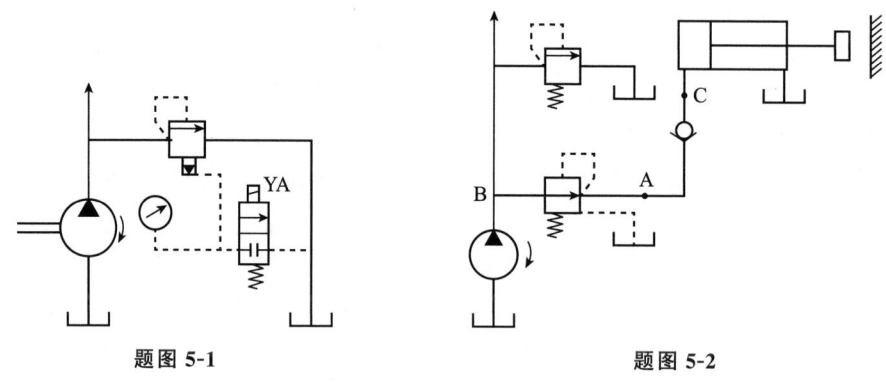

题图 5-1   题图 5-2

项目六　液压基本回路

学习目标

1. 掌握压力控制回路的种类、组成、原理及应用；
2. 掌握换向回路的作用，锁紧回路的组成及应用；
3. 掌握速度控制回路的种类、组成、原理、特点及应用；
4. 掌握多执行元件控制回路的种类、组成、原理及应用；
5. 能够正确组装液压基本回路并进行调节。

液压基本回路是由一些液压元件组成的，用来完成特定功能的控制油路。液压系统不论如何复杂，都是由一些液压基本回路所组成的。液压基本回路包括控制液压系统全部或局部压力的压力控制回路，用来改变执行元件运动方向的换向回路，控制执行元件运动速度的速度控制回路以及用来控制多个执行元件相互间工作循环的多执行元件控制回路。熟悉和掌握常见的液压基本回路，有助于更好地分析、使用和设计液压系统。

任务1　压力控制回路

压力控制回路是利用压力阀对整个液压系统或局部油路的压力进行控制的基本回路。压力控制回路主要有调压、减压、增压、卸荷、保压和平衡等多种回路。

一、调压回路

调压回路的功用是使液压系统整体或局部的压力保持恒定或不超过某个数值。在定量泵液压系统中，液压泵的供油压力可以通过溢流阀来调节；在变量泵系统中，可用溢流阀（安全阀）来限定系统的最高压力，起安全保护作用，防止系统过载。若系统需要两种以上压力时，可采用多级调压回路。

1. 单级调压回路

图6-1所示为单级调压回路。液压泵1和溢流阀2进行并联，即可组成单级调压回路，为最基本的调压回路。调节节流阀3的开口大小就可以调节液压缸4的速度。当液压泵1输出的流量大于进入液压缸4的流量，且系统压力达到或超过溢流阀2的调定压力时，溢流阀2开启溢流，使液压系统工作压力稳定在溢流阀2的调定压力附近，溢流阀2对系统起定压的作用。如果液压系统中无节流阀3，溢流阀2限定系统最高的工作压力，对系统起安全保护的作用。

2. 二级调压回路

图6-2所示为二级调压回路，该回路可实现两种不同的系统压力控制。由先导式溢流阀2和直动式溢流阀4各调一级，当二位二通电磁换向阀3断电时，系统压力由先导式溢流阀2调定；当二位二通电磁换向阀3通电时，系统压力由直动式溢流阀4调定。但要注

意的是，直动式溢流阀4的调定压力一定要小于先导式溢流阀2的调定压力；当系统压力由直动式溢流阀4调定时，先导式溢流阀2的先导阀阀口关闭，但主阀阀口开启，液压泵1的溢流油液经先导式溢流阀2流回油箱，这时直动式溢流阀4亦处于工作状态，并有油液通过。

需要指出的是，若将二位二通电磁换向阀3与直动式溢流阀4交换位置，则仍可进行二级调压，并且在二级压力转换点上获得比图6-2所示的回路更为稳定的压力转换。

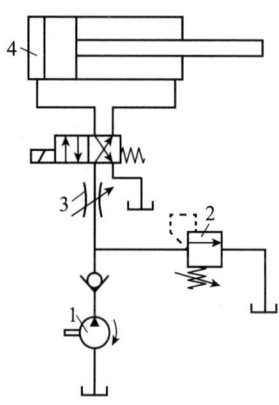

图 6-1　单级调压回路

1—液压泵；2—溢流阀；
3—节流阀；4—液压缸。

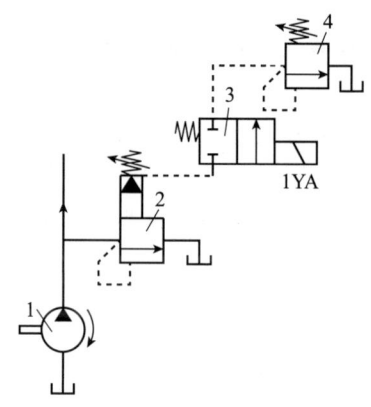

图 6-2　二级调压回路

1—液压泵；2—先导式溢流阀；
3—二位二通电磁换向阀；4—直动式溢流阀。

3. 多级调压回路

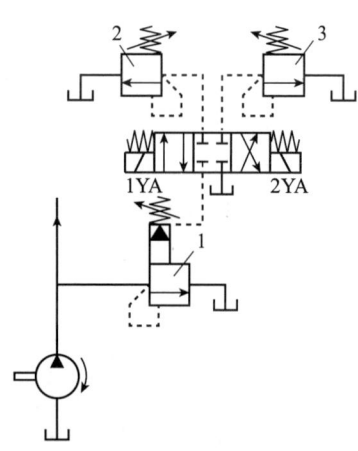

图 6-3　三级调压回路

1、2、3—溢流阀。

图6-3所示为三级调压回路，三级压力分别由溢流阀1、2和3调定，当电磁铁1YA、2YA断电时，系统压力由主溢流阀1调定。当1YA通电时，系统压力由溢流阀2调定。当2YA通电时，系统压力由溢流阀3调定。在这种调压回路中，溢流阀2和3的调定压力要低于主溢流阀1的调定压力，而溢流阀2和3的调定压力之间没有一定的关系。当溢流阀2或溢流阀3工作时，它们相当于溢流阀1上的另一个先导阀。

4. 双向调压回路

当执行元件正反行程需要不同的供油压力时，可采用双向调压回路。如图6-4（a）所示，当二位四通换向阀在左位工作时，活塞为工作行程，液压缸活塞杆伸出，液压泵出口压力较高，由溢流阀1调定，液压缸右腔油液通过二位四通换向阀回油箱，溢流阀2此时不起作用。当二位四通换向阀在右位工作时，液压缸活塞杆做空程缩回，液压泵出口压力较低，由溢流阀2调定，溢流阀1不起作用。当液压缸退到终点后，液压泵在低压下回油，功率损耗小。如图6-4（b）所示，当液压回路在图示位置时，溢流阀2的出口被高压油封闭，即溢流阀1的远控口被堵塞，故液压泵压力由溢流阀1调定为较高压力。当二位四通换向阀在右位工作时，液压缸左腔通油箱，压力为零（或接近零），溢流阀 2 相当于溢流阀 1 的远程调压阀，液压泵压力被调定为较低的压力。图 6-4（b）回路的优点是：溢流阀 2 工作时仅通过少量泄油，故可选用小规格的远程调压阀。

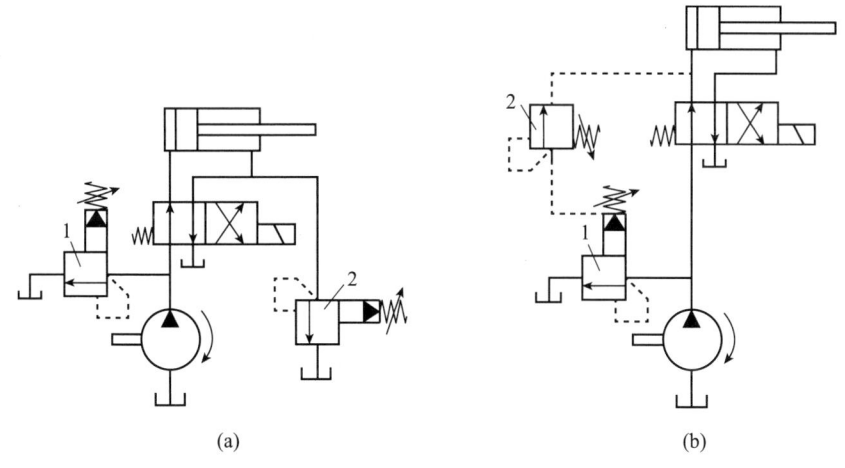

图 6-4 双向调压回路

1、2—溢流阀。

二、减压回路

减压回路的功用是使液压系统中某一部分油路具有低于系统调定压力值的稳定工作压力。如机床液压系统中的定位、夹紧、分度等油路，它们往往要求比主油路低的压力。减压回路较为简单，一般是在所需低压的支路上串接减压阀。

最常见的减压回路为通过定值式减压阀与主油路相连，如图 6-5（a）所示。回路中的单向阀为主油路压力降低（低于减压阀调整压力）时防止油液倒流，起短时保压作用。

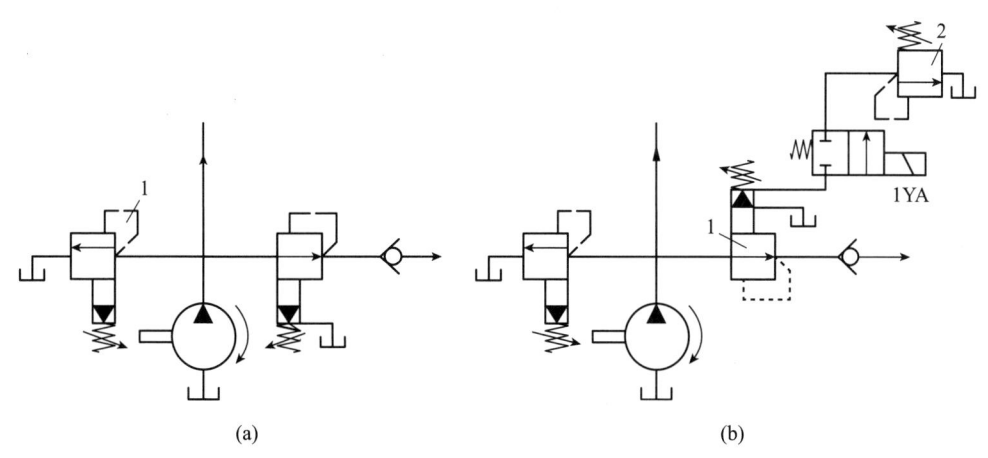

图 6-5 减压回路

1—减压阀；2—溢流阀。

减压回路中也可以采用类似两级或多级调压的方法获得两级或多级减压。图 6-5（b）所示为利用先导式减压阀 1 的远控口接一远控溢流阀 2，通过二位二通换向阀换向，可以实现由先导式减压阀 1、溢流阀 2 各调定一个低压。但要注意，溢流阀 2 的调定压力值一定要低于先导式减压阀 1 的调定减压值。

为了使减压回路工作可靠，减压阀的最低调整压力不应小于 0.5 MPa，最高调整压力至少应比系统压力低 0.5 MPa。当减压回路中的执行元件需要调速时，调速元件应放在减压阀的后面，以避免减压阀泄漏（指由减压阀泄油口流回油箱的油液）对执行元件的速度产生影响。

三、增压回路

如果液压系统或系统的某一支油路需要压力较高但流量又不大的压力油，但采用高压泵又不经济，或者根本就没有必要增设高压力的液压泵时，就常采用增压回路，这样不仅易于选择液压泵，而且系统工作较可靠、噪声小。增压回路中提高压力的主要元件是增压缸（或增压器）。

1. 单作用增压缸的增压回路

图 6-6（a）所示为单作用增压缸的增压回路。当二位四通电磁换向阀 4 处于右位时，液压系统的供油压力 p_1 进入单作用增压缸 1 的大活塞腔，此时小活塞腔输出较高压力 $p_2 = p_1 A_1 / A_2$ 的压力油，此压力油进入单作用液压缸 2。当二位四通电磁换向阀 4 处于左位时，单作用增压缸 1 的活塞返回，单作用增压缸 2 靠弹簧复位。辅助油箱 3 中的油液经单向阀 5 补入单作用增压缸 1 小活塞腔。因而，该回路只能间歇增压，所以称之为单作用增压回路。

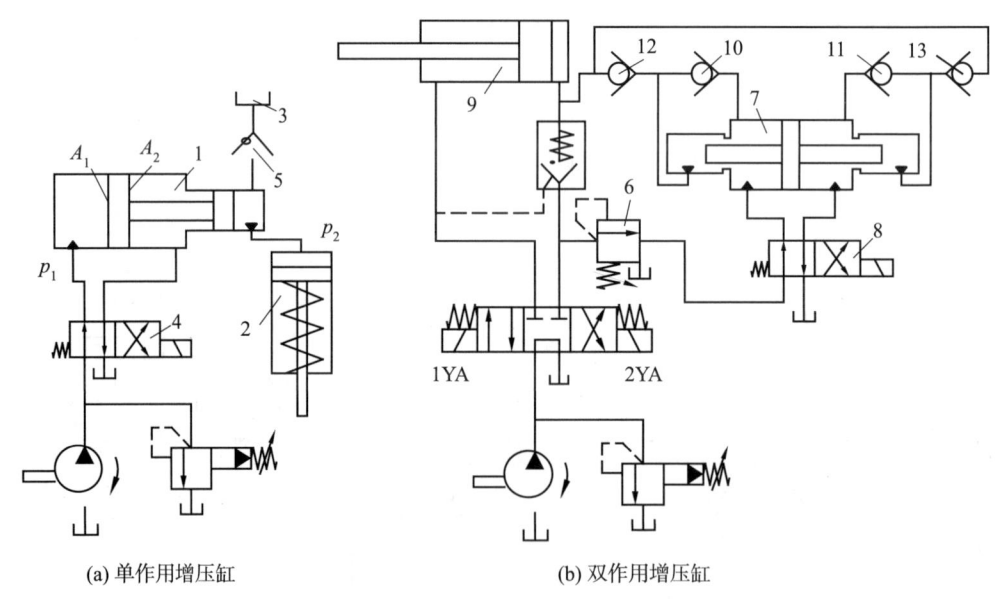

(a) 单作用增压缸　　　　　　　　　(b) 双作用增压缸

图 6-6　增压回路

1—单作用增压缸；2—单作用液压缸；3—辅助油箱；4、8—二位四通换向阀；
5、10、11、12、13—单向阀；6—顺序阀；7—双作用增压缸；9—双作用液压缸

2. 双作用增压缸的增压回路

图 6-6（b）所示为双作用增压缸的增压回路，它能连续输出高压油，适用于增压行

程要求较长的场合。当双作用液压缸 9 活塞向左运动遇到较大负载时，液压系统压力升高，油液经顺序阀 6、二位四通换向阀 8 进入双作用增压缸 7 中，双作用增压缸 7 的活塞不论向左还是向右运动，均能输出高压油。只要二位四通电磁换向阀 8 不断切换，双作用增压缸 7 就不断做往复运动，两端便交替输出高压油，高压油就连续经单向阀 12 或 13 进入双作用液压缸 9 的右腔，双作用液压缸 9 的活塞向左运动，从而实现了连续增压。单向阀 10 和 13、11 和 12 都分别起了防干扰作用。双作用液压缸 9 的活塞向右运动时，增压回路不起作用。

四、卸荷回路

卸荷回路是指在液压系统执行元件短时间不工作时，不频繁启闭驱动液压泵的原动机，而使液压泵在很小的输出功率下运转的回路。卸荷方法有两类：一类是使液压泵的压力为零或接近零，即为压力卸荷；另一类是使液压泵输出流量为零或接近零，即为流量卸荷。采用卸荷回路，可以减少功率损失和系统发热，延长液压泵和原动机的寿命。

1. 采用二位二通电磁换向阀的卸荷回路

图 6-7 所示为采用二位二通电磁换向阀的卸荷回路。图中二位二通电磁换向阀的流量规格必须与液压泵的流量相匹配。由于受电磁铁吸力的限制，其仅适用于流量小于 40 L/min 的场合。

2. 采用三位四通电磁换向阀中位机能的卸荷回路

定量液压泵可采用 M、H 和 K 型三位四通换向阀中位机能实现卸荷。图 6-8 所示为采用三位四通电磁换向阀 M 型中位机能的卸荷回路，这种回路切换时压力冲击小，但回路中尽量设置单向阀，以使系统能保持 0.3 MPa 左右的背压，供操纵控制油路之用。

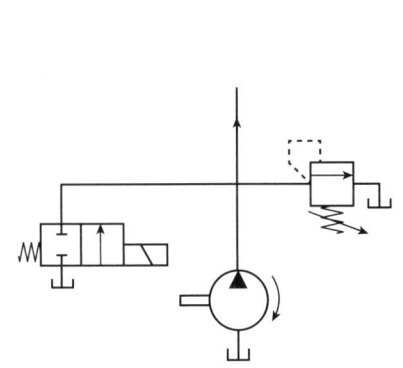

图 6-7 采用二位二通电磁换向阀的卸荷回路

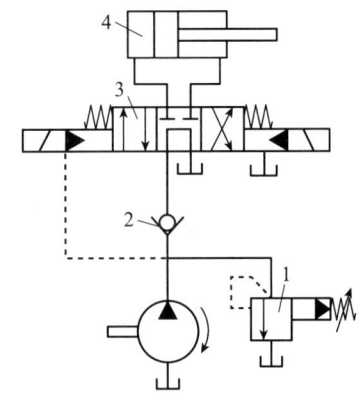

图 6-8 采用三位四通电磁换向阀 M 型中位机能的卸荷回路

1—溢流阀；2—单向阀；
3—三位四通电磁换向阀；4—液压缸。

3. 采用先导式溢流阀的卸荷回路

如图 6-9 所示，先导式溢流阀遥控口处与二位二通电磁换向阀相连，便构成一种采用先导式溢流阀的卸荷回路。这种卸荷回路卸荷压力小，切换时冲击也小。

4. 采用限压式变量泵的卸荷回路

图 6-10 所示为采用限压式变量泵的卸荷回路,当液压缸 4 的活塞运动到终点或换向阀处于中位时,限压式变量泵 1 的压力升高,输出流量减小;当限压式变量泵 1 的压力升高到预调值的最大值时,其输出的流量减小到只需补充液压缸 4 或换向阀 3 的泄漏,回路实现保压卸荷。回路中的溢流阀 2 作为安全阀使用,用来防止限压式变量泵 1 的压力补偿装置失效而导致压力异常现象发生。

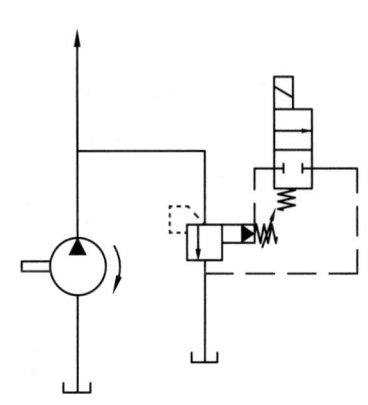

图 6-9 采用先导式溢流阀的卸荷回路

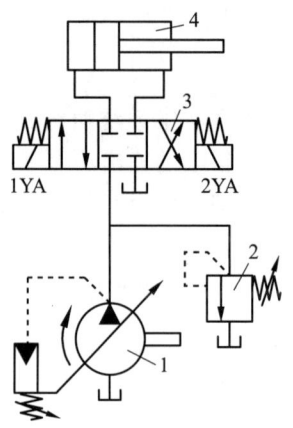

图 6-10 采用限压式变量泵的卸荷回路
1—限压式变量泵;2—溢流阀;
3—换向阀;4—液压缸。

5. 有蓄能器的卸荷回路

用蓄能器 4 保持系统压力,而用卸荷阀 1(外控内泄式顺序阀)使液压泵卸荷的回路,称为有蓄能器的卸荷回路,如图 6-11 所示。

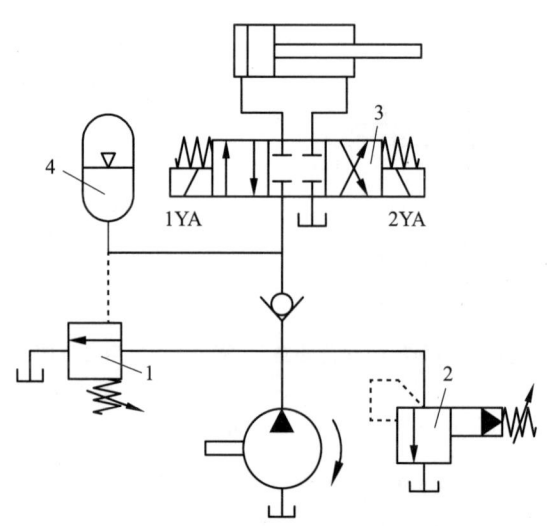

图 6-11 有蓄能器的卸荷回路
1—卸荷阀;2—先导式溢流阀;3—换向阀;4—蓄能器。

当电磁铁 1YA 通电时,液压泵和蓄能器 4 同时向液压缸左腔供油,推动活塞快速右移。当活塞接触工件后,液压系统压力升高。当系统压力升高到卸荷阀 1 的调定值时,卸荷阀开启,液压泵通过卸荷阀 1 卸荷,而系统压力用蓄能器 4 保持。若蓄能器 4 的压力降低到允许的最小值时,卸荷阀 1 关闭,液压泵重新向蓄能器 4 和液压缸供油,以保证液压缸左腔的压力在允许的范围内。这里的先导式溢流阀 2 作为安全阀使用。

五、保压回路

在液压系统中,常要求液压执行机构在一定的行程位置上停止运动或在有微小的位移下稳定地维持住一定的压力,这就要采用保压回路。最简单的保压回路是对密封性能较好的采用液控单向阀的回路,但是,液压阀类元件处的泄漏使得这种回路的保压时间不能维持太久。常用的保压回路有以下几种:

1. 利用液压泵的保压回路

利用液压泵的保压回路是指在保压过程中,液压泵仍以较高的压力(保压所需压力)工作。此时,若采用定量泵,则压力油几乎全经溢流阀流回油箱,系统功率损失大,易发热,故只在小功率的系统且保压时间较短的场合下才使用;若采用变量泵,则在保压时液压泵的压力较高,但输出流量几乎等于零,因而,液压系统的功率损失小。这种保压方法能随泄漏量的变化而自动调整输出流量,因而其效率也较高。

2. 自动补油保压回路

图 6-12 所示为采用液控单向阀和电接触式压力表的自动补油保压回路。当电磁铁 2YA 通电,三位四通电磁换向阀 2 右位接入回路,液压缸上腔压力上升至电接触式压力表 4 的上限值时,电接触式压力表 4 发出信号,使 2YA 断电,三位四通电磁换向阀 2 处于中位,液压泵卸荷,液压缸由液控单向阀 3 保压。当液压缸上腔压力下降到预定下限值时,电接触式压力表 4 发出信号,使 2YA 通电,液压泵再次向系统供油,使压力上升。该回路能自动地使液压缸补充液压油,使其压力保持在一定范围内。

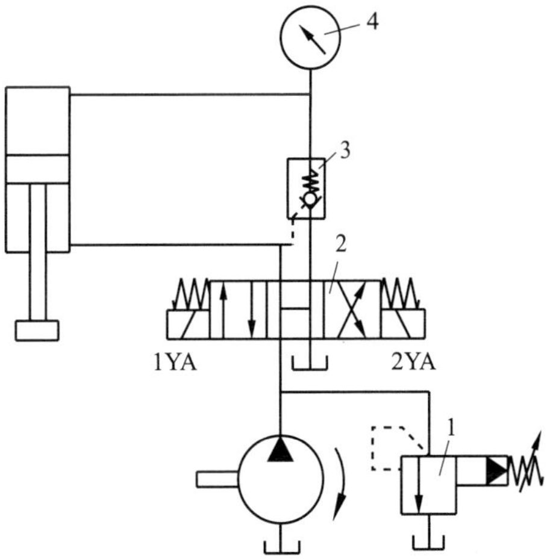

图 6-12 自动补油保压回路
1—溢流阀;2—三位四通电磁换向阀;
3—液控单向阀;4—电接触式压力表。

六、平衡回路

平衡回路使立式液压缸的回油路保持一定背压,以防止垂直或倾斜放置的液压缸和与之相连的工作部件因自重而自行下落。

1. 采用顺序阀的平衡回路

图 6-13(a)所示为采用单向顺序阀的平衡回路,当 1YA 通电后活塞下行时,回油路上就存在着一定的背压;只要将这个背压调到能支承住活塞和与之相连的工作部件自重,活塞就可以平稳地下落。当三位四通换向阀处于中位时,活塞就停止运动,不再继续下移。这种回路当活塞向下快速运动时功率损失大,锁住时活塞和与之相连的工作部件会因

单向顺序阀和换向阀的泄漏而缓慢下落,因此它只适用于工作部件质量不大、活塞锁住时定位要求不高的场合。

图 6-13（b）所示为采用液控顺序阀的平衡回路。当活塞下行时,控制压力油打开液控顺序阀,背压消失,因而回路效率较高;当停止工作时,液控顺序阀关闭以防止活塞和工作部件因自重而下降。这种平衡回路的优点是只有上腔进油时活塞才下行,比较安全可靠;缺点是,活塞下行时平稳性较差。这是因为活塞下行时,液压缸上腔油压降低,将使液控顺序阀关闭。当顺序阀关闭时,因活塞停止下行,使液压缸上腔油压升高,又打开液控顺序阀。因此液控顺序阀始终工作于启闭的过渡状态,影响工作的平稳性。这种回路适用于运动部件质量不很大、停留时间较短的液压系统中。

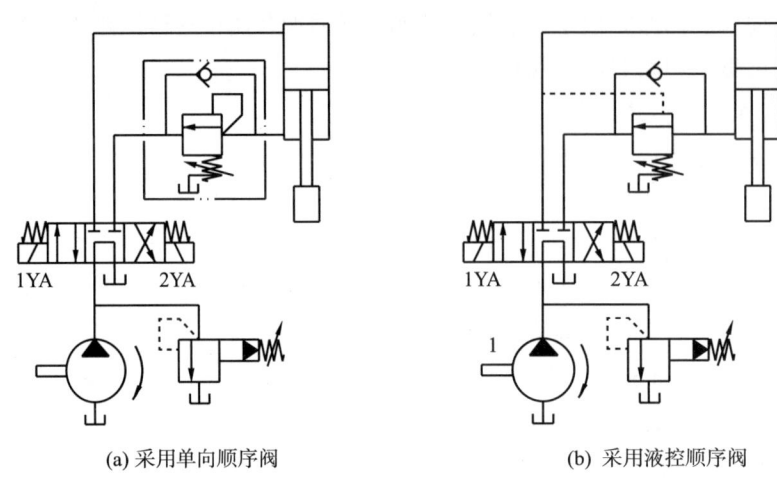

(a) 采用单向顺序阀　　　　　　　(b) 采用液控顺序阀

图 6-13　采用顺序阀的平衡回路

2. 采用液控单向阀的平衡回路

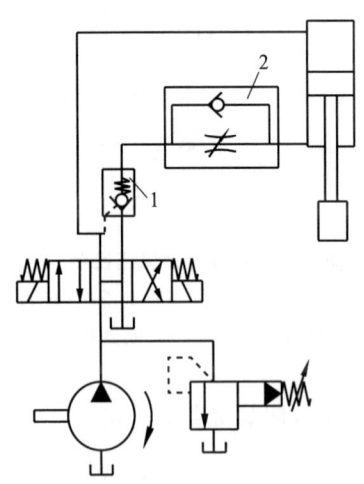

图 6-14　采用液控单向阀的平衡回路
1—液控单向阀；2—单向节流阀。

图 6-14 所示为采用液控单向阀的平衡回路。由于液控单向阀是锥面密封,泄漏极小,因此其闭锁性能好。回油路上串联单向节流阀 2,用于防止活塞下行时的冲击,也可控制流量,起到调速作用。若回油路上没有节流阀,活塞下行时液控单向阀 1 被进油路上的控制油打开,回油腔没有背压,运动部件由于自重而加速下降,造成液压缸上腔供油不足,液控单向阀因控制油路失压而关闭,关闭后控制油路又建立起压力,液控单向阀 1 又被打开。液控单向阀 1 时开时闭,使活塞在向下运动过程中产生振动和冲击。单向节流阀 2 可防止活塞运动时产生的振动和冲击。

任务 2　换向回路

换向回路的作用是通过控制液压系统油液的

通、断或变向来实现执行元件启动、停止或变换运动方向。要求换向回路应具有较高的换向精度、换向灵敏度和换向平稳性。

一、换向回路

各种操纵方式的换向阀都可组成换向回路，只是性能和适用场合不同。

手动阀换向精度和平稳性不高，常用于换向不频繁且不需要自动化的场合，如一般机床夹具、工程机械等。

速度和惯性较大的液压系统采用机动阀较为合理，只需使运动部件上的挡块有合适的迎角或轮廓曲线，即可减小液压冲击，并有较高的换向位置精度。

电磁阀使用方便，易于实现自动化，但换向时间短，所以换向冲击大，尤以交流电磁阀更甚，只适用于小流量、平稳性要求不高的场合。采用电磁换向阀的换向回路适用于低速、轻载和换向精度要求不高的场合。这种换向回路的优点是使用方便，价格便宜；其缺点是换向冲击力大，换向精度低，不宜实现频繁的换向，工作可靠性差。

流量超过 63 L/min、对换向精度与平稳性有一定要求的液压系统，常采用液动阀或电液阀换向回路。这种换向回路的特点是节流阀可调节液动阀阀芯的移动速度，因此换向平稳，无冲击；又由于液动阀的阀芯在液压力作用下移动，推力大、换向可靠，但换向精度不高，适用于高压、大流量，且要求换向平稳的液压系统中。

双向变量泵可用来使执行元件换向。在容积调速回路中常常利用双向变量泵直接改变输油方向，以实现液压缸或液压马达的换向。这种换向回路比采用普通换向阀的换向回路换向平稳，多用于大功率的液压系统中，如龙门刨床、拉床等液压系统。

二、锁紧回路

锁紧回路的作用是使液压缸停止运动时能够准确地停止在要求的位置上，且不会因外界影响而移动位置。

图 6-15 所示为采用液压锁的锁紧回路。当三位四通换向阀左位工作时，液压锁的右侧液控单向阀控制口进入压力油，液压缸的回油便可流过右侧液控单向阀口，故此时活塞可向右移动；当换向阀右位工作时，液压锁的左侧液控单向阀控制口进入压力油，液压缸的回油便可流过左侧液控单向阀口，故此时活塞可向左移动。当液压缸停止时，只要换向阀处于中位（三位四通换向阀常采用 Y 型或 H 型中位机能），液压锁的两个液控单向阀均被关闭，使活塞双向锁紧。由于液控单向阀阀座采用锥阀式结构，密封性好，极少泄漏，故有液压锁之称，其锁紧精度只受缸本身的泄漏影响。这种锁紧回路被广泛用于工程机械、起重运输机械等锁紧要求不高的场合。

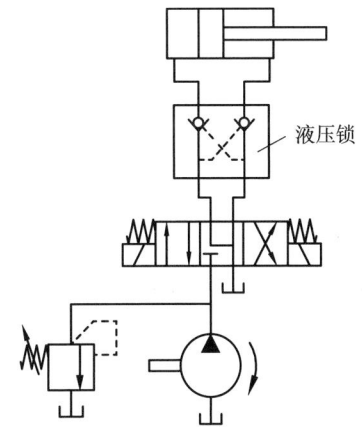

图 6-15 采用液压锁的锁紧回路

任务 3 速度控制回路

速度控制回路用于执行元件的速度调节或速度换接。常用的速度控制回路有调速回路、快速运动回路和速度换接回路等。

一、调速回路

在液压系统中，执行元件为液压缸和液压马达。当不考虑液压油的压缩性和泄漏的影响时，液压缸的运动速度 v 为

$$v = \frac{q}{A} \tag{6-1}$$

液压马达的转速 n 为

$$n = \frac{q}{V} \tag{6-2}$$

式中 q—— 输入液压缸和液压马达的流量；
  A—— 液压缸的有效面积；
  V—— 液压马达的排量。

由式（6-1）与式（6-2）可知，改变输入液压缸和液压马达的流量 q 或改变液压缸的有效面积 A 或改变液压马达的排量 V，都可达到调速的目的。

由于液压缸设计好后各结构参数已定，且液压缸的有效面积 A 是确定的，所以只能通过改变输入液压缸的流量 q 或液压马达的排量 V 来实现调速。

为改变进入液压缸和液压马达的流量，可采用定量泵和流量阀来调节流量，也可采用变量泵或变量马达调节输出流量。

使用定量泵和流量阀来实现调速的，称为节流调速；通过改变变量泵或变量液压马达的排量来实现调速的，称为容积调速；用变量泵和流量阀配合实现调速的，称为容积节流调速（联合调速）。

1. 节流调速回路

节流调速回路由定量泵、溢流阀、流量控制阀和执行元件组成。按流量阀在回路中的安装位置不同，节流调速回路可分为三种回路：进油节流调速回路、回油节流调速回路和旁路节流调速回路。

（1）进油节流调速回路。

如图 6-16（a）所示，这种回路将节流阀串联在定量泵与液压缸之间，通过调节节流阀节流口的大小来调节进入液压缸的流量，进而调节液压缸的运动速度，定量泵输出的多余流量经溢流阀流回油箱。由于回路中节流阀串联在液压缸的进油路上，故这种回路称为进油节流调速回路。

由于定量泵输出的流量 q 是恒定的，一部分流量 q_1 经节流阀输入给液压缸左腔，用于克服负载 F，推动活塞右移；另一部分泵输出的多余流量 Δq 经溢流阀溢回油箱，其流量关系式为 $q = q_1 + \Delta q$；液压缸活塞运动速度 $v = q_1/A_1$。

从流量关系式可以看出，节流阀必须与溢流阀配合才能起调速作用，输入液压缸的流量越少，从溢流阀溢回油箱的流量就越多。

由于溢流阀在进油节流调速回路中起溢流作用,因此处于常开状态。液压泵的出口压力与负载无关,它等于溢流阀的调定压力,其值基本恒定。

从图 6-16(b)进油节流调速回路特性曲线可以看出:液压缸活塞运动速度 v 与节流阀通流截面积 A_T 成正比,调节 A_T 就能实现无级调速。当节流阀通流截面积 A_T 一定时,液压缸活塞的运动速度 v 随负载 F 的增加按抛物线规律下降,即负载 F 越大,速度刚度就越差。因此,这种调速回路的速度-负载特性"较软"。

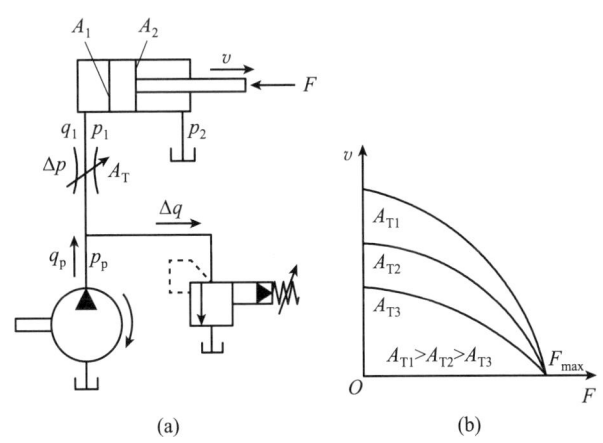

图 6-16　进油节流调速回路及其特性曲线

(2)回油节流调速回路。

图 6-17 所示为回路将节流阀串联在液压缸的回油路上,即安装在液压缸与油箱之间,用节流阀控制与调节排出液压缸的流量,从而调节活塞的运动速度。进入液压缸的流量受排出流量的限制,因此用节流阀调节排出液压缸的流量,也就调节了进入液压缸的流量,从而实现液压缸的速度调节。定量泵输出的多余油液经溢流阀流回油箱。

回油节流调速特性与进油节流调速特性基本相同,但还有如下特点。

①由于节流阀安装在液压缸与油箱之间,液压缸排出的油液经节流阀流回油箱,这样温度升高的油液可进入油箱冷却,冷却后的油液重新进入泵和液压缸,因此降低了系统的温度。

②节流阀安装在回油路上,液压缸回油腔具有背压力,提高了执行件的运动平稳性。回油节流调速比进油

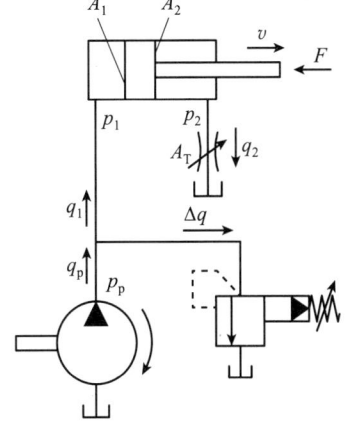

图 6-17　回油节流调速回路

节流调速的低速平稳性高,因此回油节流调速可获得最小的稳定速度。若在进油节流调速回路的回油路上加背压阀,进油节流调速回路可获得更低的稳定速度。

进油、回油节流调速回路结构简单、价格低廉,但效率较低,只适宜用在负载变化不大,低速、小功率的场合,如某些机床的进给系统中。

(3)旁路节流调速回路。

图 6-18(a)所示为回路将节流阀安装在与液压缸并联的支路上,液压泵输出的流量

一部分进入液压缸，另一部分经节流阀流回油箱，通过调节节流阀节流口的大小来控制进入液压缸的流量，从而实现对液压缸运动速度的调节。由于节流阀安装在支路上，所以称其为旁路节流调速回路。

由于节流阀安装在液压泵与油箱之间，所以液压缸的运动速度取决于节流阀流回油箱的流量，流回油箱的流量越多，则进入液压缸的流量就越少，液压缸活塞的运动速度就越慢；反之，活塞运动速度就越快。此回路中溢流阀不起溢流作用，而作为安全阀用。其调定压力大于克服最大负载所需压力，当系统正常工作时，溢流阀处于关闭状态。

从图 6-18（b）旁路节流调速回路特性曲线可以看出：速度 v 受负载 F 变化的影响大，速度-负载特性比前面两个回路"更软"。在小负载或低速时曲线陡，回路的速度刚性差，这与前面两回路正好相反。

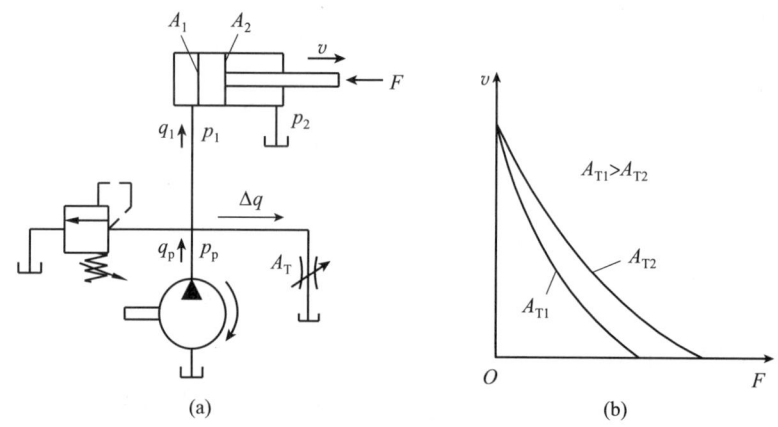

图 6-18　旁路节流调速回路及其特性曲线

旁路节流调速回路速度-负载特性比进油、回油节流调速更差，即速度刚度更差。同时，压力增加也会使液压泵的泄漏增加、容积效率降低。因此，该回路运动的稳定性较差，低速承载能力差；但该回路效率高，油液温升较小，经济性好，所以旁路节流调速回路在高速、重负载下工作时，其功率大、效率高。旁路节流调速回路适用于动力较大、速度较高、速度稳定性要求不高，且调速范围小的液压系统中，例如牛头刨床的主运动传动系统、锯床进给系统等。

2．容积调速回路

容积调速回路是指通过改变变量泵或变量马达的排量，来改变液压缸的运动速度或液压马达的转速的回路。根据油路的循环方式不同，容积调速回路可分为开式回路和闭式回路两种。所谓开式回路，就是液压泵从油箱吸油，输入给执行元件，回油则直接流回油箱。开式回路的特点是结构简单，油液在油箱中会得到很好的冷却和杂质沉淀；但油箱尺寸大，空气易侵入。所谓闭式回路，就是液压系统回油管与液压泵吸油管相连，使系统形成封闭的循环。闭式回路的特点是油箱尺寸小，结构紧凑，由于是封闭的回路，因此减少了空气及杂物侵入；但油液不易冷却，需要辅助液压泵进行换油、冷却和补充泄漏，结构复杂。在节流调速回路中多采用开式回路，在容积调速回路中多采用闭式回路。

容积调速回路通常有三种基本形式，即由变量泵和定量液压执行元件组成的容积调速回路、由定量泵和变量液压马达组成的容积调速回路、由变量泵和变量液压马达组成的容积调速回路。

采用容积调速的方法，没有节流损失和溢流损失，系统效率高、发热少，适用于高速、大功率的调速系统；但变量泵或变量马达结构较复杂，成本相应较高。

(1) 由变量泵和定量液压执行元件组成的容积调速回路。

图 6-19 所示为由变量泵和定量液压执行元件组成的容积调速回路。图 6-19（a）所示回路中的执行元件为液压缸 4，改变变量泵 1 的排量即可调节活塞的运动速度，变换二位四通换向阀 3 的位置，使液压缸伸缩变换，溢流阀 2 起安全阀作用，限制回路中的最大压力。

图 6-19（b）所示回路中的执行元件为液压马达 5，该回路是闭式回路，单向阀 6 防止油液倒流，换向阀 3 起安全作用，用以防止系统过载，为了补充变量泵 1 和液压马达 5 的泄漏，增加了补油泵 2 和溢流阀 4。溢流阀 4 用来调节补油泵 2 的补油压力，同时置换部分发热的油液，降低系统的温升。该回路的调速方式又称为恒转矩调速。

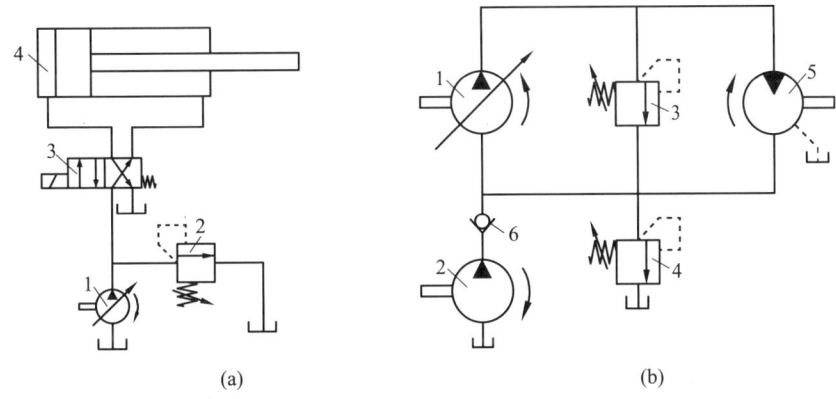

图 6-19 由变量泵和定量液压执行元件组成的容积调速回路
(a) 1—变量泵；2—溢流阀；3—二位四通换向阀；4—液压缸。
(b) 1—变量泵；2—补油泵；3、4—溢流阀；5—液压马达；6—单向阀。

(2) 由定量泵和变量液压马达组成的容积调速回路。

图 6-20 所示为由定量泵和变量液压马达组成的容积调速回路。定量泵 1 输出流量不变，改变变量液压马达 3 的排量就可以改变变量液压马达 3 的转速。溢流阀 2 用来调节定量泵 1 的供油压力。辅助泵 4 用以向系统补油，溢流阀 5 为调节辅助泵 4 的供油压力。由于这种回路调节很不方便，所以这种恒功率调速回路很少单独使用。

(3) 由变量泵和变量液压马达组成的容积调速回路。

图 6-21 所示为由双向变量泵和双向变量液压马达组成的容积调速回路。双向变量泵 1 正向或反向供油，双向变量马达 2 即正向或反向旋转。单向阀 6 和 8 用于使辅助泵 4 能双向补油，单向阀 7 和 9 与溢流阀 3 在两个方向都能起过载保护作用。这种调速回路是上述两种调速回路的组合，由于双向变量泵 1 和双向变量马达 2 的排量均可改变，故扩大了调速范围，并扩大了双向变量马达 2 转矩和功率输出的选择余地。

3. 容积节流调速回路

容积节流调速回路是采用变量泵供油，通过流量控制阀控制流量，改变调速阀或节流阀的节流口大小，以调节进入液压缸或液压马达的流量，并用系统的压力反馈来自动控制变量泵的流量，以使输出流量与系统所需流量相适应的调速回路。这种调速方法称为容积节流调速或联合调速。容积节流调速回路没有溢流损失，效率较高，速度稳定性也比单纯的容积调速回路好，常用在速度范围大、功率不大的场合，如组合机床进给系统等。

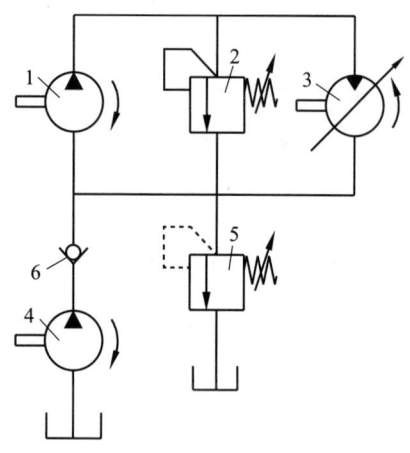

图 6-20　由定量泵和变量液压马达
组成的容积调速回路

1—定量泵；2、5—溢流阀；
3—液压马达；4—辅助泵。

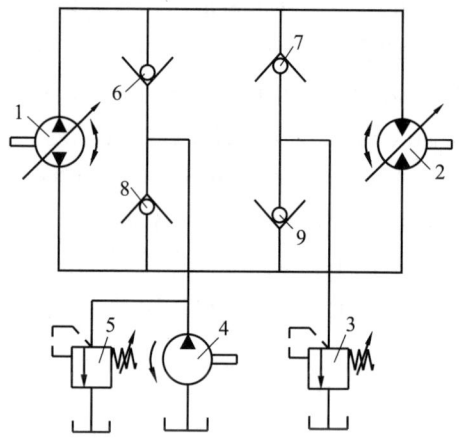

图 6-21　由双向变量泵和双向变量液压马达
组成的容积调速回路

1—双向变量泵；2—双向变量马达；3、5—溢流阀；4—辅助泵；6～9—单向阀。

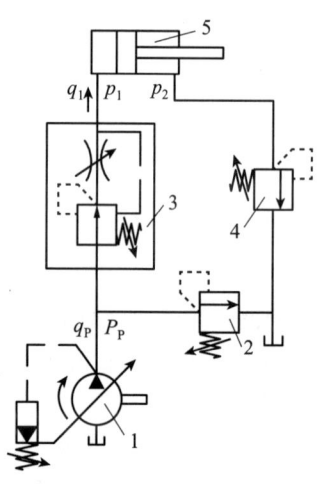

图 6-22　限压式变量液压泵与
调速阀组成的联合调速回路

1—限压式变量液压泵；2—溢流阀；
3—调速阀；4—背压阀（顺序阀）；
5—液压缸。

图 6-22 所示为限压式变量液压泵 1 与调速阀（节流阀和减压阀串联）3 组成的联合调速回路。该回路由限压式变量液压泵 1 供油，压力油经调速阀 3 进入液压缸 5 的工作腔，回油经背压阀（顺序阀）4 返回油箱，液压缸 5 运动速度由调速阀 3 来控制。这种回路虽无溢流损失，但仍有节流损失，调速回路的效率不算太高。

对节流调速、容积调速和容积节流调速三种调速方法进行比较如下。

(1) 节流调速回路都会因负载变化导致速度变化。采用节流阀调速不但油温变化影响流量变化，而且节流口较小时还容易堵塞，影响低速稳定性。节流调速回路的共同缺点是功率损失大，效率低，只适用于功率较小的液压系统中。

(2) 容积调速回路的特点是既没有节流损失，又没有溢流损失，回路效率较高；液压泵与液压马达的容积效率随负载压力增大而下降；速度也随负载变化而变化，但与节流调速速度随负载变化的意义不同，容积调速比节流调速的速度刚度要高得多，而且调速范围很大。但是，采用改变液压马达排量调速的调速范围小。容积调速回路的共同缺点是低速稳定性较差。

(3) 容积节流调速回路存在节流损失，所以效率比容积调速回路低，比节流调速回路高,低速稳定性比容积调速回路好。

二、快速运动回路

快速运动回路又称增速回路,其功用是使液压执行元件获得所需的高速,以提高系统的工作效率或充分利用功率。

1. 液压缸差动连接快速运动回路

图 6-23 所示为液压缸差动连接快速运动回路。当二位三通换向阀 3 通电时,液压缸 4 实现差动连接,液压缸 4 的活塞杆快速伸出;当二位三通换向阀 3 断电时,液压缸 4 的活塞杆缩回。

这种差动连接回路可以在不增加液压泵流量的情况下提高液压执行元件的运动速度。这种回路比较简单,应用较多,但有时也不能满足主机快速运动的要求。

2. 双泵供油快速运动回路

图 6-24 所示为双泵供油快速运动回路。低压大流量泵 2 用以实现快速运动,高压小流量泵 1 用以实现工作进给。外控式顺序阀(卸荷阀) 3 和先导式溢流阀 5 分别设定双液压泵供油和高压小流量泵 1 供油时

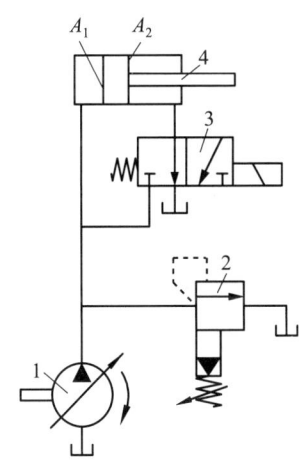

图 6-23 液压缸差动连接快速运动回路
1—液压泵;2—溢流阀;
3—二位三通换向阀;4—液压缸。

系统的最高压力。当二位二通电磁换向阀 7 处于左位,且外负载很小,使系统压力低于外控式顺序阀 3 的调定压力时,两个液压泵同时向系统供油,液压缸活塞杆快速向右运动;当二位二通电磁换向阀 7 的电磁铁通电,右位工作,液压缸有杆腔油液经调速阀 6 流回油箱,当回路压力达到或超过外控式顺序阀(卸荷阀) 3 的调定压力,低压大流量泵 2 通过外控式顺序阀(卸荷阀) 3 卸荷,单向阀 4 自动关闭,只有高压小流量泵 1 单独

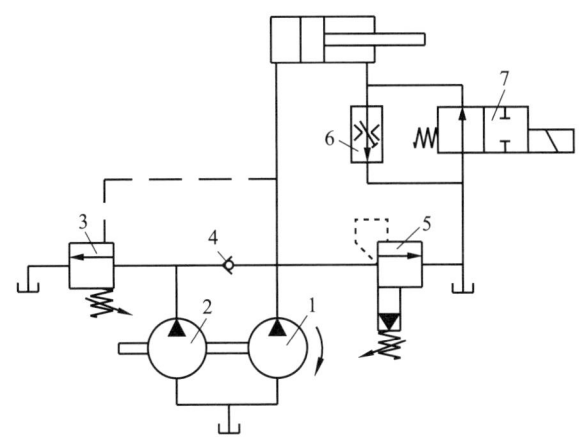

图 6-24 双泵供油快速运动回路
1—高压小流量泵;2—低压大流量泵;3—外控式顺序阀(卸荷阀);
4—单向阀;5—先导式溢流阀;6—调速阀;7—二位三通电磁换向阀。

向系统供油，液压缸活塞杆慢速向右运动，高压小流量泵1的最高工作压力由先导式溢流阀5调定。这里应注意，外控式顺序阀（卸荷阀）3的调定压力至少应比先导式溢流阀5的调定压力低10%～20%。低压大流量泵2的卸荷减少了动力消耗，回路效率较高。这种回路常用在执行元件快进和工进速度相差较大的场合，特别是在机床中得到了广泛的应用。

3. 采用蓄能器的快速运动回路

图6-25所示为采用蓄能器的快速运动回路。采用蓄能器4后可以用流量较小的液压泵1，在回路短期需要大流量时，当三位四通换向阀5的阀芯处于左位或右位时，就由液压泵1和蓄能器4同时向液压缸6供油，实现液压缸的快速运动；当系统停止工作时，三位四通换向阀5处于中位，此时液压泵1经单向阀3向蓄能器4供油，蓄能器4压力升高后，液控顺序阀（卸荷阀）2打开阀口，使液压泵1卸荷。液控顺序阀（卸荷阀）2的调整压力须调得高于回路快速运动的工作压力。

4. 采用增速缸的快速运动回路

图6-26所示为采用增速缸的快速运动回路。在此回路中，当三位四通换向阀左位通电工作时，压力油经增速缸中柱塞1的中间孔进入B腔，使活塞2向右伸出，获得快速运动，A腔中所需油液经液控单向阀3从辅助油箱吸入。当活塞2伸出到工作位置时，负载加大、压力升高，使顺序阀4开启，高压油进入A腔，同时关闭液控单向阀3。此时活塞杆在压力油作用下继续外伸，但因有效面积加大、速度变慢而使推力加大。这种回路常被用于液压机的系统中。

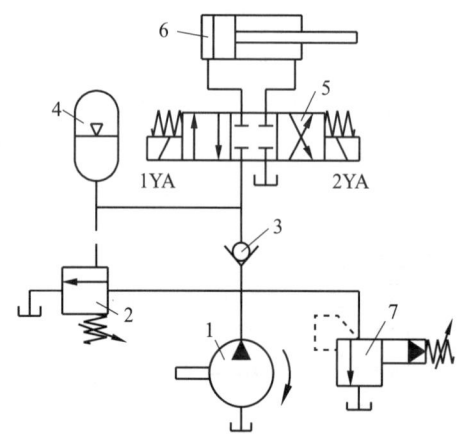

图6-25 采用蓄能器的快速运动回路

1—液压泵；2—液控顺序阀（卸荷阀）；3—液控单向阀；
4—蓄能器；5—三位四通换向阀；6—液压缸；7—溢流阀。

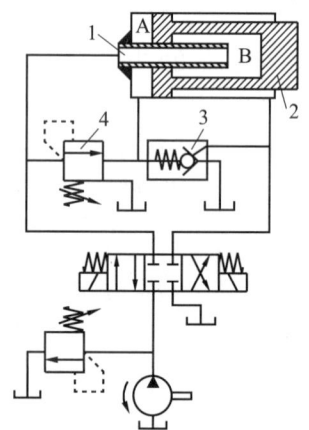

图6-26 采用增速缸的快速运动回路

1—柱塞；2—活塞；
3—液控单向阀；4—顺序阀。

三、速度换接回路

速度换接回路的功能是使液压执行元件在一个工作循环中从一种运动速度变换到另一种运动速度。这个速度转换包括液压执行元件快速到慢速的换接和两个慢速之间的换接等。实现这些功能的回路应该具有较高的速度换接平稳性。

1. 快速与慢速的换接回路

图 6-27 所示为采用行程阀实现快、慢速换接的回路。在图示状态下，二位四通换向阀 3 右位接入回路，液压缸 4 活塞快进，当活塞杆所连接的挡块压下行程阀（二位二通换向阀）5 时，行程阀 5 关闭，液压缸 4 右腔的油液必须通过单向节流阀 6 才能流回油箱 1，液压缸 4 活塞运动速度转变为慢速工作进给。当二位四通换向阀 3 左位接入回路时，压力油经单向节流阀 6 进入液压缸 4 右腔，液压缸 4 活塞快速向右返回。这种换接回路快、慢速换接较为平稳，换位位置较准确，但行程阀安装位置不能任意布置，管路连接复杂。

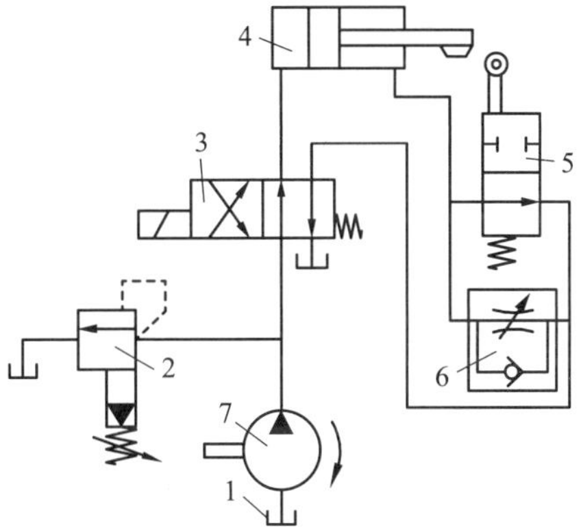

图 6-27 采用行程阀来实现快、慢速换接的回路
1—油箱；2—溢流阀；3—二位四通换向阀；
4—液压缸；5—行程阀；6—单向节流阀；
7—液压泵。

2. 两种慢速的换接回路

如图 6-28（a）所示，两个调速阀（4 和 5）并联，当三位四通换向阀 3 处于左位或右位时，由二位三通换向阀 6 实现换接。当二位三通换向阀 6 断电时，输入液压缸 7 的流量由调速阀 4 调节；当二位三通换向阀 6 通电时，则由调速阀 5 调节，两个调速阀的调节互不影响。但是，当一个调速阀工作时，另一个调速阀无油通过，其减压阀口最大，速度换接时大量油液通过该处，造成执行元件前冲。因此，这种回路不适于工作过程的速度切换，可用于速度预选的场合。

如图 6-28（b）所示，两个调速阀（4 和 5）串联，调速阀 5 比调速阀 4 调定流量小。当三位四通换向阀 3 处于左位或右位时，或者当二位三通换向阀 6 断电时，调速阀 5 被短接，输入液压缸 7 的流量由调速阀 4 调节；当二位三通换向阀 6 通电时，则由调速阀 5 调节（流量小）。在这种回路中，调速阀 4 一直处于工作状态，在速度换接时限制了进入调速阀 5 的流量，因此，此回路平稳性好。但由于油液流经两个调速阀，所以能量损失较大。

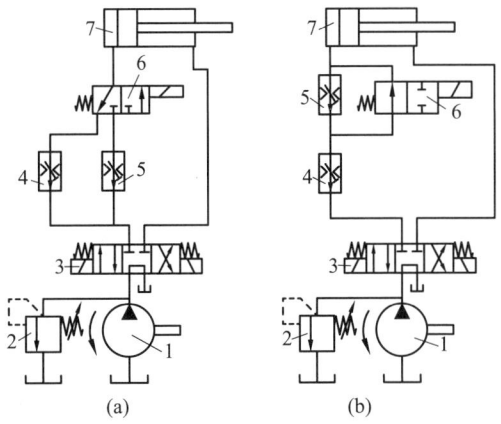

图 6-28 两个调速阀实现进给速度的换接回路
1—液压泵；2—溢流阀；3—三位四通换向阀；
4、5—调速阀；6—二位三通换向阀；7—液压缸。

任务4 多执行元件控制回路

在液压系统中,一个液压源往往要驱动多个执行元件,各执行元件因回路中压力、流量的相互影响,使各动作相互牵制。必须采用相应的控制回路才能使各执行元件按预定要求动作。

一、顺序动作回路

顺序动作回路能使几个执行元件严格按预定顺序动作。顺序动作回路按其控制方式不同,分为三类:行程控制、压力控制和时间控制。其中,前两类应用较为广泛。

1. 采用行程控制的顺序动作回路

所谓行程控制,是指利用一个液压缸移动一段规定行程后发出信号,使下一个液压缸开始动作的控制。常用行程阀、行程开关和同步缸等来实现顺序动作。

图 6-29(a)所示为采用行程阀控制的顺序动作回路。两个液压缸 1 和 2 的活塞开始时均在左端。当电磁阀 3 处于左位工作时,液压缸 1 的活塞向右运动,完成①的动作;当活塞右移至终点,活塞杆上的撞块压下行程阀(二位四通换向阀)4 时,液压缸 2 的活塞向右运动,完成②的动作;当电磁阀 3 换到右位时,液压缸 1 的活塞先退回,完成③的动作;当活塞退到使挡块松开行程阀 4 后,液压缸 2 的活塞也向左退回,完成④的动作,到此完成一个工作循环。这种回路工作可靠,但改变动作顺序比较困难。

图 6-29(b)所示为采用行程开关控制的顺序动作回路。按下启动按钮,电磁铁 1YA 通电,液压缸 1 的活塞右移,完成①的动作;当液压缸 1 的活塞移动到预定位置时,它的撞块压下行程开关 2S,电磁铁 2YA 通电,液压缸 2 的活塞右移,完成②的动作;当液压缸 2 的活塞右移到预定位置时,撞块压下行程开关 3S,于是电磁铁 1YA 断电,液压缸 1 的活塞左移,完成③的动作;当液压缸 1 的活塞返回到原位时,撞块压下行程开关 1S,电磁铁 2YA 断电,液压缸 2 活塞左移,完成④的动作,当液压缸 2 的活塞返回到原位时,完成一个工作循环。这种回路的顺序动作由电器元件控制,自动化程度高,调整行程方便灵活,利用电气互锁使顺序动作可靠,并且可以改变动作顺序,所以这种回路适用于动作循环经常要改变的场合。动作顺序的可靠性很大程度取决于电器元件的质量。

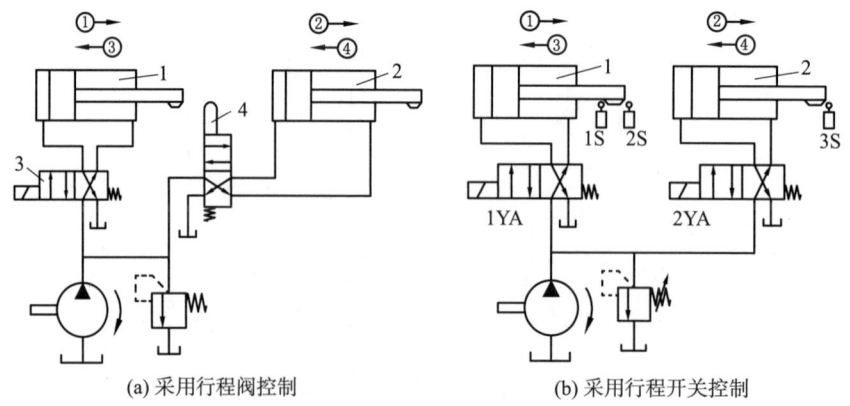

图 6-29 顺序动作回路

1、2—液压缸;3—电磁阀;4—行程阀。

2. 采用压力控制的顺序动作回路

所谓压力控制的顺序动作，就是指利用油路本身的压力变化来控制液压缸的先后动作顺序。压力控制的顺序动作回路一般用顺序阀和压力继电器等元件来控制顺序动作。但由于用压力继电器控制的顺序动作回路，在压力波动的冲击下易产生误动作，所以其仅适用于压力波动不大的液压系统。

图 6-30（a）所示为采用顺序阀控制的顺序动作回路。顺序阀 3 的调定压力大于顺序阀 4 的调定压力。当二位二通换向阀 5 处于左位工作，且顺序阀 3 的开启压力大于液压缸 1 的最大伸出压力时，压力油先进入液压缸 1 的左腔，使其活塞右移，完成①的动作；当液压缸 1 的活塞移动到终点，系统压力升高将顺序阀 3 打开，压力油进入液压缸 2 的左腔，使其活塞右移，完成②的动作。同样，当二位二通换向阀 5 处于右位工作时，且顺序阀 4 的开启压力大于液压缸 2 的最大返回工作压力时，两个液压缸的活塞按③和④的顺序返回，到此完成①、②、③和④的动作循环。

图 6-30（b）所示为采用压力继电器控制液压缸 1 和 2 按①～④顺序完成四个动作的压力控制回路。按下启动按钮，电磁铁 1YA 通电，液压缸 1 的活塞向右运动到终点后，左边支路油液压力上升，压力继电器 1K 发讯，使电磁铁 3YA 通电，这时液压缸 2 的活塞向右运动。按下返回按钮，1YA 和 3YA 断电，4YA 通电，液压缸 2 的活塞先退回到原位后，2K 发讯使 2YA 通电，这时液压缸 1 的活塞返回。

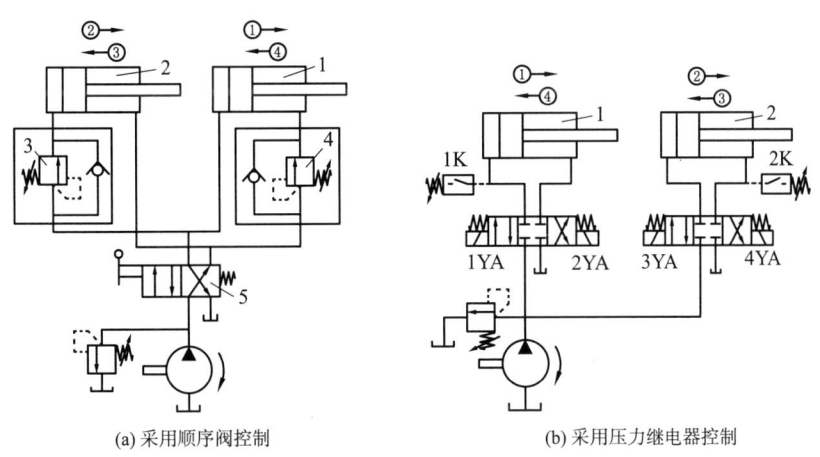

(a) 采用顺序阀控制　　　　　　　　(b) 采用压力继电器控制

图 6-30　采用压力控制的顺序动作回路

1、2—液压缸；3、4—顺序阀；5—二位二通换向阀。

为了防止管路中压力冲击或波动引起误动作，顺序阀和压力继电器的调定压力必须大于前一动作执行元件最高工作压力的 10%～15%。这种回路动作灵敏，安装连接方便，但可靠性不高，位置精度差，适于执行元件数目不多、负载变化不大的场合。

二、同步回路

同步回路能保证系统中两个或多个执行元件在运动中以相同的位移或相同的速度运动，分别称为位置同步和速度同步。同步回路常采用等流量或等容积控制方式，可克服负载、摩擦阻力、泄漏、制造质量和结构变形上的差异，达到位置同步和速度同步的要求。

要求位置同步的回路占多数。

1. 采用串联液压缸的同步回路

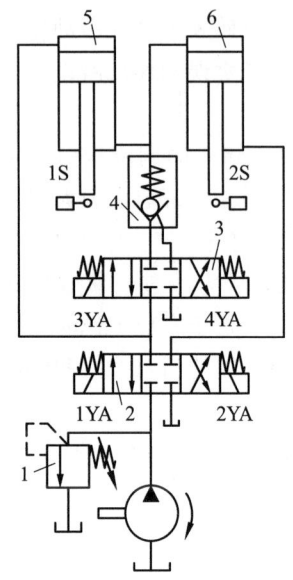

图 6-31 采用串联液压缸的同步回路
1—溢流阀；2、3—三位四通换向阀；
4—液控单向阀；5、6—液压缸。

如图 6-31 所示，将两个有效工作面积相等的液压缸串联起来，便可实现同步动作。这种回路允许较大的偏载，因其偏载造成的压差不影响流量的改变，仅引起两个液压缸的油液微量的压缩和泄漏，所以同步精度较高，回路效率也较高。但是液压泵的供油压力至少是两个液压缸工作压力之和。为了消除两个液压缸因制造误差、内泄漏及混入空气等因素造成的位移积累差异，回路设置了位置补偿装置。例如，当两个液压缸下行时，若液压缸 5 的活塞先到达行程终点，挡块压下行程开关 1S，使电磁铁 3YA 通电，系统通过液控单向阀 4 给液压缸 6 的上腔补油，使液压缸 6 的活塞继续运动到终点。若液压缸 6 的活塞先到达终点，挡块压下行程开关 2S，使电磁铁 4YA 通电，压力油作为控制油打开液控单向阀 4，液压缸 5 下腔的油液通过液控单向阀 4 的回油箱，使液压缸 5 的活塞继续运动到行程终点，从而消除多次循环造成的两个液压缸活塞移动的位置偏差。

2. 采用同步马达或同步缸的同步回路

如图 6-32（a）所示，采用两个同轴等排量双向液压马达作为配油环节，给两缸输出相同流量的油液，可实现两个液压缸双向同步。当两个液压缸产生位置误差后，节流阀 4 在一个液压缸到达行程终点时能自动消除它。

图 6-32（b）所示为采用同步缸的同步回路。同步缸 5 是两个缸体和活塞的尺寸相同，且由一活塞杆固连的液压缸。它向左或向右运动时，将接受或输出等体积油液，在回路中起配流作用，使两个有效面积相等的液压缸实现双向同步运动。同步缸两个活塞上的双作用单向阀 6 用以消除两液压缸在行程端点的位置误差。

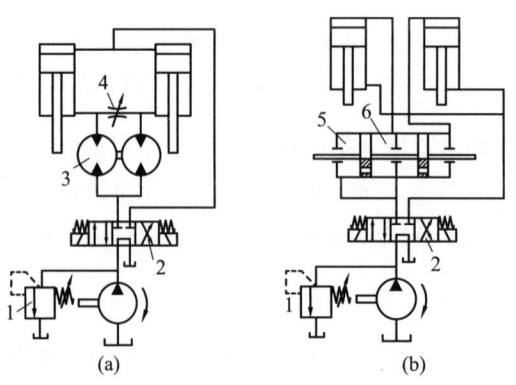

图 6-32 采用同步马达或同步缸的同步回路
1—溢流阀；2—三位四通换向阀；3—液压马达；4—节流阀；5—同步缸；6—双作用单向阀。

三、多缸快、慢速互不干扰回路

多缸快、慢速互不干扰回路的功用是防止液压系统中的几个液压缸因速度快慢的不同而在动作上相互干扰。

图 6-33 所示为采用双泵供油来实现的多缸快、慢速互不干扰回路。液压缸 A 和 B 各自要完成"快进→工作进给→快退"的自动工作循环。在图示状态下各缸原位停止,当二位五通换向阀 5 和 6 均通电时,各液压缸均由双联泵中的大流量泵 2 供油并做差动快进。这时如果一个液压缸(如液压缸 A)先完成快进动作,由挡块和行程开关使二位五通换向阀 7 通电、二位五通换向阀 6 断电,大流量泵 2 进入液压缸 A 的油路被切断,而双联泵中的高压小流量泵 1 进油路打开,液压缸 A 由调速阀 8 调速工作。此时,液压缸 B 仍做快进,互不干扰。当各液压缸都转为工作进给后,它们全由高压小流量泵 1 供油。此后若液压缸 A 率先完成工作进给,行程开关应使二位五通换向阀 6 和 7 均通电,液压缸 A 即由大流量泵 2 供油快退;当电磁铁都断电时,各液压缸均停止运动,并被锁在所在位置上。由于快、慢速各由一个液压泵来分别供油,并且通过相应的电磁阀进行控制,所以能够保证两液压缸快、慢速运动互不干扰。如果液压缸使用中泄漏严重,则干扰较大。

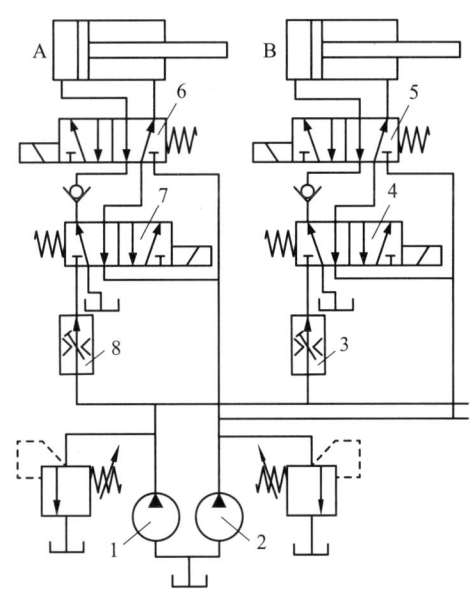

图 6-33 采用双泵供油来实现的多缸快、慢速互不干扰回路
1—高压小流量泵;2—大流量泵;3、8—调速阀;4~7—二位五通换向阀。

任务 5 液压基本回路组建

一、实训目的及要求

1. 实训目的

(1) 熟悉液压基本回路的特点、工作原理、动作要求、各液压元件在该回路中的作用。

(2) 理解各液压元件的功用和工作原理。

(3) 能根据需要组建相应的液压基本回路。

2. 实训器材

液压实训工作台及附属油管、电线等配件。

3. 实训要求

(1) 实训前认真预习,掌握相关液压基本回路的原理,对其结构组成有一个基本认识。

(2) 熟悉液压实训台的特点,严格按操作规程正确操作。在实训图中(见图 6-34),虚线框内各元件已集成到液压站中,不纳入实训部分。

(3) 液压实训台使用的是单向液压泵,电动机需正转(顺时针方向)才能带动油压上升。所以,接线时必须注意 L1、L2、L3 的顺序。液压泵的出油压力必须调到规定范围内。

(4) 实训前应先接好各油路、电路,检查合格后,方可启动液压泵;液压泵启动后,不得拆卸油路、电路;实训完成后,应先关掉电源,再拆卸油路、电路。

二、压力控制回路组建

1. 单级压力调节回路

在实训时,按图 6-34 所示接好油路和电路。当液压启动时,液压缸活塞杆缩回。当按下按钮 SB2 时,电磁铁 1YA 通电,液压缸活塞杆伸出;当按下按钮 SB1 时,电磁铁 1YA 断电,液压缸活塞杆缩回。当液压缸活塞杆走到末端时,调节溢流阀,压力表可以明显地显示系统压力的变化。单级调压回路中使用的溢流阀可以是直动式或先导式结构。图 6-34 (a) 所示为采用直动式溢流阀和节流阀组成的基本回路。在转速一定的情况下,定量泵输出的流量基本不变。当改变节流阀的开口大小来调节液压缸运动速度时,由于要排掉定量泵输出的多余流量,溢流阀始终处于开启溢流状态,使系统工作压力稳定在溢流阀调定压力值附近。

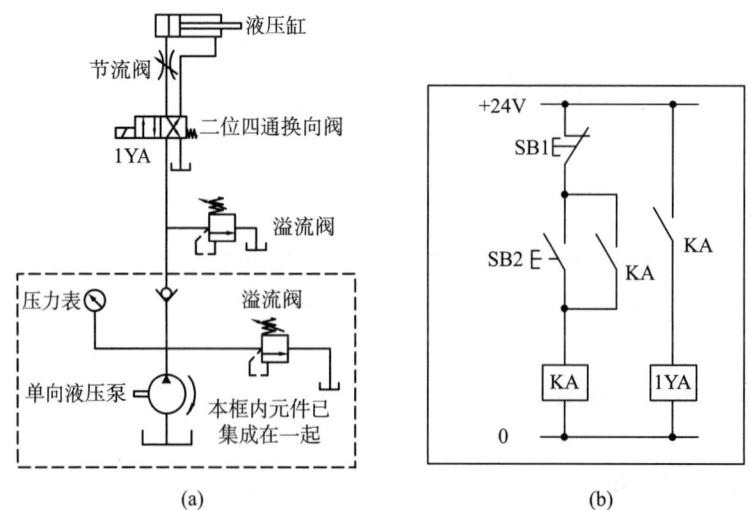

图 6-34 单级调压回路及电气控制原理

2. 两级调压回路

图 6-35 所示为两级调压回路及电气控制原理。图 6-35（a）所示为两级调压回路，该回路可实现两种不同的系统压力控制。由先导式溢流阀和直动式溢流阀各调一级，当电磁铁 1YA 断电时，系统压力由先导式溢流阀调定；当电磁铁 1YA 通电时，系统压力由溢流阀调定。需要注意的是，溢流阀的调定压力一定要小于先导式溢流阀的调定压力，否则不能实现调压。当系统压力由溢流阀调定时，先导式溢流阀的先导阀阀口关闭，但主阀开启，液压泵的溢流流量经主阀回油箱，这时溢流阀亦处于工作状态，并有油液通过。

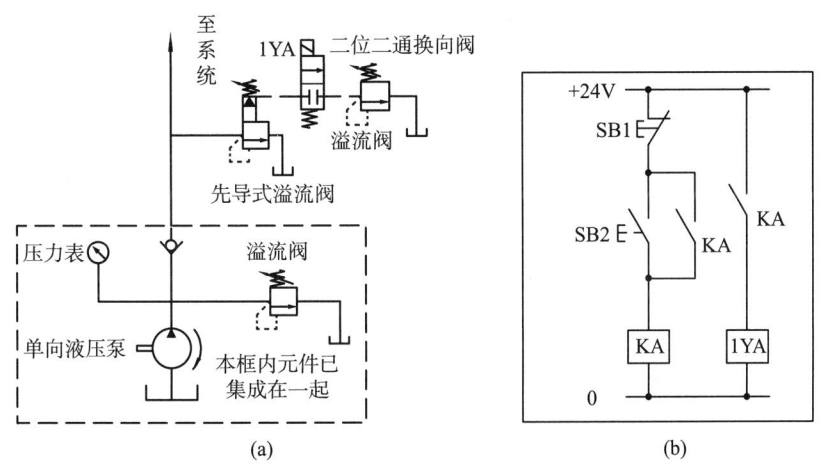

图 6-35 两级调压回路及电气控制原理

3. 采用减压阀的减压回路

在实训时，按图 6-36 所示接好油路和电路。液压泵启动时液压缸活塞杆缩回；当按下按钮 SB2 时，电磁铁 1YA 通电，液压缸活塞杆伸出；当按下按钮 SB1 时，电磁铁 1YA 断电，液压缸活塞杆缩回。调节减压阀的旋钮可以清楚地显示减压回路系统的压力，可与溢流阀调定压力值进行比较。

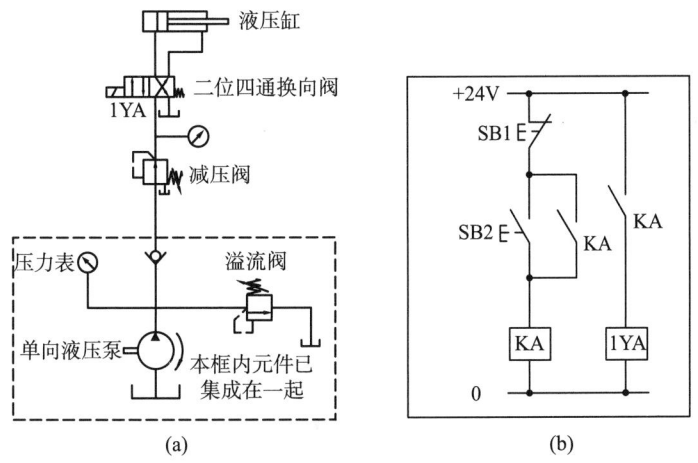

图 6-36 采用减压阀的减压回路及电气控制原理

在液压系统中，当某个支路所需要的工作压力低于油源设定的压力值时，可采用一级减压回路。液压泵的最大工作压力由溢流阀调定,液压缸的工作压力则由减压阀调定。一般情况下,减压阀的调定压力要在 0.5 MPa 以上,但又要低于溢流阀的调定压力 0.5 MPa 以上,这样可使减压阀出口压力保持在一个稳定的范围内。

4. 顺序阀的平衡回路

在实训时,按图 6-37 所示接好油路和电路。当按下按钮 SB2 时,电磁铁 1YA 通电,液压缸活塞杆伸出;当按下按钮 SB3 时,电磁铁 2YA 通电,液压缸活塞杆缩回;当按下按钮 SB1 时,电磁铁 1YA 和 2YA 均断电,此时回路卸荷。

图 6-37(a)所示为采用单向顺序阀的平衡回路,调整顺序阀,使其开启压力与液压缸下腔作用面积的乘积稍大于垂直运动部件的重力。当活塞杆下行时,由于回油路上存在一定的背压来支承重力负载,只有当活塞的上部具有一定压力时,活塞才会平稳下落;当换向阀处于中位时,活塞停止运动,不再继续下行。此处的顺序阀又称作平衡阀。在这种平衡回路中,顺序阀调整压力调定后,若工作负载变小,则泵的压力需要增加,将使系统的功率损失增大。由于滑阀结构的顺序阀和换向阀存在内泄漏,使活塞很难长时间稳定停在任意位置,会造成重力负载装置下滑,故这种回路适用于工作负载固定且对液压缸活塞锁定定位要求不高的场合。

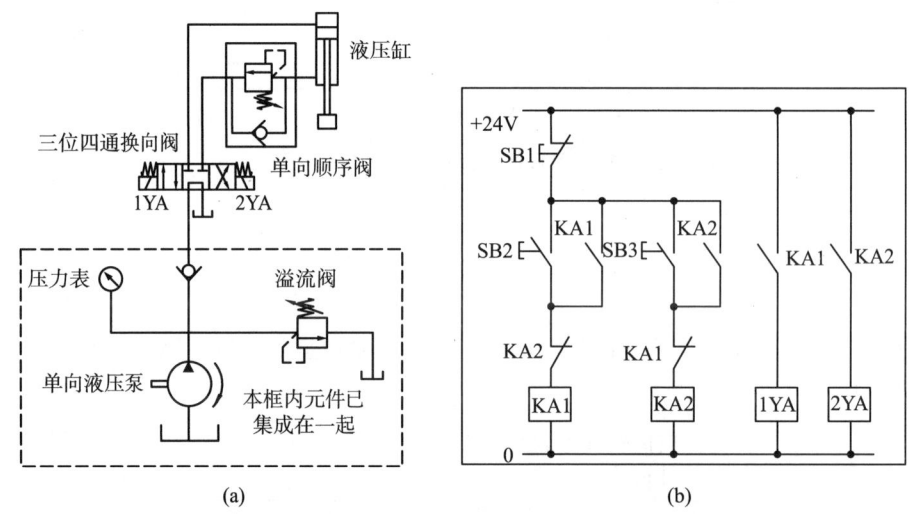

图 6-37 顺序阀平衡回路及电气控制原理

三、速度控制基本回路组建

1. 采用调速阀串联的调速进给回路

在实训时,按图 6-38 所示接好油路和电路。启动液压泵,当按下按钮 SB2 时,电磁铁 1YA 通电,压力油经调速阀 1 和二位四通换向阀进入液压缸左腔,活塞杆伸出,进给速度由调速阀 1 控制,实现第一次进给调速;当按下按钮 SB4 时,电磁铁 2YA 通电,压力油先经过调速阀 1,再经过调速阀 2,实现回油二次进给调速。在这种回路中,调速阀 2 的开口必须小于调速阀 1 的开口。

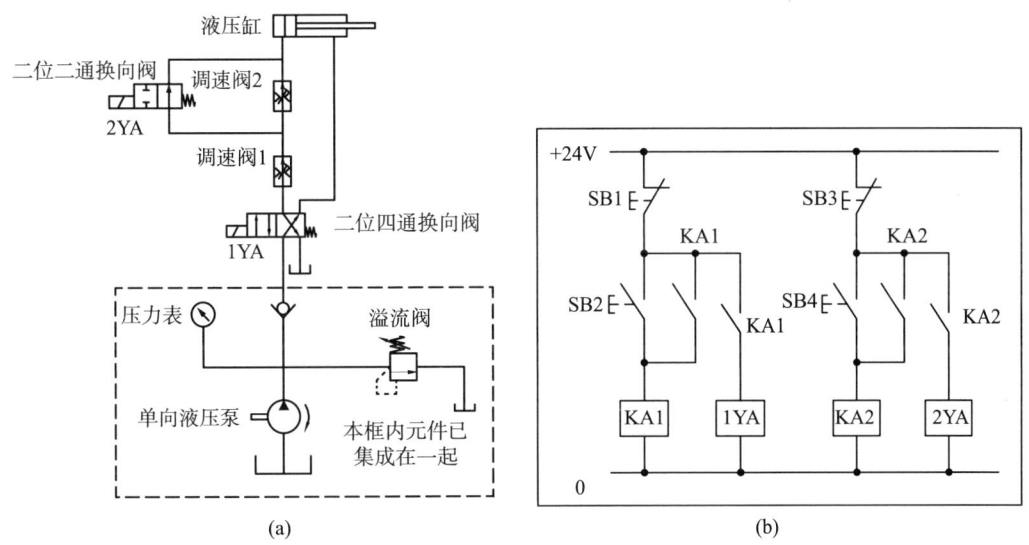

图 6-38 采用调速阀串联的调速进给回路及电气控制原理

2. 采用调速阀并联的调速进给回路

在实训时，按图 6-39 所示接好油路和电路。启动液压泵，当按下按钮 SB2 时，电磁铁 1YA 通电，压力油经调速阀 1、调速阀 2 和二位二通换向阀进入液压缸左腔，活塞杆伸出，进给速度由调速阀 1 和调速阀 2 控制，实现双调速阀进给调速；当按下按钮 SB4 时，电磁铁 1YA、2YA 同时通电，压力油只能经过调速阀 2 流到液压缸左腔，实现单调速阀进给调速。两个调速阀可单独调节，两种速度互不限制。

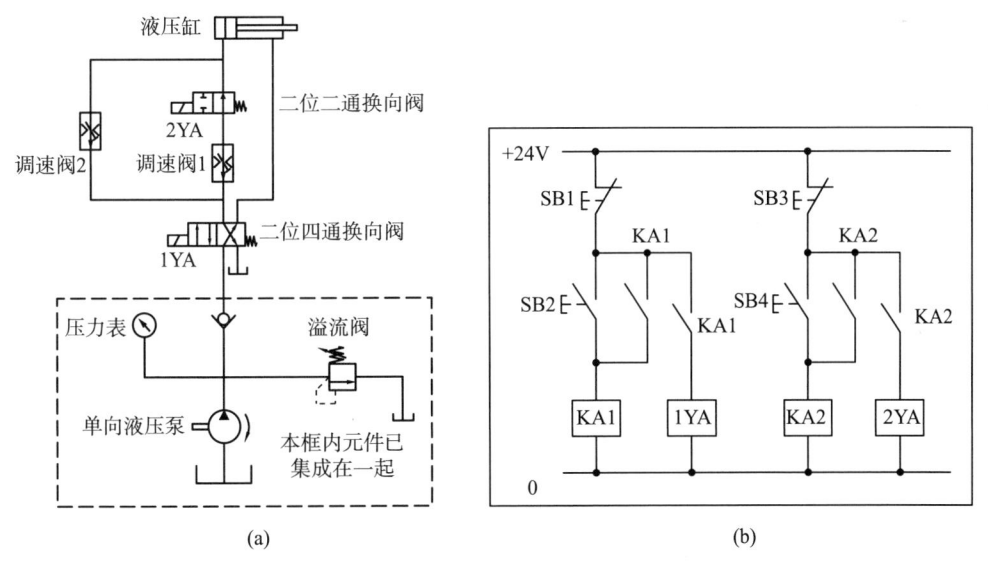

图 6-39 采用调速阀并联的调速进给回路及电气控制原理

3. 采用并联调速阀的同步回路

实训时按图 6-40 所示接好油路、电路。启动液压泵，调节两个调速阀可使两液压缸活塞的运动速度相同，但精度较差。

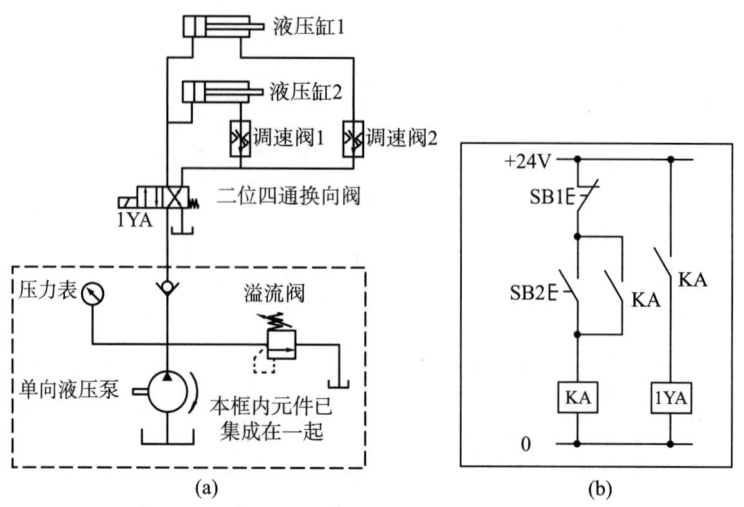

图 6-40 采用并联调速阀的同步回路及电气控制原理

四、顺序控制基本回路组建

1. 采用顺序阀的顺序动作回路

在实训时，按图 6-41 所示接好油路和电路。当按下按钮 SB2 时，电磁铁 1YA 通电，两液压缸活塞杆按①、②顺序动作；当按下 SB3 时，电磁铁 2YA 通电，两液压缸活塞杆按③、④顺序动作。如图 6-41（a）所示，回路中采用两个单向顺序阀来控制液压缸顺序动作。其中，单向顺序阀 2 的调定压力值大于液压缸 1 右行的最大工作压力，故压力油先进入液压缸 1 的左腔，实现动作①。在液压缸 1 移动到位后，压力上升，直到打开单向顺序阀 2 进入液压缸 2，实现动作②。当电磁铁 2YA 通电时，过程与上述相同，先后完成动作③和④。单向顺序阀的调定压力应比前一个动作的工作压力高出 1 MPa 左右，否则单向顺序阀因系统压力脉动易造成误动作。

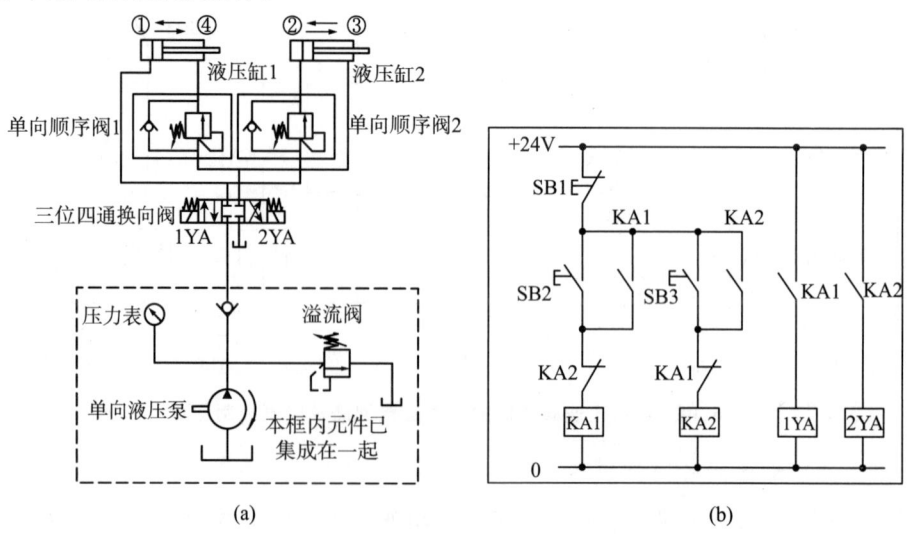

图 6-41 采用顺序阀的顺序动作回路图及电气控制原理

2. 采用电器行程开关的顺序动作回路

在实训时，按图 6-42 所示接好油路和电路。当按下按钮 SB1 时，电磁铁 1YA 通电，液压缸 1 的活塞杆伸出。当打到行程开关 S2 时，S2 动作，电磁铁 2YA 通电，液压缸 2 的活塞杆伸出；当打到行程开关 S3 时，S3 动作，电磁铁 1YA 断电，液压缸 1 的活塞杆缩回；当打到行程开关 S1 时，S1 动作，电磁铁 2YA 断电，液压缸 2 的活塞杆缩回，至此两个液压缸活塞杆按①→②→③→④的顺序自动完成 4 个动作。当再按下按钮 SB1 时，重复下一轮顺序动作。

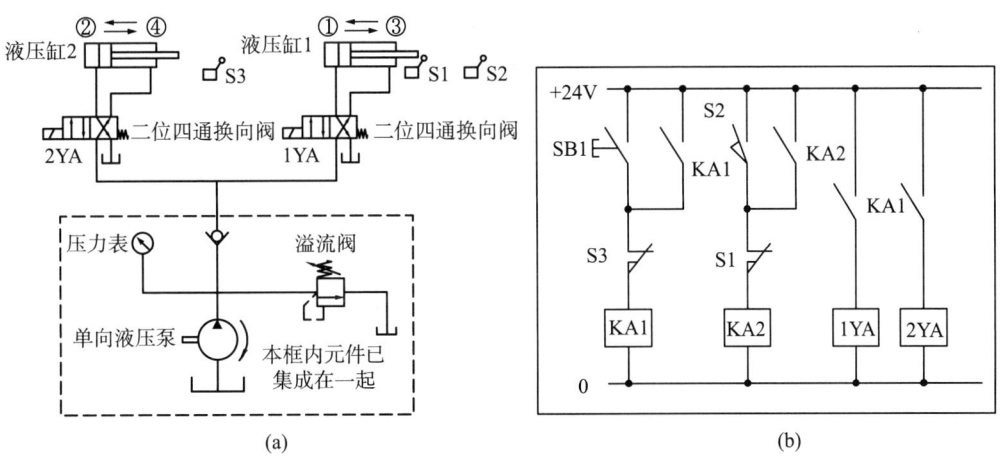

图 6-42　采用电器行程开关的顺序动作回路及电气控制原理

3. 采用压力继电器的顺序动作回路

在实训时，按图 6-43 所示接好油路和电路。当按下按钮 SB2 时，电磁铁 1YA 通电，液压缸 1 的活塞杆伸出，实现动作①。当压力达到与继电器相对应的压力时，压力继电器的常开触点闭合，电磁铁 2YA 通电，液压缸 2 的活塞杆伸出，完成动作②。当按下按钮 SB1 时，电磁铁 1YA、2YA 均断电，压力传感器断开，两个液压缸的活塞杆缩回。

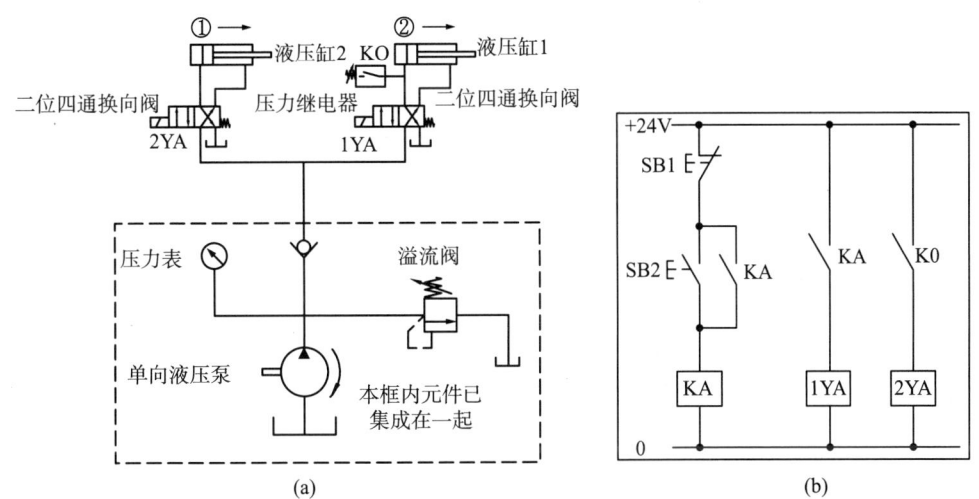

图 6-43　采用压力继电器的顺序动作回路及电气控制原理

五、报告内容

1. 画出所选作的基本回路工作原理简图，说明其主要结构、组成及工作原理；
2. 叙述所选作的顺序控制回路的基本工作过程。

思考练习题

一、填空题

1. 压力控制回路是应用各种压力阀对_____或_____的压力进行控制的基本回路。
2. 速度控制回路用于执行元件的速度调节或速度换接。常用的速度控制回路有_____、_____和_____等。
3. 节流调速回路是用_____液压泵供油，通过调节流量控制阀的通流面积大小来改变元件的_____，从而实现运动速度的调节。
4. 容积调速回路是通过改变回路中液压泵或液压马达的_____来实现调速的。
5. 为改变进入液压执行元件的流量，可采用_____和_____来调节流量，也可采用_____或_____调节输出流量。
6. 顺序动作回路按其控制方式不同，分为_____、_____和_____。

二、单项选择题

1. 液压系统中，溢流阀可以配合液压泵等溢出系统中多余的油液，使系统保持一定的_____。
   A. 压力　　　　B. 流量　　　　C. 速度　　　　D. 流向
2. 当液压泵的输出压力是高压而局部回路或支路要求低压时，可以采用_____。
   A. 调压回路　　B. 减压回路　　C. 平衡回路　　D. 卸荷回路
3. 调压回路的核心控制元件是_____。
   A. 溢流阀　　　B. 减压阀　　　C. 单向阀　　　D. 顺序阀
4. 进油节流调速回路一般应用于_____的液压系统中。
   A. 功率较小、负载变化小　　　　B. 功率较大、负载变化小
   C. 功率较小、负载变化大　　　　D. 功率较大、负载变化大
5. 运动稳定性较差，低速承载能力差的回路是_____。
   A. 进油节流调速回路　　　　　　B. 回油节流调速回路
   C. 旁路节流调速回路　　　　　　D. 顺序节流回路
6. 两个不同调整压力的减压阀串联后的出口压力取决于_____。
   A. 调整压力低的减压阀的调整压力
   B. 调整压力高的减压阀的调整压力
   C. 靠液压泵近的那个减压阀的调整压力
   D. 离液压泵远的那个减压阀的调整压力
7. 属于压力控制回路的是_____。
   A. 保压回路　　B. 锁紧回路　　C. 同步回路　　D. 调速回路
8. 液压系统中的工作机构在短时间停止运行，可采用_____以达到节省动力损耗、

减少液压系统发热、延长泵的使用寿命的目的。

A．调压回路　　　B．减压回路　　　C．卸荷回路　　　D．增压回路

三、多项选择题

1．节流调速回路由_____组成。

A．定量泵　　　　　　　　　　　B．溢流阀

C．流量控制阀　　　　　　　　　D．执行元件

2．按流量阀在回路中的安装位置不同，节流调速回路可分为_____。

A．进油节流调速回路　　　　　　B．回油节流调速回路

C．旁路节流调速回路　　　　　　D．顺序节流回路

3．容积调速回路通常有_____基本形式。

A．由变量泵和定量液压执行元件组成的容积调速回路

B．由定量泵和变量液压马达组成的容积调速回路

C．由变量泵和变量液压马达组成的容积调速回路

D．由定量泵和节流阀组成的容积调速回路

4．压力控制回路主要有_____等多种回路。

A．调压　　　　　B．减压　　　　　C．卸荷

D．平衡　　　　　E．保压

5．采用_____中位机能三位四通换向阀，可以实现系统卸荷。

A．M 型　　　　　B．H 型　　　　　C．O 型　　　　　D．K 型

四、判断题

1．调压回路主要是应用溢流阀使系统压力满足需要，通常液压泵的供油压力可由溢流阀调定。　　　　　　　　　　　　　　　　　　　　　　　　　　　　　（　　）

2．节流调速回路是通过改变流量控制阀节流口的通流面积来调节和控制输入执行元件的流量，实现速度调节的。　　　　　　　　　　　　　　　　　　　　（　　）

3．进油节流回路降低了系统的温度。　　　　　　　　　　　　　　　　（　　）

4．旁路节流调速回路适用于动力较大、速度较高而速度稳定性要求不高，且调速范围小的液压系统中。　　　　　　　　　　　　　　　　　　　　　　　　（　　）

5．在变量泵-变量马达闭式回路中，辅助泵的功用在于补充泵和马达的泄漏。（　　）

6．如果系统或系统的某一支油路需要压力较高但流量又不大的压力油，应采用高压泵。　　　　　　　　　　　　　　　　　　　　　　　　　　　　　　　（　　）

五、问答题

1．什么是液压基本回路？常见的液压基本回路有哪几类？它们各起什么作用？

2．为什么要调整液压系统的压力？如何调整？

3．什么是液压锁？它的工作原理是什么？

4．简述调速回路的原理及分类。

5．试比较节流调速、容积调速和容积节流调速的特点。

6．试绘出液压缸差动连接快速运动回路的简单原理示意图。

六、计算题

在题图 6-1 所示的调速阀节流调速回路中，已知 $q_p = 25 \text{ L/min}$，$A_1 = 100 \times 10^{-4} \text{ m}^2$，

$A_2 = 50 \times 10^{-4}$ m², 当外力由 $F=0$ 增至 $F=30\ 000$ N 时,活塞向右移动的速度基本无变化,$v=0.2$ m/min,若调速阀要求的最小压差为 $\Delta p = 0.5$ MPa,试求:

(1) 不计调压偏差时溢流阀调整压力 p 是多少?泵的工作压力是多少?

(2) 液压缸可能达到的最高工作压力是多少?

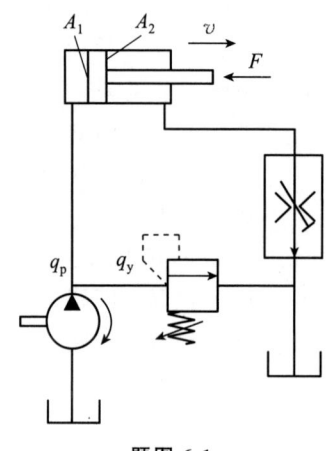

题图 6-1

项目七　液压系统应用

学习目标

1. 掌握识读液压系统图的方法；
2. 能够分析典型液压系统的原理、特点及元件作用；
3. 了解液压系统的安装、调试、使用和维护方法；
4. 了解液压系统常见故障产生原因及排除方法。

任务 1　典型液压系统

一、数控车床液压系统

1. 系统概述

数控车床主要用于轴类和盘类回转体零件的加工，能自动完成内外圆柱面、锥面、螺纹等工序的切削加工，并能进行切槽、钻孔、扩孔、铰孔等工艺，特别适宜于复杂形状零件的加工。MJ-50 数控车床中由液压系统实现的动作主要有：车床卡盘的夹紧与松开、卡盘夹紧力的高低压转换、回转刀架的松开与夹紧、刀架刀盘的正转与反转、尾座套筒的伸出与退回等。液压系统中各电磁铁的动作由数控系统的 PLC 控制实现。图 7-1 所示为 MJ-50 数控车床液压系统原理。

2. 系统工作原理分析

液压系统采用变量泵供油，系统压力调至 4 MPa，其电磁铁动作顺序见表 7-1。

表 7-1　电磁铁动作顺序

动作			电磁铁							
			1YA	2YA	3YA	4YA	5YA	6YA	7YA	8YA
卡盘正卡	高压	夹紧	+	−	−					
		松开	−	+	−					
	低压	夹紧	+	−	+					
		松开	−	+	+					
卡盘反卡	高压	夹紧	−	+	−					
		松开	+	−	−					
	低压	夹紧	−	+	+					
		松开	+	−	+					

(续表)

动作		电磁铁							
		1YA	2YA	3YA	4YA	5YA	6YA	7YA	8YA
回转刀架	刀盘松开				+			−	−
	刀架正转				+			−	+
	刀架反转				+			+	−
	刀盘夹紧				−				
尾座	套筒伸出					−	+		
	套筒退回					+	−		

注:"+"表示通电;"−"表示断电。

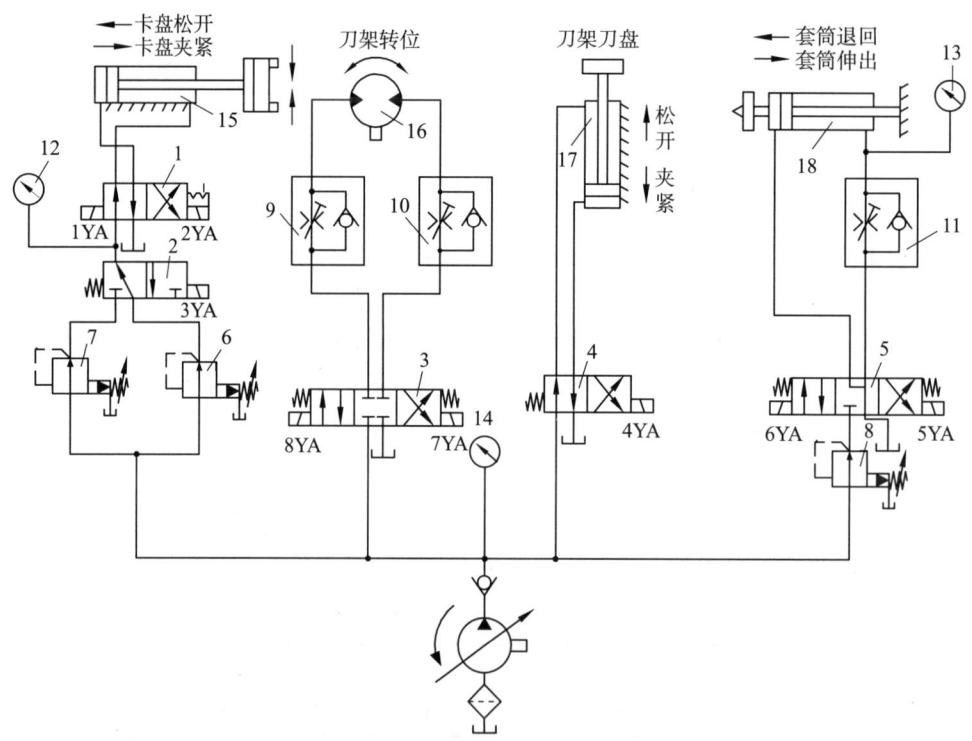

图 7-1 MJ-50 数控车床液压系统原理

1、4—二位四通电磁换向阀;2—二位三通电磁换向阀;
3、5—三位四通电磁换向阀;6~8—减压阀;9~11—单向调速阀;12~14—压力表;
15—卡盘液压缸;16—刀架转位马达;17—刀盘液压缸;18—尾座液压缸。

(1) 卡盘的夹紧与松开。

主轴卡盘的夹紧与松开,由二位四通电磁换向阀 1 控制。卡盘的高压与低压夹紧转换,由二位三通电磁换向阀 2 控制。

当卡盘处于正卡(也称外卡)且在高压夹紧状态下时,夹紧力的大小由减压阀 6 来调节。当卡盘处于正卡时,卡盘液压缸 15 的活塞杆左移,电磁铁 1YA 通电,电磁铁 2YA、3YA 断电。油路为:

进油路：液压泵→单向阀→减压阀 6→二位三通电磁换向阀 2（左位）→二位四通电磁换向阀 1（左位）→卡盘液压缸 15（右腔）。

回油路：卡盘液压缸 15（左腔）→二位四通电磁换向磁 1（左位）→油箱。

当卡盘松开时，电磁铁 2YA 通电，电磁铁 1YA、3YA 断电，卡盘液压缸 15 的活塞杆右移。油路为：

进油路：液压泵→单向阀→减压阀 6→二位三通电磁换向阀 2（左位）→二位四通电磁换向阀 1（右位）→卡盘液压缸 15（左腔）。

回油路：卡盘液压缸 15（右腔）→二位四通电磁换向阀 1（右位）→油箱。

当卡盘处于正卡且在低压夹紧状态下，夹紧力的大小由减压阀 7 来调整。

当卡盘夹紧时，电磁铁 1YA、电磁铁 2YA 断电，电磁铁 3YA 通电，卡盘液压缸 15 的活塞杆左移。油路为：

进油路：液压泵→单向阀→减压阀 7→二位三通电磁换向阀 2（右位）→二位四通电磁换向阀 1（左位）→卡盘液压缸 15（右腔）。

回油路：卡盘液压缸 15（左腔）→二位四通电磁换向阀 1（左位）→油箱。

当卡盘松开时，电磁铁 2YA、3YA 通电，电磁铁 1YA 断电。油路为：

进油路：液压泵→单向阀→减压阀 7→二位三通电磁换向阀 2（右位）→二位四通电磁换向阀 1（右位）→卡盘液压缸 15（左腔）。

回油路：卡盘液压缸 15（右腔）→二位四通电磁换向阀 1（右位）→油箱。

（2）回转刀架动作。

当回转刀架换刀时，首先是刀架刀盘松开，之后刀盘就转到指定的刀位，最后刀盘夹紧。刀盘的夹紧与松开，由二位四通电磁换向阀 4 控制。刀盘的旋转方向可正反转，由三位四通电磁换向阀 3 控制，其转速分别由单向调速阀 9 和 10 调节控制。

当刀架刀盘松开时，电磁铁 4YA 先通电。油路为：

进油路：液压泵→单向阀→二位四通电磁换向阀 4（右位）→刀盘液压缸 17（下腔）。

回油路：刀盘液压缸 17（上腔）→二位四通电磁换向阀 4（右位）→油箱。

当刀架正转时，电磁铁 8YA 通电、电磁铁 7YA 断电。油路为：

进油路：液压泵→单向阀→三位四通电磁换向阀 3（左位）→单向调速阀 9→刀架转位马达 16。

回油路：刀架转位马达 16→单向调速阀 10→三位四通电磁换向阀 3（左位）→油箱。

当刀架反转时，电磁铁 7YA 通电、电磁铁 8YA 断电。油路为：

进油路：液压泵→单向阀→三位四通电磁换向阀 3（右位）→单向调速阀 10→刀架转位马达 16。

回油路：刀架转位马达 16→单向调速阀 9→三位四通电磁换向阀 3（右位）→油箱。

当刀盘转到指定的刀位后，电磁铁 7YA、8YA 断电。当电磁铁 4YA 断电时，刀盘夹紧。油路为：

进油路：液压泵→单向阀→二位四通电磁换向阀 4（左位）→刀盘液压缸 17（上腔）。

回油路：刀盘液压缸 17（下腔）→二位四通电磁换向阀 4（左位）→油箱。

（3）尾座套筒伸缩动作。

尾座套筒的伸出与缩回由三位四通电磁换向阀 5 控制。当电磁铁 6YA 通电、电磁铁

5YA 断电时，套筒伸出。油路为：

进油路：液压泵→单向阀→减压阀 8→三位四通电磁换向阀 5（左位）→尾座液压缸 18（左腔）。

回油路：尾座液压缸 18（右腔）→单向调速阀 11→三位四通电磁换向阀 5（左位）→油箱。

当电磁铁 5YA 通电、电磁铁 6YA 断电时，套筒缩回。油路为：

进油路：液压泵→单向阀→减压阀 8→三位四通电磁换向阀 5（右位）→单向调速阀 11→尾座液压缸 18（右腔）。

回油路：尾座液压缸 18（左腔）→三位四通电磁换向阀 5（右位）→油箱。

3．MJ-50 数控车床液压系统的特点

（1）系统采用单向变量叶片泵供油，能量损失小。

（2）系统采用两个减压阀+两个换向阀调节卡盘高压夹紧与低压夹紧时压力大小的转换，这样可根据工件情况调节夹紧力，操作方便简单。

（3）用换向阀控制刀架刀盘的夹紧与松开。

（4）系统采用双向液压马达实现刀架的转位，可实现无级调速，并控制刀架的正反转。

（5）用换向阀控制尾座套筒的伸出与缩回，用减压阀控制尾座套筒伸出工作时的预紧力大小，实现不同工件的加工需要。

（6）压力表可分别显示系统不同部位的压力，以便系统调试和故障诊断。

二、汽车起重机液压系统

1．系统概述

汽车起重机机动性好，能以较快速度行走，采用液压起重机，承载能力大，可在有冲击、振动和环境较差条件下工作。图 7-2 所示为 Q2-8 型汽车起重机的工作机构，它由如下五个部分构成。

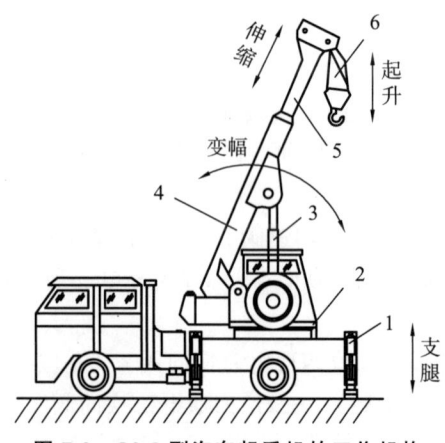

图 7-2　Q2-8 型汽车起重机的工作机构

1—支腿；2—转台；3—吊臂变幅液压缸；4—基本臂；5—伸缩臂；6—起升机构。

(1) 支腿——起重作业时使汽车轮胎离开地面，架起整车，不使载荷压在轮胎上，并可调节整车的水平。

(2) 回转机构——使吊臂回转。

(3) 伸缩机构——改变吊臂的长度。

(4) 变幅机构——改变吊臂的倾角。

(5) 起升机构——使重物升降。

汽车起重机执行元件要求完成的动作比较简单，位置精度较低。一般采用中、高压手动控制系统。图 7-3 所示为 Q2-8 型汽车起重机液压系统原理，其液压泵由汽车发动机通过装在汽车底盘变速器上的取力箱传动。液压泵通过中心回转接头 9、开关 10 和过滤器 11，从油箱吸油。输出的压力油经手动阀组 1 和手动阀组 2 输送到各个执行单元。溢流阀 3 是安全阀，用以防止系统过载。Q2-8 型汽车起重机液压系统原理见表 7-2。

表 7-2 Q2-8 型汽车起重机液压系统原理

手动阀位置						系统工作情况						
A	B	C	D	E	F	前支腿液压缸	后支腿液压缸	回转液压马达	伸缩液压缸	变幅液压缸	起升液压马达	制动液压缸
左	中	中	中	中	中	放下	不动	不动	不动	不动	不动	制动
右	中	中	中	中	中	收起	不动	不动	不动	不动	不动	制动
中	左	中	中	中	中	不动	放下	不动	不动	不动	不动	制动
中	右	中	中	中	中	不动	收起	不动	不动	不动	不动	制动
中	中	左	中	中	中	不动	不动	正转	不动	不动	不动	制动
中	中	右	中	中	中	不动	不动	反转	不动	不动	不动	制动
中	中	中	左	中	中	不动	不动	不动	缩回	不动	不动	制动
中	中	中	右	中	中	不动	不动	不动	伸出	不动	不动	制动
中	中	中	中	左	中	不动	不动	不动	不动	减幅	不动	制动
中	中	中	中	右	中	不动	不动	不动	不动	增幅	不动	制动
中	中	中	中	中	左	不动	不动	不动	不动	不动	正转	松开
中	中	中	中	中	右	不动	不动	不动	不动	不动	反转	松开

Q2-8 型汽车起重机的动作顺序为：放下后支腿→放下前支腿→调整吊臂伸缩幅度→调整吊臂起落角→起吊重物→回转→重物降下→收起前支腿→收起后支腿。

2. 系统工作原理分析

(1) 放下支腿。

①放下后支腿。

进油路：液压泵→手动换向阀组 1B→双向液压锁 4→后支腿液压缸上腔。

回油路：后支腿液压缸下腔→双向液压锁 4→手动换向阀组 1B→中心回转接头 9→油箱。

②放下前支腿。

进油路：液压泵→手动换向阀组 1A→双向液压锁 4→前支腿液压缸上腔。

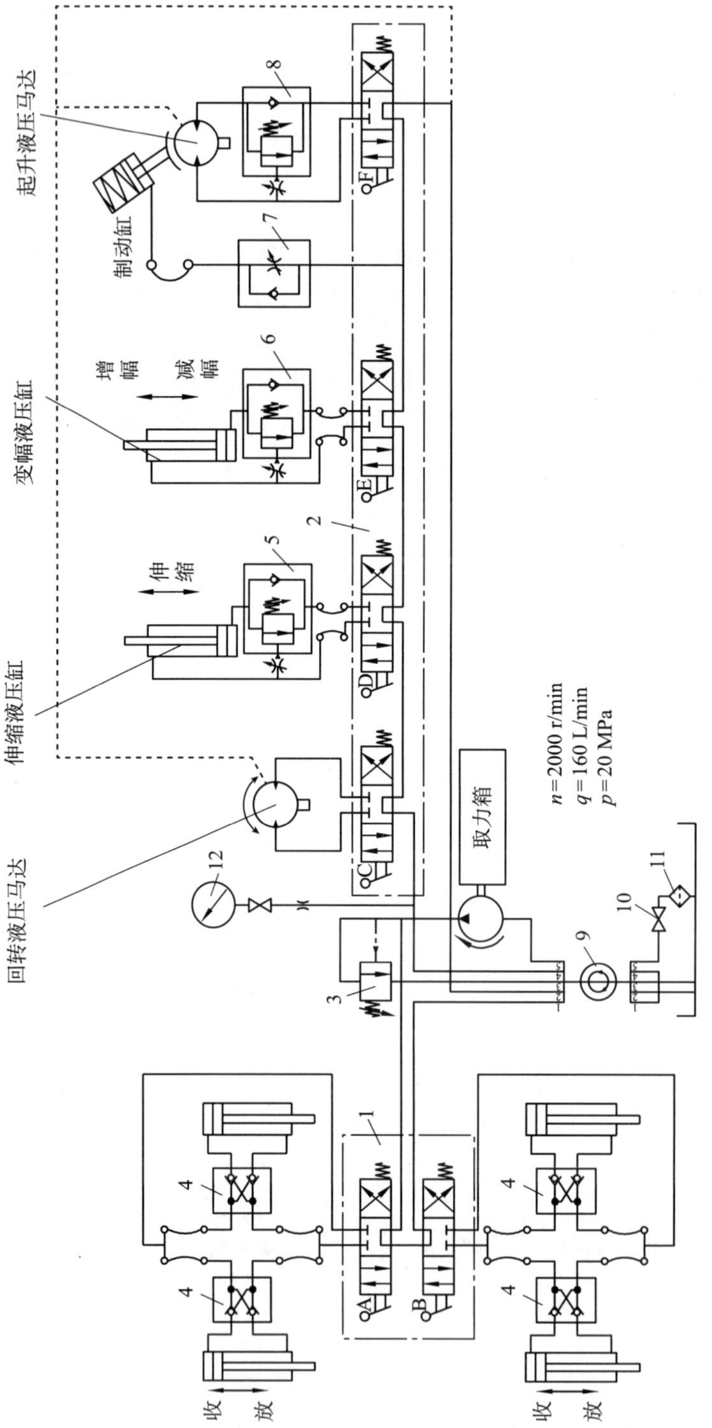

图7-3 Q2-8型汽车起重机液压系统原理

1、2—手动换向阀组；3—溢流阀；4—双向液压锁；5、6、8—单向顺序阀；
7—单向节流阀；9—中心回转接头；10—开关；11—过滤器；12—压力表。

回油路：前支腿液压缸下腔→双向液压锁 4→手动换向阀组 1A→中心回转接头 9→油箱。

(2) 吊臂伸缩。

①伸臂。

进油路：液压泵→手动换向阀组 2D→单向顺序阀 5→伸缩液压缸下腔。

回油路：伸缩液压缸上腔→手动换向阀组 2D→中心回转接头 9→油箱。

②缩臂。

进油路：液压泵→手动换向阀组 2D→伸缩液压缸上腔。

回油路：伸缩液压缸下腔→单向顺序阀 5→手动换向阀组 2D→中心回转接头 9→油箱。

(3) 吊臂变幅。

①增幅。

进油路：液压泵→手动换向阀组 2E→单向顺序阀 6→变幅液压缸下腔。

回油路：变幅液压缸上腔→手动换向阀组 2E→中心回转接头 9→油箱。

②减幅。

进油路：液压泵→手动换向阀组 2E→变幅液压缸上腔。

回油路：变幅液压缸下腔→单向顺序阀 6→手动换向阀组 2E→中心回转接头 9→油箱。

(4) 回转机构。

回转机构回路，通过手动换向阀组 2C 就可获得左转、停止、右转三种不同的工况。转盘回转速度较低，一般为 1～3 r/min。驱动转盘的液压马达转速也不高，故不必设置马达制动回路。

(5) 起升机构。

①重物起升。

进油路：液压泵→手动换向阀组 2F→单向顺序阀 8→起升液压马达。

回油路：起升液压马达→手动换向阀组 2F→中心回转接头 9→油箱。

②重物下降。

进油路：液压泵→手动换向阀组 2F→起升液压马达。

回油路：起升液压马达→单向顺序阀 8→手动换向阀组 2F→中心回转接头 9→油箱。

在液压马达上设有制动缸，以便在液压马达停转时，用制动器锁住起升液压马达。单向节流阀 7 的作用是使制动器上闸快、松闸慢，使液压马达迅速制动又避免滑降的现象。

(6) 收起支腿。

①收起前支腿。

进油路：液压泵→手动换向阀组 1A→双向液压锁 4→前支腿液压缸下腔。

回油路：前支腿液压缸上腔→双向液压锁 4→手动换向阀组 1A→中心回转接头 9→油箱。

②收起后支腿。

进油路：液压泵→手动换向阀组 1B→双向液压锁 4→后支腿液压缸下腔。

回油路：后支腿液压缸上腔→双向液压锁 4→手动换向阀组 1B→中心回转接头 9→

油箱。

3. Q2-8 型汽车起重机液压系统特点

(1) 采用溢流阀限制系统最高工作压力，防止系统过载，对起重机起到超重起吊安全保护的作用。

(2) 系统采用手动换向阀串联油路，各机构的动作既可独立进行，又可在空载或轻载作业时进行，各串联的执行元件能实现任意组合并同时动作，以提高工作效率。

(3) 系统采用了平衡回路，可以防止在起升、吊臂伸缩和变幅作业过程中重物因自重下降。但在一个方向上有背压，工作过程中会对系统造成一定的功率损耗。

(4) 在前、后支腿油路上设置了双向液压锁，可以防止支腿在起吊过程中出现"软腿"和在行车过程中自行下落，并可将支腿长时间锁定在工作位置。

(5) 系统采用 M 型中位机能三位四通换向阀组的控制，能减少功率损耗，适于起重机间歇性工作。

(6) 在制动回路中，采用制动缸（单作用单杆液压缸）和单向节流阀组成制动器，利用调整好的弹簧力进行制动。制动缸进油时要经过节流阀，故制动松开时动作慢，可以防止重物起升时溜车。在制动缸回油时，油液经过单向阀，制动缸活塞杆在弹簧力的作用下迅速制动，且在汽车发动机熄火或系统出现故障时也能可靠制动，防止被起吊的重物下落。

任务 2　液压系统的安装调试与维护

液压系统安装调试、维护的优劣，将直接影响到设备的工作性能和使用寿命，对于提高液压设备的可靠性和运行效率是非常重要的。

一、液压系统的安装

1. 安装前准备

在安装前应备齐设备的液压系统图、管路布置图、电气原理图以及液压元件清单和有关元件样本等技术资料，并熟悉其内容与要求。所有安装必须符合制造厂的规定。按液压系统图、液压元件清单等进行物资准备，同时认真检查元件质量。对于仪表（如压力表等）必要时应重新进行校验，以保证工作灵敏性、准确性和可靠性。

2. 液压元件的安装

(1) 液压泵（马达）的安装。

液压泵（马达）的旋转方向和进、出油口应按液压泵上标明的要求安装，不得接反。液压泵（马达）与原动机之间的安装底板或支架必须有足够的刚性，以保证运转时始终同轴。外露的旋转轴、联轴器必须安装防护罩。液压泵的进油管路密封必须可靠，不能出现漏气而导致液压泵吸入空气。

(2) 液压阀类元件的安装。

各液压阀类元件进、出油口的方位应符合规定要求；安装的位置无规定时，应安装在便于使用、维修的位置上，安装后不用的油口要堵死。一般方向阀应保持轴线呈水平位置安装。在安装板式元件时，固定螺钉的拧紧力要均匀，使元件的安装平面与元件底面接触良好。一般需要调整的阀类元件，调节手柄顺时针方向旋转时为增加流量或压力，反方向则为减少。

(3) 液压缸的安装。

液压缸的安装应牢固可靠，行程较大的液压缸尽量采取一端安装、另一端浮动的安装方式，以防止热胀冷缩。液压缸的安装面和活塞杆的滑动面应保持足够的平行度和垂直度。

3. 液压管路的安装

液压管道安装一般在所连接的设备及液压元件安装完毕后进行，在管道正式安装前要进行管路试装。试装合适后，先给油管编号再将其拆下，以管路最高工作压力的1.5~2倍的试验压力进行耐压试验。试压合格后，用酸液清洗油管，再用苏打水中和，最后用温水清洗，待干燥后涂油即可转入正式安装。

(1) 吸油管的安装。

吸油管路要尽量短、弯曲少，管径选取要适当。吸油管不应漏气，各接头连接处要紧密牢固，以免液压泵在工作时吸进空气、产生噪声，以致无法吸油。泵的吸油高度一般不大于 0.5 m，除个别泵（产品说明书或样本中有说明）外，在泵的吸油管路上应设置粗滤油器。

(2) 回油管的安装。

执行元件的主回油管及溢流阀的回油管应伸到油箱油面以下，以防止液压油飞溅而混入气泡。溢流阀的回油管不允许与液压泵的进油管相接，应单独回油箱。凡外部有泄油口的液压阀（如减压阀、顺序阀、电磁阀等），其泄油口应单独接回油箱，不允许有背压，以免影响这些阀的正常工作。

(3) 软管连接时要避免急转弯，其弯曲半径应大于9倍的管外径，连接端部接头的软管应有一段长度保持不弯，其长度要大于软管外径的 6 倍。软管的弯曲同软管接头的安装应在同一运动平面上，以防止扭转。软管在静止和随机移动时，不应扭曲变形，不应与其他管路接触，以免磨损破裂。在连接处应自由悬挂，以免受其自重影响而产生弯曲。软管不应处于受拉状态，过长或承受剧烈振动的情况下应用夹子夹牢。软管应尽量安装在远离热源的地方，必要时要安装隔热板。

二、液压系统的调试

调试前应全面检查液压管路、电气线路是否正确可靠，油液牌号与说明书上是否一致，油箱内油液高度是否在油面线上。将调节手柄置于零位，选择开关置于"调整"和"手动"位置上，防护装置要完好。确定调试项目、顺序和测量方法，准备检测仪表：先进行设备的外观认识，熟悉手柄、按钮、标牌。

1. 空载试车

(1) 点动电动机，判定电动机转向是否与液压泵旋向标志一致，确定后连续点动几次，无异常的情况后，按下启动按钮，开始正常运行。

(2) 有排气装置的系统应进行排气；无排气装置的系统应让液压缸以最大行程多次往复地运动或使液压马达转动，使之自然排出气体。积存的气体排尽后应将排气装置关闭。

(3) 分别对液压系统压力、流量、行程等进行调整与设定，可逐个对支路按先手动后自动顺序进行调整与设定。在调整时应从低到高，逐步达到规定的参数值。

(4) 检查各管路连接处、液压元件结合面及密封处的内、外泄漏是否在允许的范围内。

(5) 液压系统连续运转一段时间后，检查液压油的温升，以及系统所要求的精度（如换向、定位和停留等），一切正常后，方可进行负载试车。

2. 负载试车

负载试车是使液压系统按设计要求在预定的负载下工作，应逐步加大负载，如果一切正常才可选择最大负载试车。通过负载试车检查系统能否实现预定的工作要求；检查噪声和振动是否在允许范围内；检查运动部件运动、换向和速度换接的平稳性；检查有无爬行和冲击现象；检查安全防护装置的工作可靠性；检查系统连续工作一定时间后的油温；检查系统各处的泄漏情况等。若负载试车检查系统工作正常，即可投入正式使用。

三、液压系统的使用与维护

1. 使用保养要求

(1) 操作者要熟悉液压元件控制机构的操作要领，各个调节手柄的转动方向与所控制的压力或流量大小的变化关系。

(2) 按设计规定和工作要求，合理调节液压系统的工作压力和工作速度。当压力阀和调速阀调节到所要求的数值后，应将调节螺钉紧固牢靠，以防松动。对设有锁紧件的元件，调节后应把调节手柄锁住。

(3) 按使用说明书规定的品牌号选用液压油。在加油之前，油液必须过滤。同时，要定期对油质进行取样化验，若发现油质不合使用要求，则必须更换。

(4) 液压系统液压油的工作温度一般应控制在 30~60 ℃ 范围内。若超过规定范围，则应检查原因，予以排除。定期检查冷却器和加热器工作性能。

(5) 保持液压油清洁，定期检查更换，对于新使用的液压设备，使用三个月左右就应清洗油箱、更换新油，以后每隔半年至一年进行一次清洗和换油。

(6) 当设备长期不用，应将各调节手柄全部放松，防止弹簧产生永久变形。

2. 系统的维护

(1) 日常检查是减少液压系统故障的重要环节。当液压系统某部位产生故障时（例如油压不稳、油压太低、振动等），要及时分析原因并处理，不要勉强运转，以免造成大事故。经常检查和定期紧固管件接头、法兰等，以防松动。

(2) 定期检查液压油，并根据情况定期更换，对主要液压元件定期进行性能测定；检查润滑管路是否正常，定期更换密封件，清洗、更换滤芯。定期检查的时间一般与过滤器检修间隔时间相同，大约三个月。

四、液压系统的故障诊断与维修

液压系统的故障很多，不同用途的液压设备因其液压系统的组成不同，其故障也不同，常见故障主要有振动和噪声、爬行、液压冲击、泄漏、温度升高和液压油污染等。

表 7-3 至表 7-10 给出了常见液压系统故障产生原因及排除方法。

表 7-3 液压系统产生振动和噪声

故障现象	产生原因	排除方法
液压泵吸空引起噪声	液压泵本身或其进油管路密封不良、漏气	更换密封元件
	油箱油量不足	将油箱油量加至油标处
	液压泵进油管口过滤器堵塞	清洗过滤器
	油箱不透空气	清理空气过滤器
	液压泵吸液高度过高	将吸液高度降至 500 mm 以下
	吸液管过细、过长	增大管径，减少弯头
	油液黏度过大	更换合适黏度的油液
液压泵故障造成噪声	轴向间隙因磨损而增大，输油量不足	修复轴向间隙
	连接处松动	紧固
	液压泵困油	清洗、修复
	泵内轴承、叶片等元件损坏或精度变差	拆开检修并更换已损坏零件
液压缸或马达内有空气	停止运转期间系统渗入空气	利用排气装置排气
控制阀引起噪声	调节弹簧永久变形、扭曲或损坏	更换弹簧
	阀座磨损、密封不良	研修阀座
	阻尼孔被堵塞	清洗、疏通阻尼孔
	阀芯与阀孔配合间隙大，高、低压油互通	研磨阀孔，重配新阀芯
	换向过快，造成换向冲击	降低换向速度
	阀开口小、流速高、产生空穴现象	应尽量减小进、出口压差
机械振动引起噪声	液压泵与电动机不同轴	重新安装、更换柔性联轴器
	油管振动或互相撞击	适当加设支承管夹
	联轴器松动	紧固
	电动机轴承损坏	更换电动机轴承
液压冲击声	液压缸缓冲装置失灵	进行检修和调整
	背压阀调整压力变动	进行检查和调整
	电液换向阀端的单向节流阀故障	调节节流阀，检修单向阀

表 7-4 系统运转不起来或压力提不高

故障现象	产生原因	排除方法
液压泵电动机	电动机电线接反	调换电动机接线
	电动机功率不足，转速不够高	检查电压、电流大小

(续表)

故障现象	产生原因	排除方法
液压泵	液压泵泵进、压油口接反	调换吸、压油管位置
	液压泵吸油不畅、进气	清洗滤网、排除空气
	泵轴径向间隙过大	检修液压泵
	泵体缺陷造成高、低压腔互通	更换液压泵
	叶片泵叶片与定子内表面接触不良或卡死	检修叶片及修研定子内表面
	柱塞泵柱塞卡死	检修柱塞泵
控制阀	压力阀主阀阀芯或锥阀芯卡死在开口位置	清洗、检修压力阀,使阀芯移动灵活
	压力阀弹簧断裂或永久变形	更换弹簧
	某个阀漏得比较严重,导致高、低压油路连通	检修阀,更换已损坏的密封件
	控制阀阻尼孔被堵塞	清洗、疏通阻尼孔
	控制阀的油口接反或接错	检查并纠正接错的管路
液压油	黏度过高,吸不进或吸油不足	用指定黏度的液压油
	黏度过低,泄漏太多	用指定黏度的液压油

表 7-5 运动部件速度达不到或不运动

故障现象	产生原因	排除方法
液压泵	液压泵供油不足、压力不足	检修或更换液压泵
控制阀	压力阀卡死,进、回油路连通	清洗、更换液压油
	流量阀的节流孔被堵塞	清洗、疏通节流孔
	液压阀卡在互通位置	检修液压阀
液压缸	装配精度或安装精度超差	检查、保证达到规定的精度
	活塞密封圈损坏、缸内泄漏严重	更换密封圈
	间隙密封的活塞、缸壁磨损过大,内泄漏多	研修内孔,重配新活塞
	缸盖处密封圈摩擦力过大	适当调松压盖螺钉
	活塞杆处密封圈磨损严重或损坏	调紧压盖螺钉或更换密封圈

表 7-6 液压系统产生爬行

故障现象	产生原因	排除方法
控制阀	流量阀的节流口处有污物,通油量不均匀	检修或清洗流量阀
液压缸	活塞式液压缸端盖密封圈压得太死	调整压盖螺钉
	液压缸中进入的空气未排净	利用排气装置排气

(续表)

故障现象	产生原因	排除方法
液压缸	液压元件的运动件间摩擦阻力太大或变化	检修液压元件
	液压缸轴线与导轨不平行，活塞杆弯曲，缸筒内圆拉毛，两端油封调整过紧	检修液压缸，调整安装位置
	液压油污染	更换液压油
	回油无背压	设置背压阀
	负载变化，引起供油波动	选用低速稳定性好的调速阀

表 7-7 工作循环不能正确实现

故障现象	产生原因	排除方法
液压回路间互相干扰	同一个液压泵供油的各液压缸压力、流量差别大	改用不同泵供油或用控制阀（单向阀、减压阀、顺序阀等），使油路互不干扰
	主油路与控制油路用同一泵供油，当主油路卸荷时，控制油路压力太低	在主油路上设控制阀，使控制油路始终有一定压力，能正常工作
控制信号不能正确发出	行程开关、压力继电器开关接触不良	检修各开关接触情况
	某些元件的机械部分卡住（如弹簧、杠杆）	检修有关机械部分
控制信号不能正确执行	电压过低，弹簧过软或过硬使电磁阀失灵	检查电路的电压，检修电磁阀
	行程挡块位置不对或未紧固	检查挡块位置，并将其紧固

表 7-8 液压系统产生泄漏

产生原因	排除方法
密封件装错、装反	更换、重装密封件
密封件损坏	更换密封件
结合面几何精度低	研修结合面
阀芯磨损、间隙增大	重配阀芯
连接处、管接头松动	紧固
油管破裂造成严重泄漏	更换油管
压力过高	调整压力至规定范围

表 7-9 液压系统产生液压冲击

产生原因	排除方法
换向阀换向过快	换向阀阀芯做成锥角或开轴向三角槽；采用电液动换向阀
液压缸缓冲柱塞与端盖柱塞孔间隙过大	修复、研配缓冲柱塞
液压缸的缓冲节流阀调节不当	调整节流阀开口至适当大小
运动件、液压油惯性力大	增设蓄能器

液压与气压传动

表 7-10　液压系统温度升高

产生原因	排除方法
液压泵及各连接处泄漏，容积效率低	检修液压泵，严防泄漏
箱容积小，散热性能差	增大油箱容积，必要时增设冷却装置
控制元件规格选用不合理，工作不良	更换、调整
系统阻力大，沿程功率损失大	选择合适管径，减少弯头，缩短长度
液压元件加工精度低，装配不良，摩擦力大	检修液压元件，重新装配
压力调定值过高	适当降低调定值
定量泵功率浪费，造成温度升高	改用变量泵
液压油黏度太大	选择适当黏度的液压油
环境温度过高	设置反射板或利用隔热材料将系统与热源隔开

思考练习题

一、填空题

1. 全部管路应进行两次安装，在管道正式安装前要进行_____，第二次_____。
2. 软管连接时要避免急转弯，其弯曲半径应_____的管外径，连接端部接头的软管应有一段长度保持不弯，其长度要大于软管外径的_____。

二、判断题

1. 液压系统安装、使用和维护的优劣，将直接影响到设备的使用寿命和工作性能。（　　）
2. 一般情况下，在泵的吸油管路上应设置粗滤油器。（　　）
3. 软管在静止和随机移动时，不应扭曲变形，不应与其他管路接触，以免磨损破裂。（　　）
4. 各类液压泵的吸油高度要求不尽相同，但一般不超过 2.5 m。（　　）

三、问答题

1. 图 7-1 所示 MJ-50 数控车床液压系统原理图中采用了三个减压阀，它们的作用是什么？
2. 图 7-3 所示 Q2-8 型汽车起重机液压系统原理图中采用了哪几种液压基本回路？如何防止"软腿"现象发生？如何防止溜车现象发生？制动缸的作用是什么？
3. 液压系统常见故障主要有哪几种？
4. 液压系统温度升高产生的原因和排除方法主要有哪些？

四、分析题

某机床进给回路如题图 7-1 所示，它可以实现快进→工进→快退的工作循环。根据此回路的工作原理，填写电磁铁动作表（电磁铁通电时，在空格中记"＋"号；断电时记"－"号）。

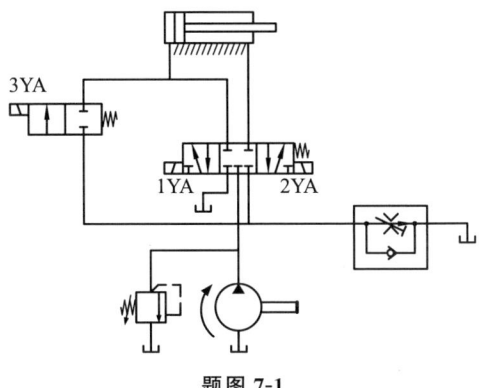

题图 7-1

电磁铁动作表

电磁铁工作环节	1YA	2YA	3YA
快进			
工进			
快退			

第二篇

气压传动

项目八　气源装置及气动元件

学习目标

1. 掌握气压传动的工作原理和气压传动系统的组成；
2. 理解气源装置的组成、空气压缩机的工作原理及种类；
3. 理解辅助元件的种类、功用及图形符号；
4. 理解气缸与气马达的类型、结构、特点、工作原理及应用；
5. 了解空气的物理性质；
6. 初步具备气缸、气马达故障诊断与维修能力。

任务 1　气压传动基础认知

一、气压传动的工作原理

气压传动是指以压缩空气为工作介质来传递动力和控制信号，控制和驱动各种机械和设备，以实现生产过程机械化、自动化的一门技术。

图 8-1（a）所示为气动剪切机的工作原理，图示位置为剪切前的预备状态。空气压缩机 1 产生的压缩空气，经过冷却器 2、油水分离器 3 进行降温及初步净化后，送入气罐 4 备用。压缩空气从气罐 4 引出，先经过分水滤气器 5 再次净化，然后经减压阀 6、油雾器 7 和气控换向阀 9 到达气缸 10。此时气控换向阀 9 的 A 腔压缩空气将阀芯推到上位，使气缸 10 上腔充压，活塞处于下位，剪切机的剪口张开，处于预备工作状态。当送料机构将工料 11 送入剪切机并送到规定位置时，工料将行程阀 8 的阀芯向右推动，行程阀 8 将气控换向阀 9 的 A 腔与大气连通。气控换向阀 9 的阀芯在弹簧的作用下移到下位，将气缸 10 上腔与大气连通，下腔与压缩空气连通。压缩空气推动活塞带动剪刃快速向上运动将工料切下。工料被切下后即与行程阀 8 脱开，行程阀 8 阀芯在弹簧作用下复位，将排气通道封闭。气控换向阀 9 的 A 腔压力上升，阀芯移至上位，使气路换向。气缸 10 下腔排气，上腔进入压缩空气，推动活塞带动剪刃向下运动，系统又恢复到图示的预备状态，待第二次进料剪切。气路中行程阀 8 的安装位置可以根据工料 11 的长度进行左右调整。气控换向阀 9 是根据行程阀 8 的指令来改变压缩空气的通道，从而使气缸 10 活塞实现往复运动。当气缸 10 下腔进入压缩空气时，活塞向上运动将压缩空气的压力能转换为机械能使剪切机构切断工料。此外，还可根据实际需要，在气路中加入流量控制阀，以控制剪切机构的运动速度。图 8-1（b）所示为用图形符号绘制的气动剪切机的工作原理。

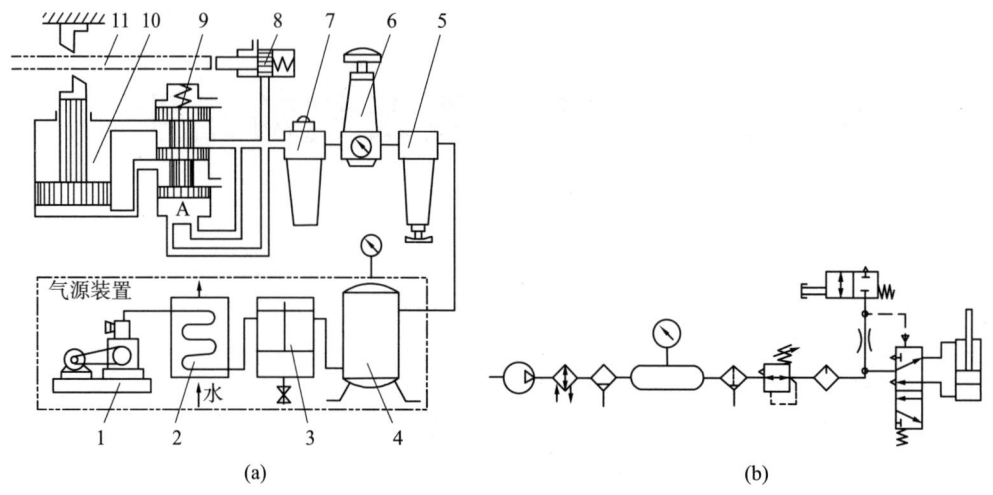

图 8-1 气动剪切机的工作原理

1—空气压缩机；2—冷却器；3—油水分离器；4—气罐；5—分水滤气器；
6—减压阀；7—油雾器；8—行程阀；9—气控换向阀；10—气缸；11—工料。

二、气压传动系统的组成

由图 8-1 可知，一个完整的气压传动系统由以下五部分组成。

（1）气源装置。气源装置即压缩空气的发生装置，其主体部分是空气压缩机（简称空压机）。它将原动机（如电动机）供给的机械能转换为空气的压力能并经净化设备净化，为各类气动设备提供洁净的压缩空气。

（2）执行机构。执行机构是系统的能量输出装置，如气缸和气马达，它们将气体的压力能转换为机械能，并输出到工作机构。

（3）控制元件。控制元件是用以控制调节压缩空气的压力、流量、流动方向以及气动系统执行机构的工作程序的元件，有压力阀、流量阀、方向阀和逻辑元件等。

（4）辅助元件。气动系统中除上述三类元件外，其余元件称为辅助元件，如各种过滤器、油雾器、消声器、散热器、传感器、放大器及管件等。它们对保持系统可靠、稳定和持久地工作起着十分重要的作用。

（5）传动介质。传动介质即传递能量的压缩空气。

三、气压传动的特点

1. 气压传动的优点

（1）空气随处可取，取之不尽，无介质费用和供应上的困难。用后的空气直接排入大气，对环境无污染，处理方便，不必设置回收管路，因而也不存在介质变质、补充及更换等问题。

（2）空气黏度小（约为液压油的万分之一），在管内流动阻力小，压力损失小，便于集中供气和远距离输送。即使有泄漏，也不会严重影响工作，不会污染环境。

（3）和液压传动相比，气压传动反应快，动作迅速，维护简单，管路不易堵塞。

(4) 气动元件结构简单、制造容易，适于标准化、系列化、通用化。

(5) 气动系统对工作环境适应性好，特别在易燃、易爆、多尘埃、强磁、辐射、振动等恶劣工作环境中工作时，安全可靠性优于液压、电子和电气系统。

(6) 空气具有可压缩性，使气动系统能够实现过载自动保护，也便于气罐储存能量，以备急需。

(7) 排气时气体因膨胀而温度降低，因而气动设备可以自动降温，长期运行也不会发生过热现象。

2. 气压传动的缺点

(1) 由于空气的可压缩性大，所以气动系统的稳定性差，负载变化时对工作速度的影响较大，速度调节较难。

(2) 气压传动系统工作压力低，输出力较小，且传动效率低。

(3) 气动装置中的信号传递速度仅限于声速范围内，其工作频率和响应速度不如电子装置，并且信号要产生较大的失真和延滞，也不便于构成较复杂回路。

(4) 需对气源中的杂质及水蒸气进行净化处理，净化处理的过程较复杂。空气无润滑性能，故在系统中应在需要润滑处设润滑给油装置。

(5) 气动系统有较大的排气噪声，使环境恶化，影响人的情绪，危害人体健康，应设法消除或降低噪声。

(6) 气动系统有泄漏，这是能量的损失。

四、气压传动的工作介质

气压传动和液压传动一样，都是利用流体作为工作介质而传动的。在工作原理、系统组成、元件结构及图形符号等方面，二者之间存在着不少相似之处。

气压传动中所用的工作介质是自然界的空气，因此要正确设计、使用及维护气压传动系统，首先必须了解空气的性质及其基本的规律。

1. 空气的组成

自然界的空气由若干气体混合而成，其中98%以上的成分是氮和氧，其他气体所占比例极小。空气中常含有一定量的水蒸气，对于含有水蒸气的空气，称为湿空气；不含有水蒸气的空气，称为干空气。

2. 空气的基本特性

空气与液体一样，具有流体所具备的压力、密度、黏度和可压缩性等特性。在基准状态下干空气的密度为 1.293 kg/m^3。

3. 空气的湿度

空气中含有水分的多少对系统的稳定性和使用寿命有直接影响。湿空气在一定温度和压力条件下，能在气动系统中的局部管道和气动元件中凝结成水滴，使气动管道和气动元件锈蚀，严重时还可导致整个气动系统的工作失灵。因此，气动系统对气体的含水量都有明确的规定，并且都采取有效的措施防止水分进入气动系统中。

(1) 绝对湿度。

湿空气的绝对湿度是指单位湿空气中所含有的水蒸气的质量,用 x 表示,单位为 kg/m³,即

$$x = \frac{m_s}{V} \tag{8-1}$$

式中　m_s——水蒸气质量(kg);
　　　V——湿空气体积(m³)。

若在一定温度下,湿空气中所含有水蒸气的量达到最大限度时,则称此条件下绝对湿度为饱和绝对湿度,用 x_b 表示。

绝对湿度表明了湿空气中所含有水蒸气的多少,但它还不能说明湿空气所具有的吸水蒸气的能力大小。因此,要了解湿空气的吸湿能力以及它离开饱和状态的程度,就需要引入相对湿度的概念。

(2) 相对湿度。

相对湿度是指在温度和总压力不变的条件下,其绝对湿度与饱和绝对湿度的比值,用 ϕ 表示,即

$$\phi = \frac{x}{x_b} \times 100\% = \frac{p_s}{p_b} \times 100\% \tag{8-2}$$

式中　x——绝对湿度(kg/m³);
　　　x_b——饱和绝对湿度(kg/m³);
　　　p_s——水蒸气的分压力(Pa);
　　　p_b——饱和水蒸气的分压力(Pa)。

相对湿度反映了湿空气达到饱和的程度,反映了湿空气的潮湿度。当空气绝对干燥时,$p_s = 0$,当湿空气达到饱和时,$p_s = p_b$,则 $\phi = 100\%$。气动技术条件中规定各种阀工作介质的相对湿度不得大于 90%。

4. 气体可压缩性

气体与液体相比,最大的特点是分子运动较自由,分子间的距离相当大,分子间的内凝力小,体积容易变化,体积随压力和温度的变化而变化,因此气体与液体相比有明显的可压缩性。

当气体分子平均速度 $v < 50$ m/s 时,气体的压缩性不明显;当气体分子平均速度 $v > 50$ m/s 时,其压缩性逐渐明显。

任务 2　气源装置及辅助元件

气源装置是向气动系统提供符合需要的压缩空气的装置,它是气压传动系统的重要组成部分。气源装置必须设置一些除油、除水、除尘的功能,并使压缩空气干燥,提高压缩空气质量,进行气源净化处理的辅助设备。

图 8-2 所示为气源装置的组成示意。空压机 1 用以产生压缩空气,其吸气口装有空气过滤器(图中未标出),以减少进入空气压缩机内气体的杂质量;空压机 1 输出的压缩空气进入后冷却器 2 进行冷却,当温度下降到 40~50°C 时,油气和水蒸气凝结成油滴和水

滴。油水分离器 3 使大部分油、水和杂质从气体中分离出来，经过初步净化的压缩空气被送进气罐 4 中（一般称为一次净化系统）。对于要求不高的气压系统即可从气罐 4 直接供气。对于仪表用气和质量要求高的工业用气，则必须进行二次和多次净化处理，即将经过一次净化处理的压缩空气再送进干燥器 5 中进一步除去气体中的残留水分和油。干燥器 5 中的 A 和 B 交替使用，闲置的一个利用加热器 8 吹入热空气进行再生，以备交替使用。四通阀 9 用来转换两个干燥器 5 的工作状态。过滤器 6 的作用是进一步清除压缩空气中的颗粒和油气。经二次净化处理后的压缩空气进入气罐 7 中，这样就可供给用气要求较高的气动设备和仪表使用。

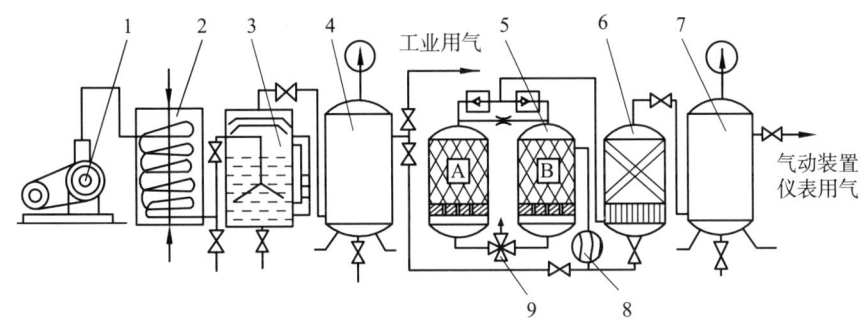

图 8-2　气源装置的组成示意

1—空压机；2—后冷却器；3—油水分离器；4、7—气罐；
5—干燥器；6—过滤器；8—加热器；9—四通阀。

一、空压机

空压机是气动系统的动力源，它把电动机输出的机械能转换成气体的压力能输送给气动系统。

空压机按压力大小可分成低压型（0.2~1.0 MPa）、中压型（1.0~10 MPa）、高压型（10~100 MPa）和超高压型（>100 MPa）。按工作原理，空压机可分为容积型空压机和速度型空压机。容积型空压机的工作原理是压缩气体的体积，使单位体积内气体分子的密度增大以提高压缩空气的压力。速度型空压机的工作原理是提高气体分子的运动速度，然后使气体的动能转化为压力能以提高压缩空气的压力。

选择空压机的依据是气动系统所需要的工作压力和流量两个参数。一般气动系统的工作压力为 0.4~0.8 MPa，故常选用低压空压机，根据需要也可选用其他压力型的空压机。

图 8-3 所示为往复活塞式空压机工作原理。电动机带动曲柄 7 做回转运动，通过连杆 6、滑块 5、活塞杆 4 推动活塞 3 做往复运动。当活塞 3 向右运动时，气缸 2 左腔压力低于大气压，吸气阀 8 被打开，空气进入气缸 2 左腔，这个过程称为吸气过程。当活塞 3 向左运动时，气缸 2 左腔气体被压缩，吸气阀 8 在缸内压缩气体的作用下关闭，这个过程称为压缩过程。当气缸 2 左腔气体压力升高到高于输气管道内气体压力时，排气阀 1 被打开，压缩气体从输气管道排出，这个过程称为排气过程。大多数空压机是多缸多活塞的组合。

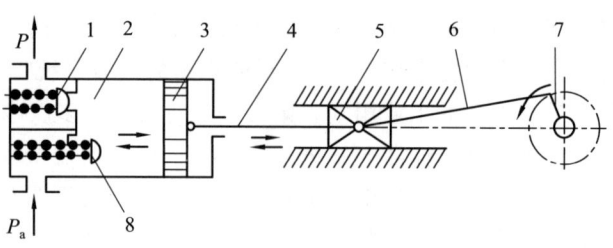

图 8-3　往复活塞式空压机工作原理

1—排气阀；2—气缸；3—活塞；4—活塞杆；5—滑块；6—连杆；7—曲柄；8—吸气阀。

二、压缩空气的净化装置

1. 后冷却器

后冷却器安装在空压机出口管道上，将压缩机排出的压缩气体温度由 140～170 ℃ 降至 40～150 ℃，使其中含有的油气和水蒸气迅速达到饱和，并使其中的大部分凝结成油滴和水滴，便于经油水分离器排出。根据冷却介质不同，后冷却器可分为风冷和水冷两种，如图 8-4 所示。

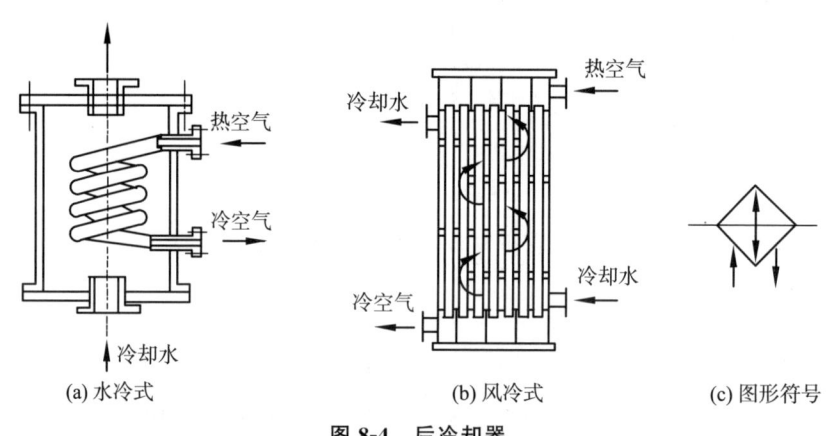

图 8-4　后冷却器

如图 8-4（a）所示，水冷式后冷却器适用于入口空气温度低于 200 ℃，且处理空气量较大的湿度大、尘埃多的场合。图 8-4（b）所示，风冷式后冷却器只适用于入口空气温度低于 100 ℃，且处理空气量较少的场合。图 8-4（c）所示为后冷却器的图形符号。

2. 油水分离器

油水分离器安装在后冷却器出口管道上，作用是分离并排出压缩空气中凝聚的油分、水分等，使压缩空气得到初步净化。油水分离器的结构形式有环形回转式、撞击折回式、离心旋转式、水浴式以及以上形式的组合使用等。

图 8-5 所示为撞击折回并回转式油水分离器，其工作原理是：当压缩空气由入口进入分离器壳体后，气流先受到隔板阻挡而被撞击折回向下（见图中箭头所示流向）；之后又上升产生环形回转。这样凝聚在压缩空气中的油滴、水滴等杂质受惯性力作用而分离析出，沉降于壳体底部，由放水阀定期排出。

3. 气罐

气罐的作用是，储存一定数量的压缩空气，调节用气量或在出现故障与停电时维持短时间供气；消除压力脉动，保证输出气流的连续性；依靠绝热膨胀及自然冷却降温，进一步分离压缩空气中的水分和油分。气罐的结构如图 8-6 所示。

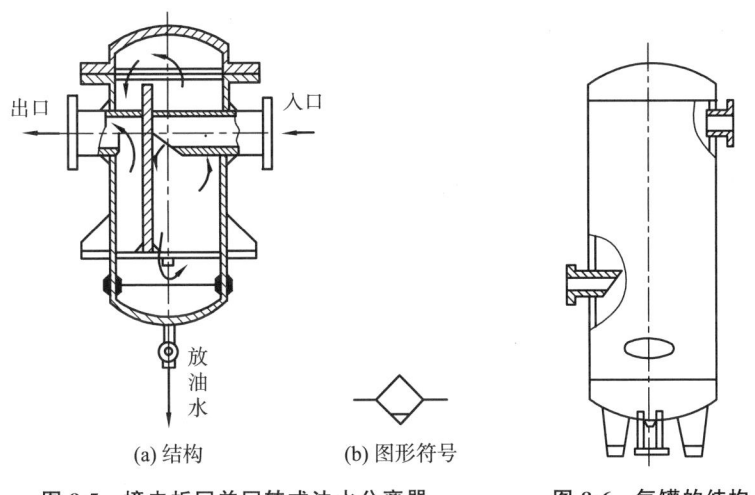

图 8-5　撞击折回并回转式油水分离器　　图 8-6　气罐的结构

4. 干燥器

干燥器的功用是满足精密气动装置用气，对初步净化的压缩空气进行干燥、过滤，进一步脱水和去除杂质。

压缩空气干燥方法主要有吸附法和冷却法。吸附法是利用具有吸附性能的吸附剂（如硅胶、铝胶等）来吸附压缩空气中的水分，而使其干燥。冷却法是利用制冷设备使空气冷却到一定的露点温度，析出空气中超过饱和水蒸气部分的多余水分，从而达到所需的干燥度。吸附法应用得最为普遍。

图 8-7 所示为吸附式干燥器结构，外壳呈筒形，其中，分层设置栅板、吸附剂、滤网等。湿空气从进气管 1 进入干燥器，通过吸附剂层 21、钢丝过滤网 20、上栅板 19 和下部吸附剂层 16 后，因其中的水分被吸附剂吸收而变得很干燥。然后，再经过钢丝过滤网 15、下栅板 14 和钢丝过滤网 12，干燥、洁净的压缩空气便从干燥空气输出管 8 排出。

5. 过滤器

空气的过滤是气压传动系统中的重要环节。不同的场合，对压缩空气的要求也不同。过滤器的作用是进一步滤除压缩空气中的杂质。常用的过滤器有一次过滤器（也称简易过滤器，滤灰效率为 50%～70%）和二次过滤器（滤灰效率为 70%～99%）。在要求高的特殊场合，还可使用高效率的过滤器。

（1）一次过滤器

图 8-8 所示为一次过滤器结构。气流由切线方向进入筒内，在离心力的作用下分离出液滴，然后气体由下而上通过多片钢板、毛、毡、硅胶、焦炭、滤网等过滤吸附材料，干燥清洁的空气从筒顶输出。

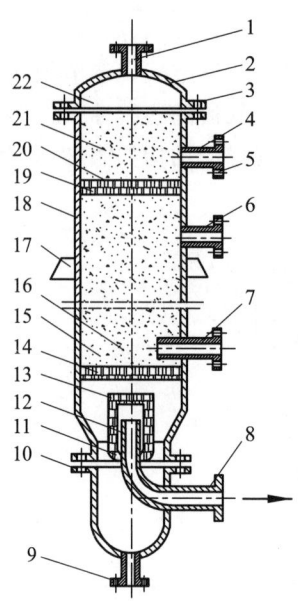

图 8-7 吸附式干燥器结构

1—湿空气进气管；2—顶盖；3、5、10—法兰；4、6—再升空气排气管；7—再升空气进气管；8—干燥空气输出管；9—排水管；11、22—密封垫；12、15、20—钢丝过滤网；13—毛毡；14—下栅板；16、21—吸附剂层；17—支撑板；18—筒体；19—上栅板。

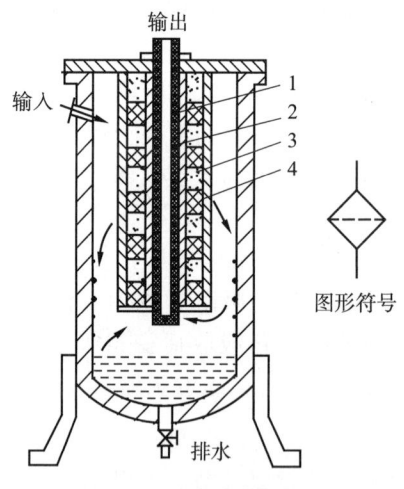

图 8-8 一次过滤器结构

1—φ10 密孔网；2—280 目细铜丝网；3—焦碳；4—硅胶等。

（2）二次过滤器

图 8-9 所示为普通空气过滤器结构。其分水滤气器滤灰能力较强，属于二次过滤器。它和减压阀、油雾器一起称为气动三联件（或气动三大件），是气动系统不可缺少的辅助元件。空气进入后，被引入旋风叶片 1，旋风叶片 1 上有很多小缺口，使空气沿切线反向产生强烈的旋转，这样夹杂在气体中的较大水滴、油滴、灰尘便获得较大的离心力，并高速与存水杯 3 内壁碰撞，而从气体中分离出来，沉淀于存水杯 3 中，然后气体通过中间的

滤芯 2，部分灰尘、雾状水被滤芯 2 拦截而滤去，洁净的空气便从输出口输出。挡水板 4 是防止气体漩涡将存水杯 3 中积存的污水卷起而破坏过滤作用。存水杯 3 中的污水及时通过手动排水阀 5 放掉。在某些人工排水不方便的场合，可采用自动排水式分水滤气器。使用时应尽可能装在能使空气中的水分变成液态的部位或防止液体进入的部位，如气动设备的气源入口处。

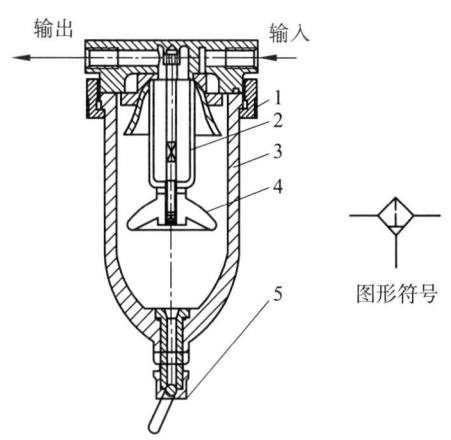

图 8-9　普通空气过滤器结构
1—旋风叶片；2—滤芯；3—存水杯；4—挡水板；5—手动排水阀。

三、其他辅助元件

1. 油雾器

油雾器是一种特殊的注油装置，它以空气为动力，使润滑油雾化后，注入空气流中，并随空气进入需要润滑的部件，以达到润滑的目的。

图 8-10 所示为普通油雾器结构。当压缩空气由输入口进入后，通过喷嘴 1 下端的小孔进入阀座 5 的腔室内，在截止阀的钢球 3 上下表面形成压差，由于泄漏和弹簧 4 的作用，钢球 3 处于中间位置，压缩空气进入存油杯 6 的上腔使油面受压，压力油经吸油管 7 将单向阀 8 的钢球顶起，钢球 3 上部管道有一个方形小孔，钢球 3 不能将上部管道封死，压力油不断流入视油器 9 内，再滴入喷嘴 1 中，被主管气流从上面小孔引射出来，雾化后从输出口输出。节流阀 2 可以调节流量，使滴油量在每分钟 0～120 滴内变化。滴油量应根据使用条件调整，一般按 10 m³ 压缩空气供给 1 mL 润滑油。

二次油雾器能使油滴在雾化器内进行两次雾化，使油雾粒度更小、更均匀，输送距离更远。二次雾化粒径可达 5 μm。

油雾器的选择主要是根据气压传动系统所需额定流量及油雾粒径大小来进行。所需油雾粒径在 50 μm 左右选用一次油雾器。若需油雾粒径很小可选用二次油雾器。油雾器一般应配置在滤气器和减压阀之后，在用气设备之前较近处。

2. 消声器

与液压回路不同的是气压回路没有回气管道，压缩空气使用后直接排入大气中。因压缩空气的排气速度较大，当压缩气体直接从气缸或控制阀中排向大气时，较高的压差使气体体积急剧膨胀，产生涡流，引起气体振动，发出强烈的噪声。排气的速度和功率越大，噪声也越大，一般可达 100~120 dB。为了降低噪声，可以在排气口安装消声器。

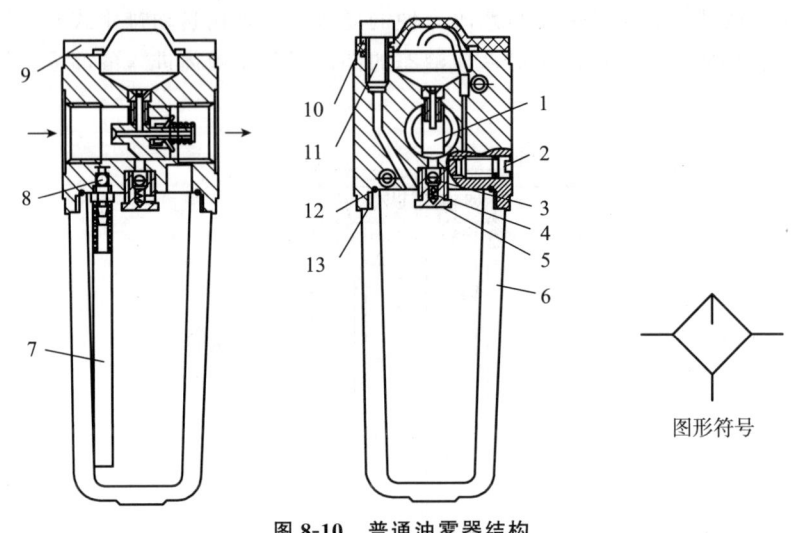

图 8-10 普通油雾器结构

1—喷嘴；2—节流阀；3—钢球；4—弹簧；5—阀座；6—存油杯；7—吸油管；
8—单向阀；9—视油器；10、12—密封垫；11—油塞；13—螺母、螺钉。

消声器是一种允许气流通过而使声能衰减的装置，能够降低气流通道上的空气动力性噪声。气动装置中常用的消声器主要有三大类：吸收型消声器、膨胀干涉型消声器、膨胀干涉吸收型复合消声器。

（1）吸收型消声器。

吸收型消声器主要依靠吸声材料消声。图 8-11 所示为吸收型消声器结构。消声罩 2 是多孔的吸声材料，一般用聚苯乙烯颗粒或铜珠烧结而成。当有压气体通过消声罩排出时，引起吸声材料细孔和狭缝中的空气振动，使一部分声能由于摩擦转换成热能，从而降低了噪声。吸收型消声器的结构简单，吸声材料的孔眼不易堵塞，可以较好地消除中、高频噪声，消声效果大于 20 dB，适合一般气动系统使用。

（2）膨胀干涉型消声器。

膨胀干涉型消声器是根据声学滤波原理制造的。这种消声器的直径比排气孔径大得多，气流在里面扩散、膨胀、反射、相互干涉，从而消耗能量，降低噪声的强度，达到消声的作用。它具有排气阻力小的特点，可消除中、低频噪声，但结构不够紧凑。

（3）膨胀干涉吸收型复合消声器。

膨胀干涉吸收型复合消声器是上述两种消声器的组合，它是在膨胀干涉型消声器的壳体内表面敷设吸声材料而制成的，如图 8-12 所示。其入口处开设了许多中心对称的斜孔，使得高速进入消声器的气流被分成许多小的流束。在进入无障碍的扩散室 A 后，气流被极大地减速，碰壁后反射到 B 室，气流束相互撞击、干涉而使噪声减弱，然后经过吸音材料的多孔侧壁排入大气，噪声又一次被削弱。该消声器的消声效果比前两种都好，低频可消声 20 dB，高频可消声 40 dB。

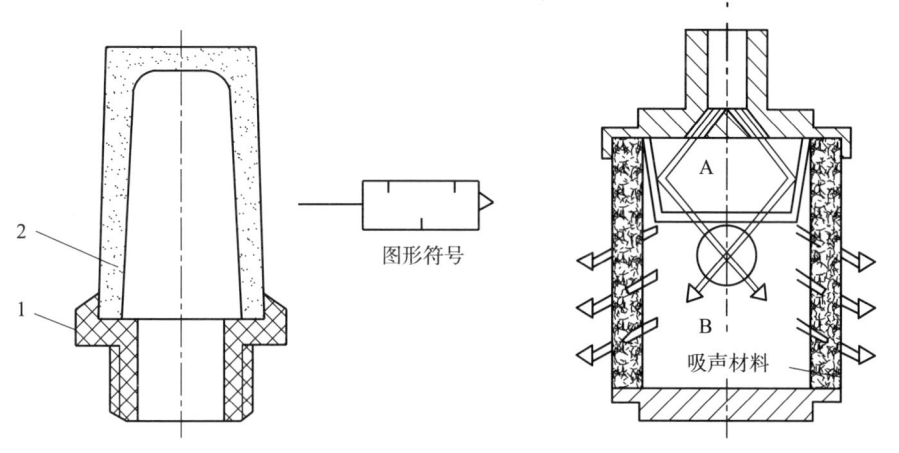

图 8-11 吸收型消声器结构　　　　图 8-12 膨胀干涉吸收型复合消声器
1—连接螺钉；2—消声罩。

任务 3　气动执行元件

气动执行元件是以压缩空气为动力源，将气体的压力能再转换为机械能的装置。它主要有气缸和气动马达，前者做直线运动，后者做旋转运动。

一、气缸

气缸是把压缩空气的压力能转换成往复运动的机械能的装置，是气动系统中的一类执行元件。根据使用条件不同，其结构、形状也有多种形式。其分类方法也很多，常用的有以下几种。

(1) 按活塞端面上受压状态分为单作用气缸和双作用气缸。

(2) 按结构特征分为活塞式气缸、柱塞式气缸、叶片式摆动气缸、膜片式气缸、气-液阻尼缸等。

(3) 按功能分为普通气缸和特殊功能气缸。普通气缸一般指活塞式单作用气缸和双作用气缸，用于无特殊要求的场合。特殊功能气缸用于有特殊要求的场合，如气-液阻尼缸、膜片式气缸、冲击气缸、回转气缸、伺服气缸、数字气缸等。

(4) 按外形分为标准气缸和特殊外形气缸。

1. 普通气缸

除几种特殊气缸外，普通气缸的种类及结构形式与液压缸基本相同。目前最常选用的是标准气缸，其结构和参数都已系列化、标准化、通用化。QGA 系列为无缓冲普通气缸，如图 8-13 所示；QGB 系列为有缓冲普通气缸，如图 8-14 所示。

例如：标记为 QGA100×125 的标准化气缸，是缸筒直径为 100 mm，行程为 125 mm 的无缓冲普通气缸。缸径 D 和行程 S 是标准化气缸的主要参数。

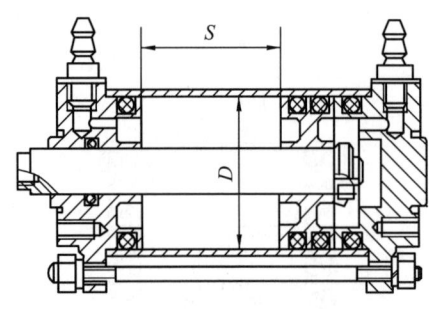
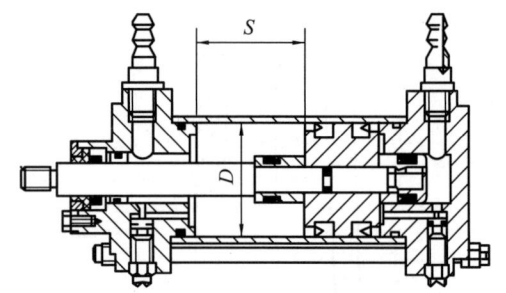

图 8-13　QGA 系列无缓冲普通气缸结构　　　　图 8-14　QGB 系列有缓冲普通气缸结构

普通气缸常见故障分析及其排除方法见表 8-1。

表 8-1　普通气缸常见故障分析及其排除方法

	故障现象	产生原因	排除方法
外泄漏	活塞杆端漏气	活塞杆安装偏心	重新安装调整，使活塞杆不偏心和不受横向负载
		润滑油供应不足	检查油雾器是否失灵
		活塞杆密封圈磨损	更换密封圈
		活塞杆轴承配合面有杂质	清洗除去杂质
		活塞杆有伤痕	安装更换防尘罩，更换活塞杆
	缸筒与缸盖间漏气、缓冲调节处漏气	密封圈损坏	更换密封圈
内泄漏	活塞两端窜气	活塞密封圈损坏，润滑不良	更换密封圈，检查油雾器是否失灵
		活塞被卡住，活塞配合面有缺陷；杂质挤入密封面	除去杂质，采用净化压缩空气
动作不平稳	输出动力不足	润滑不良，活塞或活塞杆卡住	检查油雾器是否失灵，加大连接或管接头直径
		供气流量不足，有冷凝水杂质	注意净化干燥压缩空气，防止水凝结
	缓冲效果不佳	缓冲密封圈磨损	更换密封圈
		调节螺钉损坏	更换螺钉
		气缸运行速度太快	检查缓冲机构
损伤	活塞杆损坏	有偏心横向负载	消除偏心负载
		活塞杆受冲击负载	调整缓冲装置，消除冲击
	缸盖损坏	缓冲机构不起作用	在外部或回路中设置缓冲机构

2. 气-液阻尼缸

普通气缸工作时，由于气体具有可压缩性，当外界负载变化较大时，气缸可能产生"爬行"或"自走"的现象，使气缸的工作不稳定。为了使气缸运动平稳，普遍采用气-液阻尼缸。

图 8-15 所示为气-液阻尼缸工作原理。该气-液阻尼缸是由气缸 5 与液压缸 4 组合而

成，两个活塞固定在同一个活塞杆上。液压缸 4 不用液压泵供油，只要充满油液即可，其进出口间装有液压单向阀 3、节流阀 1 及油箱 2。当气缸 5 右端供气时，气缸 5 克服载荷带动液压缸 4 的活塞向左运动（气缸 5 左端排气）。此时，液压缸 4 左端排油，单向阀 3 关闭，油液只能通过节流阀 1 流入液压缸 4 右腔及油箱 2 内。若将节流阀 1 的阀口开大，则液压缸 4 左腔排油通畅，两个活塞运动速度就加快；反之，若将节流阀 1 的阀口关小，液压缸 4 左腔排油受阻，两个活塞运动速度会减慢。这样，调节节流阀 1 的开口大小，就能控制活塞的运动速度。可以看出，气-液阻尼缸的输出力应是气缸 5 中压缩空气产生的力（推力或拉力）与液压缸 4 中油液的阻尼力之差。

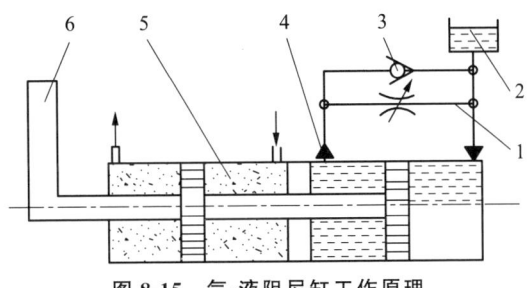

图 8-15　气-液阻尼缸工作原理

1—节流阀；2—油箱；3—单向阀；4—液压缸；5—气缸；6—外载荷。

3. 薄膜式气缸

薄膜式气缸是一种利用压缩空气通过膜片推动活塞杆做往复直线运动的气缸。图 8-16 所示为薄膜式气缸结构简图，它由缸体 1、膜片 2、膜盘 3 和活塞杆 4 等主要零件组成。其功能类似于活塞式气缸，分单作用式［见图 8-16（a）］和双作用式［见图 8-16（b）］两种。

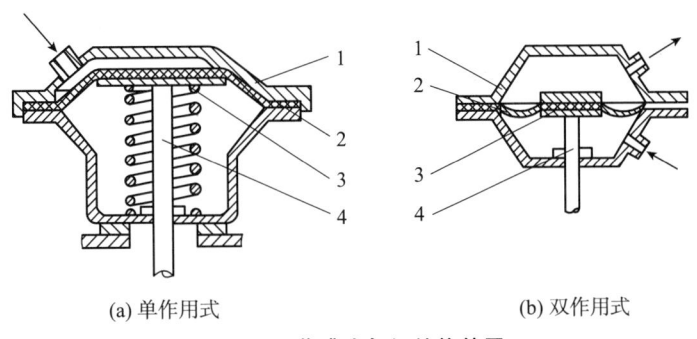

(a) 单作用式　　　　　　　　(b) 双作用式

图 8-16　薄膜式气缸结构简图

1—缸体；2—膜片；3—膜盘；4—活塞杆。

薄膜式气缸的膜片可以做成盘形膜片和平膜片两种形式。膜片形式为夹织物橡胶、钢片或磷青铜片。常用的是夹织物橡胶，橡胶的厚度为 5～6 mm，有时也可用 1～3 mm。金属式膜片只用于行程较小的薄膜式气缸中。

薄膜式气缸和活塞式气缸相比较，具有结构简单、紧凑、制造容易、成本低、维修方便、寿命长、泄漏小、效率高的优点；但是膜片的变形量有限，故其行程短（一般不超过40～50 mm），且气缸活塞杆上的输出力随着行程的加大而减小。

4. 冲击气缸

冲击气缸是利用压缩空气使活塞、活塞杆做高速运动，将压力能转换为动能，产生较大的冲击力，利用此动能去做功的一种执行元件。其结构特点是增加了一个具有一定容积的蓄能腔和喷嘴。图8-17所示为冲击气缸工作原理。

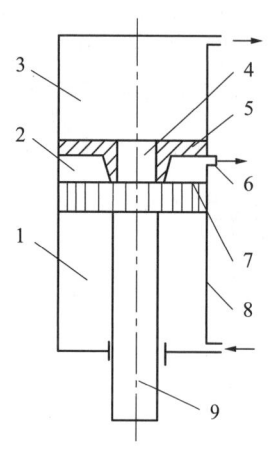

图8-17　冲击气缸工作原理
1—活塞杆腔；2—活塞腔；3—蓄能腔；
4—喷嘴口；5—中盖；6—泄气口；
7—活塞；8—缸体；9—活塞杆。

冲击气缸由缸体8、中盖5、活塞7和活塞杆9等主要零件组成。中盖5与缸体8固定，中盖5和活塞7把气缸分隔成三部分，即蓄能腔3、活塞腔2和活塞杆腔1。中盖5的中心开有喷嘴口4。

冲击气缸的工作原理是：当压缩空气进入蓄能腔3时，其压力只能通过喷嘴口4的小面积作用在活塞7上，还不能克服活塞杆腔1的排气压力所产生的向上的推力以及活塞7与缸体8间的摩擦力，喷嘴口4处于关闭状态，从而使蓄能腔3的充气压力逐渐升高。当充气压力升高到能使活塞7向下移动时，活塞7的下移使喷嘴口4开启，聚集在蓄能腔3中的压缩空气通过喷嘴口4突然作用于活塞7的全面积上。此时，活塞腔2的压力可达到活塞杆腔1压力的几倍到几十倍，给予活塞7很大的向下推力。活塞7在此推力作用下迅速加速，在很短的时间内以极高的速度向下冲击，从而获得很大的动能。冲击气缸的用途广泛，可用于锻造、冲压、铆接、下料、压配等各方面。

二、气动马达

气动马达（简称气马达）是把压缩空气的压力能转换为机械能，实现输出轴的旋转运动并输出转矩，驱动作旋转运动的执行元件。气动马达按结构形式可分为叶片式、活塞式、齿轮式等，其中以叶片式和活塞式两种应用最广泛。

1. 冲击气缸气马达工作原理

图8-18所示为叶片式气马达工作原理。它的主要结构和工作原理与叶片式液压马达相似。径向有3~10个叶片的转子偏心安装在定子内，转子两侧有前后端盖（图中未画出），叶片在转子的径向槽内可自由滑动。

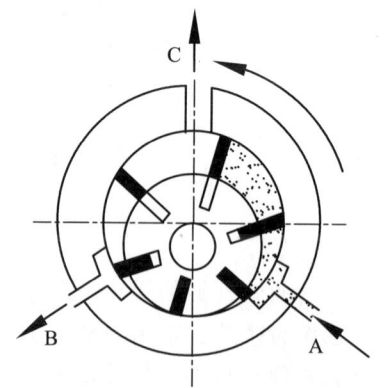

图8-18　叶片式气马达工作原理

压缩空气由A孔输入后分为两路：一路经定子两端密封盖的槽进入叶片底部（图中未标示），将叶片推出抵于定子内壁上，相邻叶片间形成密闭空间。由A孔进入的另一路压缩空气就进入相应的密闭空间而作用在两个叶片上。由于叶片伸出量不同，压缩空气的作用面积就不同，因而产生了转矩差，于是叶片带动转子在此转矩差的作用下按逆时针方向旋转。做功后的气体由C孔和B孔排出。若改变压缩空气的输入方向，即改变了转子的转向。

2. 气马达特点

(1) 可以无级调速。通过控制调节进气阀（或排气阀）的开闭程度来控制调节压缩空气的流量，就能控制调节马达的转速，从而实现无级调速。

(2) 工作安全。气马达能适应恶劣的工作环境，在易燃、易爆、高温、振动、潮湿、粉尘等不利条件下均能正常工作。

(3) 启动力矩较高，可直接带负载启动，启、停迅速，且可长时间满载运行，温升较小。

(4) 结构简单、操纵方便、维护容易、成本低。

(5) 有过载保护作用，过载时马达只是降低转速或停车，过载解除后即可重新正常运转。

(6) 输出功率相对较小，最大只有 20 kW 左右。

(7) 耗气量大、效率低、噪声大。

3. 叶片式气马达常见故障诊断与维修

叶片式气马达常见故障分析及其排除方法见表 8-2。

表 8-2 叶片式气马达常见故障分析及其排除方法

故障现象	产生原因	排除方法
叶片严重磨损	润滑断油或供油不足	检查供油系统，保证润滑
	空气不净，有杂质	在空压机吸气管前加过滤器
	长期使用	更换叶片
前后气盖严重磨损	轴承磨损，转子轴向窜动	更换轴承
	衬套选择不当	调整衬套
定子内孔出现纵向波浪槽	泥沙进入定子	更换定子
叶片折断	转子叶片槽喇叭口太大	更换转子
输出功率不足	空气压力低	检查是否漏气
	供气管路或管路附件通径过小，有截流现象和堵塞现象	检查管路及附件，保证通径满足相应马达规定的技术参数
	排气不畅	检查主、副管路，保证排气管路通径大于进气管路通径

任务 4　气动控制元件

气动控制元件的功用、工作原理等和液压控制元件相似，仅在结构上有些不同。常用的气动元件分为压力控制阀、流量控制阀和方向控制阀三大类。此外，还有通过控制气流方向和通断来实现各种逻辑功能的气动逻辑元件等。

一、方向控制阀

与液压方向控制阀相同，气动方向控制阀用于改变压缩空气的流动方向和控制气流的通断，从而控制气动执行元件的运动方向。

根据方向控制阀的功能、控制方式、结构方式、阀内气流的方向及密封形式等，可将方向控制阀分为几类，见表 8-3。

表 8-3 方向控制阀的分类

分类方式	形式
按阀内气体的流动方向	单向阀、换向阀
按阀芯的结构形式	截止阀、滑阀
按阀的密封形式	硬质密封、软质密封
按阀的工作位数及通路数	二位三通、二位五通、三位五通等
按阀的控制操纵方式	气压控制、电磁控制、机械控制、手动控制

1. 单向型控制阀

单向型控制阀是只允许气流沿一个方向流动，而不能反向流动的阀。其包括单向阀、或门型梭阀、与门型梭阀和快速排气阀等。

（1）单向阀。

图 8-19 所示为单向阀，其工作原理与液压单向阀一样，压缩空气从 P_1 口进入，克服弹簧 2 的力和摩擦力，使单向阀阀口开启，压缩空气从 P_1 口流向 P_2 口；当 P_1 口无压缩空气时，阀口 5 处于关闭状态，从 P_2 口至 P_1 口气流不通。

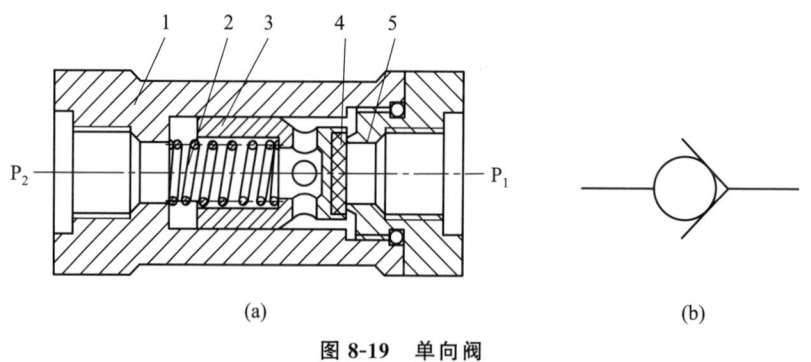

图 8-19 单向阀

1—阀体；2—弹簧；3—阀芯；4—密封材料；5—阀口。

（2）或门型梭阀。

图 8-20 所示为或门型梭阀的工作原理，梭阀相当于两个单向阀组合。当气流从 P_1 口进入时，阀芯被推向右边，P_2 口被关闭，于是气流从 P_1 口进入 A 口，如图 8-20（a）所示；反之，气流则从 P_2 口进入 A 口，如图 8-21（b）所示；当 P_1 口与 P_2 口同时进气时，哪端压力高，A 口就与哪端相通，另一端就自动关闭。图 8-20（c）所示为或门型梭阀的图形符号。

（3）与门型梭阀。

与门型梭阀又称双压阀，该阀只有两个输出口 P_1 与 P_2 同时进气时，A 口才有输出，这种阀也是相当于两个单向阀的组合。图 8-21 所示为与门型梭阀的工作原理。当 P_1 口或 P_2 口单独有输入时，阀芯被推向右端或左端，如图 8-21（a）、（b）所示，此时 A 口无输出；只有当 P_1 口和 P_2 口同时有输入时，A 口才有输出，如图 8-21（c）所示。当 P_1 口和 P_2 口的气压不等时，气压低的通过 A 口输出。图 8-21（d）所示为与门型梭阀的图形符号。

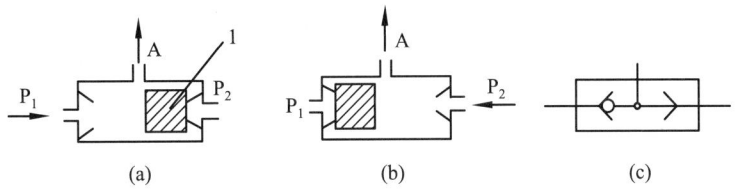

图 8-20 或门型梭阀的工作原理

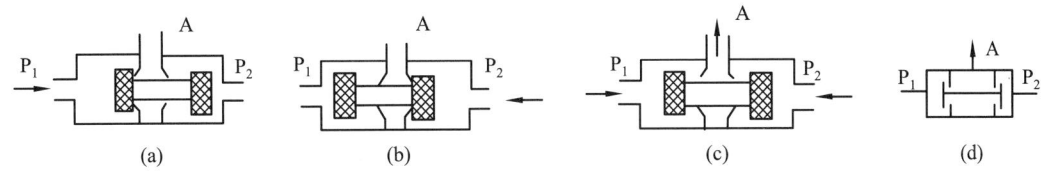

图 8-21 与门型梭阀的工作原理

（4）快速排气阀。

图 8-22 所示为快速排气阀的工作原理。快速排气阀又称快排阀，用于对气动元件或装置的快速排气。如图 8-22（a）所示，当 P 口进气时，膜片 1 被顶起封住排气口 O，气流由 A 口流出。如图 8-22（b）所示，当气流反向流动时，A 口气压将膜片压下封住 P 口，A 口气体经 O 口迅速排掉。图 8-22（c）所示为快速排气阀的图形符号。

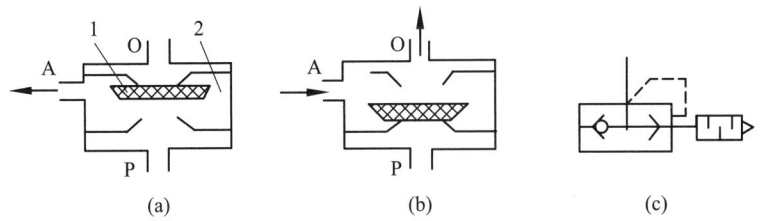

图 8-22 快速排气阀的工作原理
1—膜片；2—阀体。

2．换向型控制阀

换向型控制阀是通过改变压缩空气流动方向，从而改变执行元件的运动方向。根据控制方式不同，换向型控制阀可分为气压控制换向阀、电磁控制换向阀、机械控制换向阀和人力控制换向阀等。

（1）气压控制换向阀。

气压控制换向阀是利用空气压力使阀芯移动，从而控制气路换向或通断。气压控制换向阀的用途很广，多用于组成全气阀控制的气压传动系统或易燃、易爆以及高净化等场合。

①单气控加压截止式换向阀。

图 8-23 所示为单气控加压截止式换向阀的工作原理。图 8-23（a）所示为无气控信号 K 时阀的状态（即常态），此时，阀芯 1 在弹簧 2 的作用下处于上端位置，使阀口 A 与 O 相通，A 口排气。图 8-23（b）所示为在有气控信号 K 时阀的状态（即动力阀状态）。由

于气压力的作用,阀芯 1 压缩弹簧 2 下移,使阀口 A 与 O 断开,P 与 A 接通,A 口有气体输出。图 8-23 (c) 所示为单气控加压截止式换向阀的图形符号。

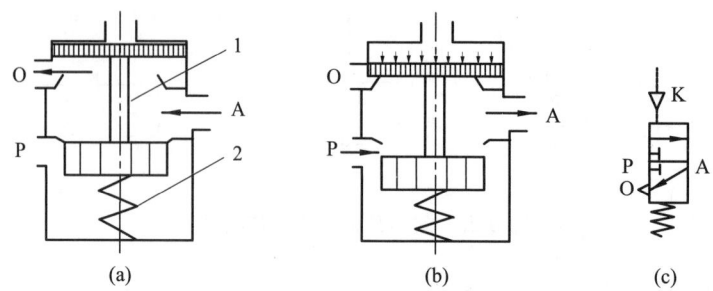

图 8-23 单气控加压截止式换向阀的工作原理
1—阀芯;2—弹簧。

这种阀结构简单、紧凑、密封可靠、换向行程短,但换向力大。若将气控接头换成电磁头(即电磁先导阀),则可变气控阀为先导式电磁换向阀。

②双气控加压式换向阀。

图 8-24 所示为双气控加压式换向阀的工作原理。图 8-24 (a) 所示为有气控信号 K_2 时阀的状态,此时阀停在左边,其通路状态是 P 与 A 相通、B 与 O 相通。图 8-24 (b) 所示为有气控信号 K_1 时阀的状态(此时信号 K_2 已不存在),阀芯换位,其通路状态变为 P 与 B 相通、A 与 O 相通。双气控加压式换向阀具有记忆功能,即气控信号消失后,阀仍能保持在有信号时的工作状态。图 8-24 (c) 所示为双气控加压式换向阀的图形符号。

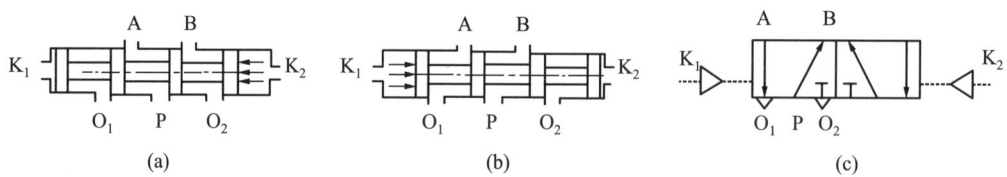

图 8-24 双气控加压式换向阀的工作原理

(2) 电磁控制换向阀。

电磁控制换向阀简称电磁换向阀,是利用电磁力的作用来实现阀的切换以控制气流的流动方向。常用的电磁换向阀有直动式和先导式两种。

①直动式电磁换向阀。

图 8-25 所示为直动式单电控电磁换向阀的工作原理,直动式单电控电磁阀只有一个电磁铁。图 8-25 (a) 所示为常态情况,即电磁铁 1 不通电,此时阀芯 2 在复位弹簧的作用下处于上端位置。其通路状态为 A 与 O 相通,O 口排气。图 8-25 (b) 所示,当电磁铁 1 通电时,推动阀芯 2 向下移动,气路换向,其通路状态为 P 与 A 相通,P 口进气。图 8-25 (c) 所示为直动式电磁换向阀的图形符号。

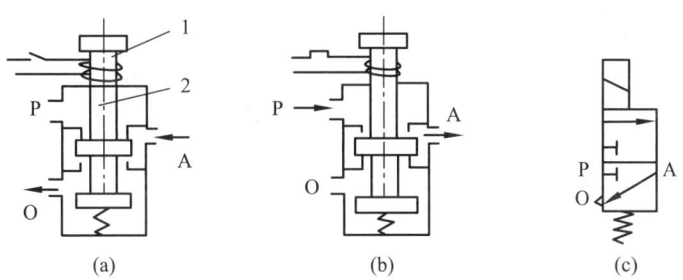

图 8-25 直动式单电控电磁换向阀的工作原理
1—电磁铁;2—阀芯。

图 8-26 所示为直动式双电控电磁换向阀的工作原理,它有两个电磁铁。如图 8-26(a)所示,当电磁铁 1 通电、电磁铁 2 断电时,阀芯 3 被推向右端,其通路状态是 P 与 A 相通、B 与 O_2 相通。当电磁铁 1 断电,阀芯 3 仍处于原有状态,即具有记忆性。如图 8-26(b)所示,当电磁铁 2 通电、电磁铁 1 断电时,阀芯 3 被推向左端,其通路状态为 P 与 B 相通、A 与 O_1 相通。若电磁铁断电,气流仍保持原状态。图 8-26(c)所示为直动式双电控电磁换向阀的图形符号。

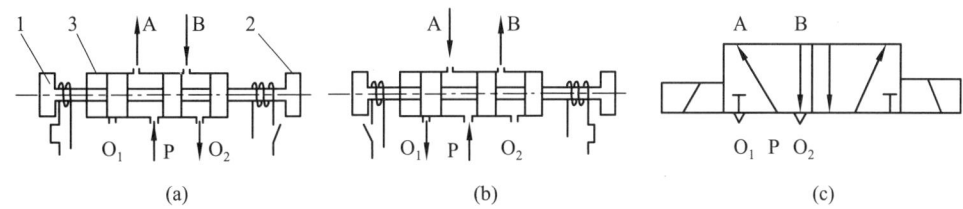

图 8-26 直动式双电控电磁换向阀的工作原理
1、2—电磁铁;3—阀芯。

② 先导式电磁换向阀

图 8-27 所示为先导式双电控电磁换向阀的工作原理。如图 8-27(a)所示,当电磁先导阀 1 通电、电磁先导阀 2 断电时,由于 K_1 腔进气,K_2 腔排气,主阀阀芯 3 被推到右位,其通路状态是 P 与 A 相通、B 与 O_2 相通。如图 8-27(b)所示,当电磁先导阀 2 通电、电磁先导阀 1 断电时,由于 K_2 腔进气,K_1 腔排气,主阀阀芯 3 被推到左位,其通路状态是 P 与 B 相通、A 与 O_1 相通。先导式双电控电磁换向阀具有记忆功能,即通电换向,断电保持原有状态。为了保证主阀正常工作,两个电磁先导阀不能同时通电,因此电路中要考虑互锁。图 8-27(c)所示为先导式双电控电磁换向阀的图形符号。

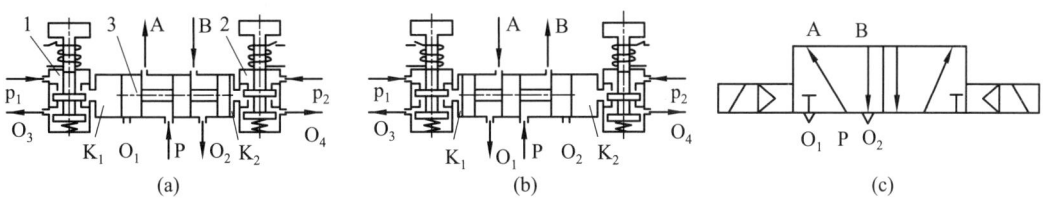

图 8-27 先导式双电控电磁换向阀的工作原理
1、2—电磁先导阀;3—主阀阀芯。

(3) 机械控制换向阀和人力控制换向阀

机械控制换向阀又称行程阀，多用于行程控制，常依靠凸轮、挡块或其他机械外力等推动阀芯控制换向阀换向。人力控制换向阀的操纵方式分为手动和脚踏两种。手动操纵方式有按钮式、旋钮式、锁式及推拉式等。这两类换向阀工作原理与液压阀类似，这里不再赘述。

二、压力控制阀

气动系统不同于液压系统，一般每一个液压系统都自带液压源（液压泵）；而在气动系统中，一般来说由空气压缩机先将空气压缩，储存在储气罐内，然后经管路输送给各个气动装置使用。而储气罐的空气压力往往比各台设备实际所需要的压力高些，同时其压力波动值也较大。因此需要用减压阀（调压阀）将其压力降低到每台装置所需的压力，并使减压后的压力稳定在所需压力值上。

有些气动回路需要依靠回路中压力变化实现控制两个执行元件的顺序动作，所用的这种阀就是顺序阀。顺序阀与单向阀的组合称为单向顺序阀。

为了安全起见，所有的气动回路或储气罐，当压力超过其允许压力值时，需要实现自动向外排气，这种压力控制阀叫作溢流阀（安全阀）。

1. 减压阀

减压阀的功用是将来自气源的较高的输入压力减小为较低的输出压力，可调节并保证输出压力稳定，不受流量、负载、进气压力的影响。按压力调节方式，减压阀分为直动式减压阀、先导式减压阀。现以 QTY 型直动式减压阀为例说明减压阀工作原理。

图 8-28 所示为 QTY 型直动式减压阀结构。当减压阀处于工作状态时，调节手柄 1，压缩调压弹簧 2、3 及膜片 5，通过阀杆 6 使阀芯 9 下移，进气阀口被打开，有压气流从左端输入，经阀口节流减压后从右端输出。输出气流的一部分由阻尼孔 7 进入膜片气室，在膜片 5 的下方产生一个向上的推力，这个推力总是企图把阀口开度关小，使其输出压力下降。

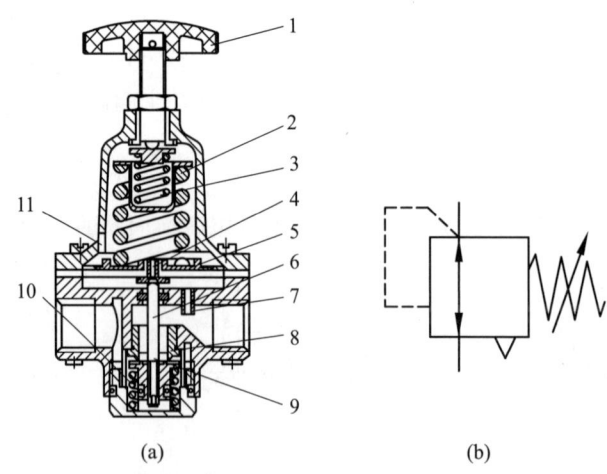

图 8-28 QTY 型直动式减压阀结构

1—手柄；2、3—调压弹簧；4—溢流口；5—膜片；6—阀杆；7—阻尼管；
8—阀座；9—阀芯；10—复位弹簧；11—排气孔。

当输入压力发生波动时,如输入压力瞬时升高,输出压力也随之升高,作用于膜片 5 上的气体推力也随之增大,破坏了原来的力的平衡,使膜片 5 向上移动,有少量气体经溢流口 4 和排气孔 11 排出。在膜片上移的同时,因复位弹簧 10 的作用,输出压力下降,直到新的平衡为止。重新平衡后的输出压力又基本上恢复至原值。

调节手柄 1 使调压弹簧 2、3 恢复自由状态,输出压力降至零,阀芯 9 在复位弹簧 10 的作用下,关闭进气阀口。这样,减压阀便处于截止状态,无气流输出。

QTY 型直动式减压阀的调压范围为 0.05~0.63 MPa。为限制气体流过减压阀所造成的压力损失,规定气体通过阀内通道的流速在 15~25 m/s 范围内。安装减压阀时,要按气流的方向和减压阀上所示的箭头方向,依照分水滤气器减压阀油雾器的安装次序进行安装。调压时应由低向高调,直至规定的调压值为止。减压阀不用时应把手柄放松,以免膜片经常受压变形。

2. 溢流阀

溢流阀(安全阀)在系统中起限制最高压力、保护系统安全的作用。当回路、气罐的压力上升到设定值以上时,溢流阀把超过设定值的压缩空气排入大气,以保持输入压力不超过设定值。溢流阀与减压阀相类似,按控制方式分为直动式和先导式两种。

图 8-29 所示为直动式溢流阀工作原理。如图 8-29(a)所示,当气动系统中气体压力在调定范围内时,作用在阀芯 3 上的压力小于调压弹簧 2 的预定压力时,活塞处于关闭状态。图 8-29(b)所示,当系统压力升高,作用在阀芯 3 上的压力大于调压弹簧 2 的预定压力时,阀芯 3 向上移动,阀门开启排气。图 8-29(c)所示为直动式溢流阀的图形符号。

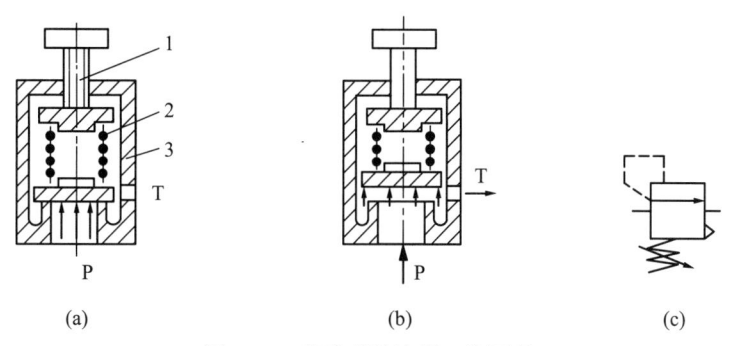

图 8-29 直动式溢流阀工作原理

1—调节机构;2—调压弹簧;3—阀芯。

3. 顺序阀

顺序阀是依靠气路中压力的作用而控制执行元件按顺序动作的压力控制阀,它根据弹簧的预压缩量来控制其开启压力。图 8-30 所示为顺序阀工作原理。它根据弹簧的预压缩量来控制其开启压力。如图 8-30(a)所示,当输入压力小于开启压力时,阀口处于关闭状态,P 到 A 不通,无气体输出。如图 8-30(b)所示,当输入压力达到或超过开启压力时,顶开弹簧,于是 P 到 A 才有输出。顺序阀一般很少单独使用,往往与单向阀配合在一起,构成单向顺序阀。图 8-30(c)所示为顺序阀的图形符号。

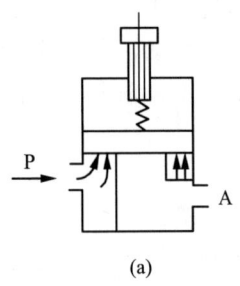 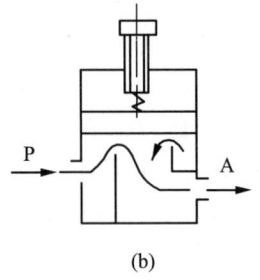 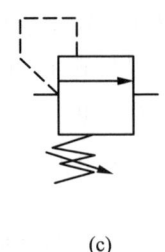

图 8-30 顺序阀工作原理

三、流量控制阀

与液压流量控制阀一样，气压传动中的流量控制阀也是通过改变阀的通流面积来实现流量控制的，其中包括节流阀、单向节流阀和排气消声节流阀等。

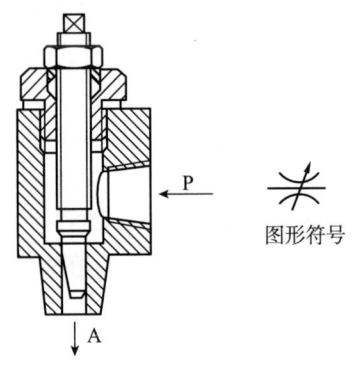

图 8-31 节流阀

1. 节流阀

图 8-31 所示为节流阀，压缩空气由 P 口进入，经过节流后，由 A 口流出。旋转阀芯螺杆，就可改变节流口的开度，这样就调节了压缩空气的流量。由于这种节流阀的结构简单、体积小，故应用范围较广。

2. 单向节流阀

图 8-32 所示为单向节流阀工作原理。单向节流阀是由单向阀和节流阀并联而成的组合式流量控制阀。如图 8-32 (a) 所示，当气流沿着一个方向（P—A）流动时，经过节流阀节流。如图 8-32 (b) 所示，反方向（A—P）流动时，单向阀打开。单向节流阀常用于气缸的调速和延时回路。图 8-32 (c) 所示为单向节流阀的图形符号。

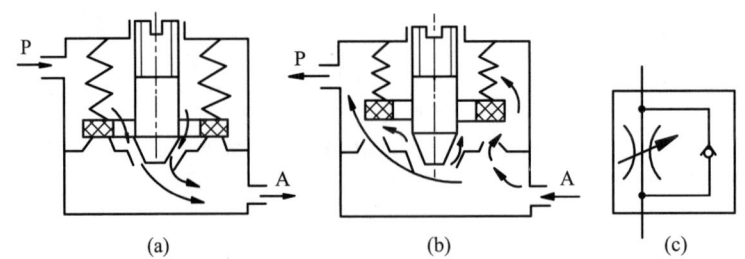

图 8-32 单向节流阀工作原理

3. 排气消声节流阀

图 8-33 所示为排气消声节流阀工作原理。排气消声节流阀是装在执行元件的排气口处，调节进入大气中气体流量的一种控制阀。它不仅能调节执行元件的运动速度，还常带有消声器件，所以也能起降低排气噪声的作用。图 8-33 (b) 所示为排气消声节流阀的图形符号。

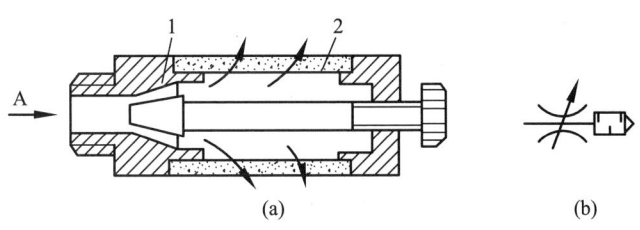

（a） （b）

图 8-33　排气消声节流阀工作原理

1—节流口；2—消声套。

思考练习题

一、填空题

1. 气压传动是指以_____为工作介质来传递_____，以控制和驱动各种机械和设备。

2. 后冷却器安装在空气压缩机出口管道上，将压缩机排出的压缩气体温度由_____降至_____，使其中含有的油气和水蒸气达到饱和，并使其中大部分凝结成油滴和水滴，便于经油水分离器排出。

3. 气动装置中常用的消声器主要有三大类：_____、_____、_____。

4. _____是由气缸和液压缸共同组成的。

5. 不含有水蒸气的空气称为_____，含有水蒸气的空气称为_____。

6. 空气压缩机的种类很多，按工作原理主要可分为_____和_____两类。

7. 选择空气压缩机的依据是气动系统所需要的_____和_____两个参数。

二、单项选择题

1. 保证压缩空气的净化、元件的润滑、元件间的连接及消声等所必需的元件，包括过滤器、油雾器、管接头及消声器等，是_____。
   A. 气源装置　　　B. 控制元件　　　C. 执行元件　　　D. 辅助元件

2. 气动系统的空气压缩机后配置冷却器、分离器等元件，目的是_____。
   A. 提高气体压力　　　　　　　B. 降低气体黏性
   C. 提高气体黏性　　　　　　　D. 去除水分和油分

3. 下列属于气动系统执行元件的是_____。
   A. 压力控制阀　B. 流量控制阀　C. 方向控制阀　D. 气缸

4. 使用冲击气缸是为了_____。
   A. 有缓冲作用　B. 有稳定的运动　C. 有较大的冲击力　D. 能降低噪声

三、多项选择题

1. 气动系统的组成包括_____。
   A. 气源装置　　　B. 控制元件　　　C. 执行元件
   D. 辅助元件　　　E. 传动介质

2. 通常把_____称为气动三联件。
   A. 分水滤气器　B. 单向阀　　　C. 减压阀　　　D. 油雾器

3. 标记为 QGA100×125 的标准化气缸，其参数是_____。

A. 缸筒直径为 100 mm B. 行程为 125 mm
C. 无缓冲普通气缸 D. 细杆缓冲气缸

4. 气罐的作用包括_____。
A. 储存一定数量的压缩空气 B. 消除压力脉动
C. 进一步分离压缩空气中的水分和油分 D. 依靠绝热膨胀及自然冷却降温

5. 排气节流阀可以控制气动系统的_____。
A. 速度 B. 噪声 C. 速度和噪声 D. 压力

6. 具有逻辑控制功能的阀是_____。
A. 单向阀 B. 快速排气阀 C. 双压阀 D. 换向阀

7. 气动单向型控制阀包括_____等。
A. 单向阀 B. 梭阀 C. 双压阀 D. 快速排阀

8. 根据控制方式不同,气动换向阀可分为_____等。
A. 气压控制换向阀 B. 机械控制换向阀
C. 人力控制换向阀 D. 电磁控制换向阀

四、判断题

1. 和液压传动相比,气压传动反应快,动作迅速,维护简单,管路不易堵塞。(　　)
2. 气动系统的稳定性好,负载变化时对工作速度的影响较小。(　　)
3. 气压传动能使气缸实现准确的速度控制和很高的定位精度。(　　)
4. 空气压缩机是气动系统的动力源。(　　)
5. 空气过滤器又称分水滤气器、空气滤清器,它是气动系统中最常用的一种空气净化装置。(　　)
6. 气动系统的油雾器是用来除去空气中的油雾。(　　)
7. 生产过程中应尽可能选用标准化气缸。(　　)
8. 气马达以叶片式和活塞式两种应用最广泛。(　　)
9. 溢流阀在系统中起限制最高压力、保护系统安全的作用。(　　)
10. 气动技术规定各种阀允许使用的空气介质相对湿度不得大于 95%。(　　)

五、填写题图 8-1 中液压元件图形符号的名称

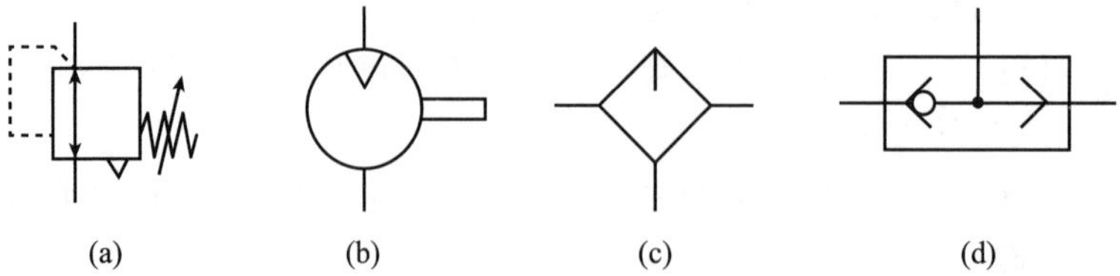

题图 8-1

(a) _____；(b) _____；
(c) _____；(d) _____。

六、问答题

1. 气源装置都包括哪些设备?它们各起什么作用?
2. 气动系统对压缩空气都有哪些要求?对压缩空气为什么必须进行净化处理?

3. 油雾器使油雾化的原理是什么？油雾器用于什么场合？在安装油雾器时应注意哪些事项？

4. 气动系统在什么部位易发生噪声？消声器有几种类型？其消声原理是什么？各有何特点？

5. 简述气-液阻尼缸的工作原理和特点。

6. 简述冲击气缸是如何工作的。

七、计算题

题图 8-2 为增压缸的原理图，图（a）为增压气缸，图（b）为气-液增压缸。试说明其增压原理及各自的特点。当输入压力为 p 时，求其输出压力 p_1 是多少。

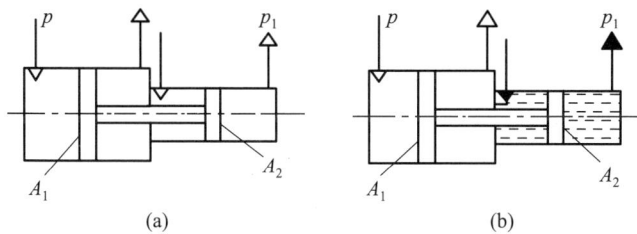

题图 8-2

项目九　气动基本回路

学习目标

1. 掌握常用气动基本回路的组成和工作原理；
2. 能够组建气动基本回路。

气动系统和液压传动系统一样，也是由各种功能的基本回路组成的。熟悉并掌握常用的基本回路是设计、使用、安装和维护气动系统的基础。

任务1　气动基本回路

一、换向回路

在气动系统中，执行元件的启动、停止或改变运动方向是通过控制进入执行元件压缩空气的通、断或流动方向来实现控制的，这些控制回路称为换向回路。

1. 单作用气缸换向回路

图9-1所示为单作用气缸的换向回路。图9-1（a）所示为由二位三通换向阀控制的换向回路，当电磁铁通电时，气缸活塞杆伸出；当电磁铁断电时，气缸活塞杆在弹簧力作用下退回。图9-1（b）所示为由三位五通换向阀控制的换向回路，当两个电磁铁同时断电时，可以使气缸活塞停在任意位置。但因气体的可压缩性，且有气体泄漏，气缸活塞停止的位置精度较差。

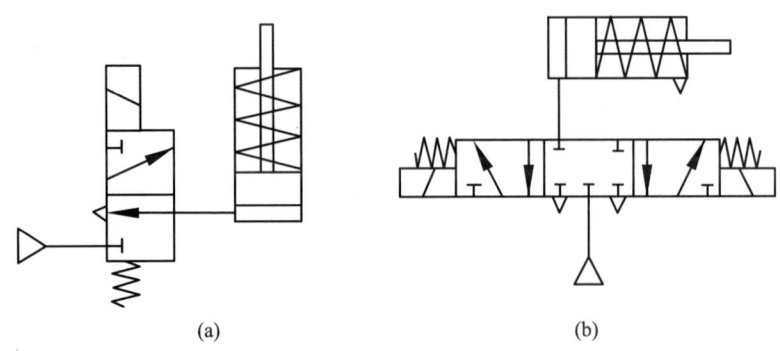

图9-1　单作用气缸的换向回路

2. 双作用气缸换向回路

图9-2所示为双作用气缸的换向回路。图9-2（a）所示为由两个手动阀（二位三通换向阀）来控制二位五通换向阀换向，以此控制气缸活塞杆的伸缩，但两个手动阀不能同时操作。图9-2（b）所示为由三位五通电磁换向阀来控制气缸的换向回路，该回路有中停

功能，但定位精度不高。

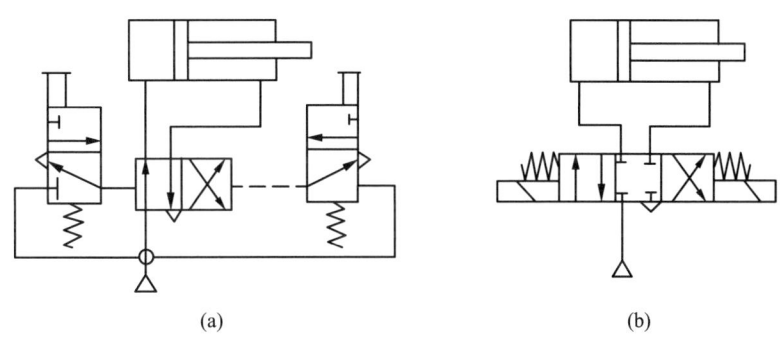

图 9-2 双作用气缸的换向回路

二、压力控制回路

对气动系统的压力进行调节和控制的回路称为压力控制回路。压力控制回路应用很广，凡是需要用到具有一定压力压缩空气的场合，都要采用这类回路。

1. 一次压力控制回路

一次压力控制回路常用于控制空压站气罐，使其压力不超过规定压力，如图 9-3 所示。一次压力控制回路通常采用电接点压力表 2（或压力继电器）控制空气压缩机的启动或停止。安全阀 1 用来限制气罐内的最高压力。

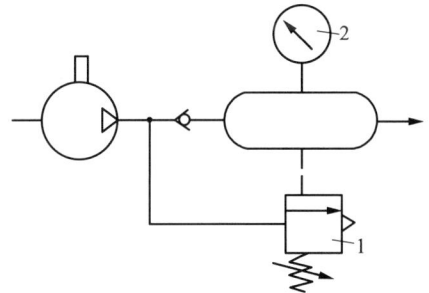

图 9-3 一次压力控制回路
1—安全阀；2—电接点压力表。

2. 二次压力控制回路

二次压力控制回路是指每台气动设备的气源进口处的压力调节回路。图 9-4 所示的压力控制回路是最基本的，主要由分水滤气器、减压阀和油雾器（气动三联件）组成二次压力控制回路。调节减压阀可以使气动设备获得所需要的压力。若气动系统中不需要润滑，则可不用油雾器。

3. 高低压转换回路

图 9-5 所示为高低压转换回路。图 9-5 (a) 所示为采用两个减压阀调出 p_1、p_2 两种不同的压力，通过二位三通换向阀向同一个气动系统提供两种不同压力的回路。图 9-5 (b) 所示为同时为两个不同气动系统输出 p_1、p_2 两种不同压力的回路。

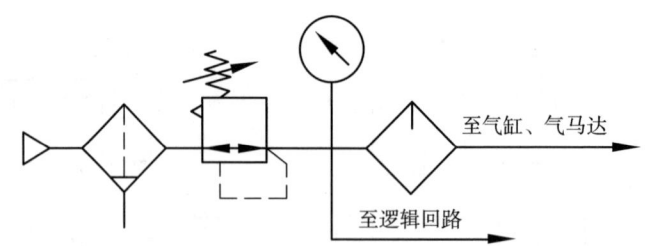

图 9-4 二次压力控制回路

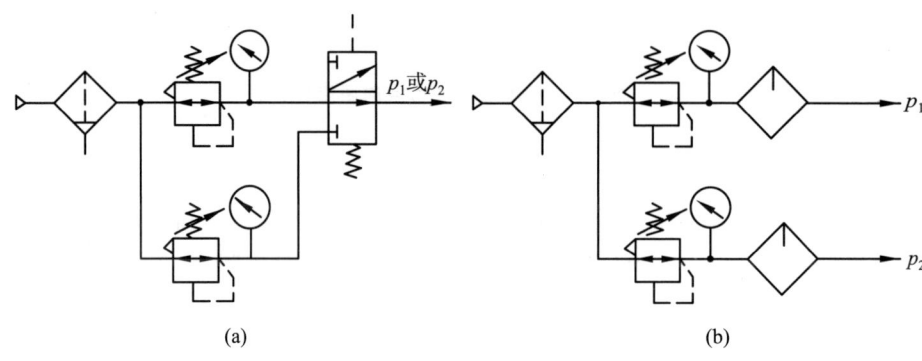

图 9-5 高低压转换回路

三、速度控制回路

速度控制回路就是通过调节压缩空气的流量,来控制气动执行元件的运动速度。

1. 单作用气缸速度控制回路

如图 9-6 (a) 所示,回路采用两个反向安装的单向节流阀分别控制气缸活塞杆伸出和缩回速度;如图 9-6 (b) 所示,当气缸活塞杆缩回时,通过排气阀排气,气缸活塞杆可实现快速缩回,但缩回速度不能调节。

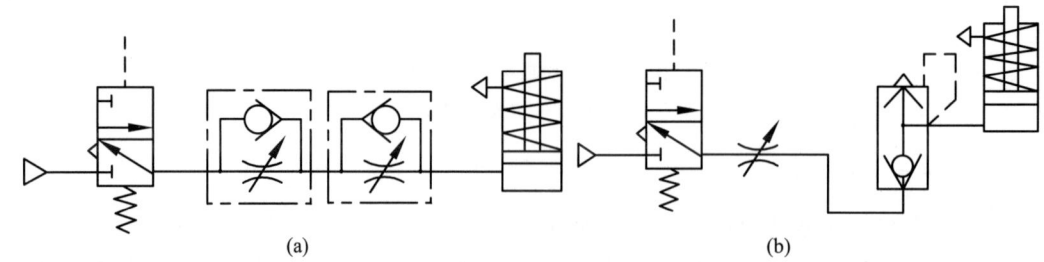

图 9-6 单作用气缸速度控制回路

2. 双作用气缸速度控制回路

图 9-7 (a) 所示为采用单向节流阀对气缸双向调速;图 9-7 (b) 所示为采用排气节流阀对气缸双向调速。采用排气节流阀调速,进气阻力小,比采用单向节流阀效果好,且排气节流阀和消声器通常做成一体,可直接安装在二位五通换向阀上。

项目九 气动基本回路

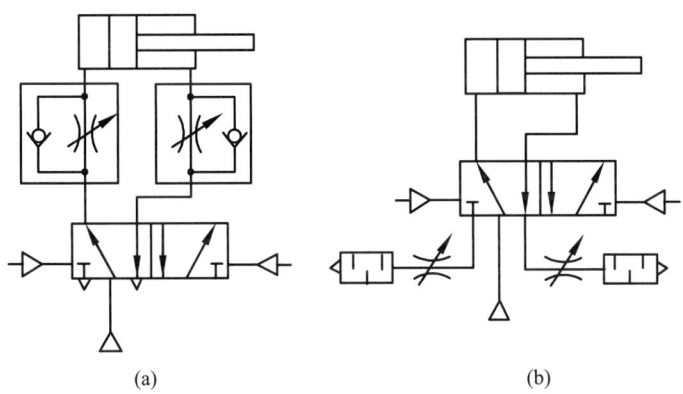

(a)　　　　　　　　　　　(b)

图 9-7　双作用气缸速度控制回路

3. 缓冲回路

当气缸活塞运动行程较长、速度较快，气缸需要一定的缓冲功能，可采用图 9-8 所示的回路。该回路为机动阀（二位二通换向阀）和单向节流阀配合使用的缓冲回路。当三位五通换向阀处于左位时，气缸无杆腔进气，气缸活塞杆快速伸出，此时气缸有杆腔气体经机动阀和三位五通换向阀排气口排出。当活塞杆伸出运动到末端时，机动阀换向，气缸有杆腔气体经单向节流阀、二位五通换向阀排出。此时，气缸活塞杆的运动由快速转变为慢速，实现气缸活塞运动缓冲。

4. 气-液转换速度控制回路

图 9-9 所示为采用气-液转换器的速度控制回路。此回路利用气-液转换器将气压变成液压，利用液压油驱动液压缸，两个单向节流阀进行出口节流调速，从而得到平稳、易于控制的液压缸活塞运动速度。这种回路充分发挥了气动供气方便和液压速度容易控制的特点。

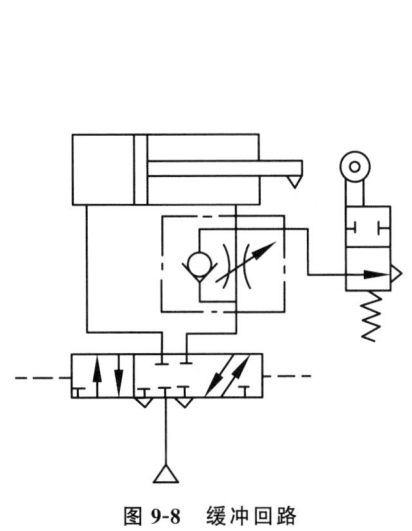

图 9-8　缓冲回路

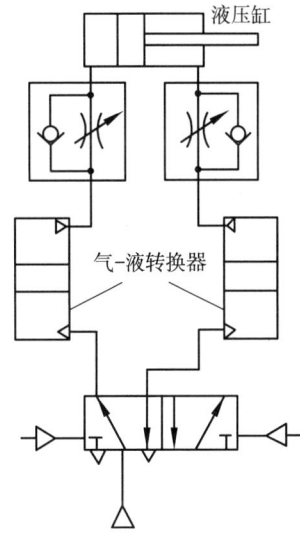

图 9-9　采用气-液转换器的速度控制回路

四、其他常用回路

1. 安全保护回路

由于执行机构的过载、快速运动等都可能危及设备或操作人员的安全,因此,在气动回路中常加入安全保护回路。

(1) 过载保护回路。

图 9-10 所示为气缸过载保护回路。在正常工作情况下,按下手动阀(二位三通换向阀)1,主控阀(二位四通换向阀)2 切换至左位,气缸活塞右行,当气缸活塞杆上挡铁碰到行程阀(二位三通换向阀)5 时,控制气体又使主控阀 2 切换至右位,气缸活塞退回。

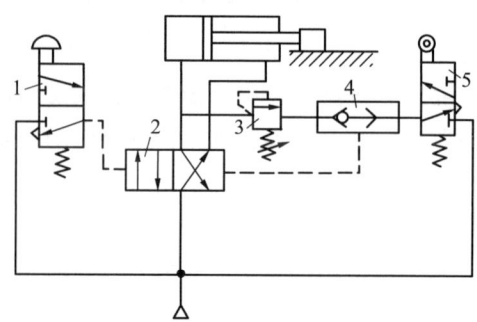

图 9-10　气缸过载保护回路

1—手动阀(二位三通换向阀);2—主控阀(二位四通换向阀);
3—顺序阀;4—梭阀;5—行程阀(二位三通换向阀)。

当气缸活塞右行,若遇到故障,造成负载过大,使气缸左腔压力升高到超过预定值时,顺序阀 3 打开,控制气体可经梭阀 4 将主控阀 2 切换至右位,使气缸活塞杆退回,气缸左腔的气体经主控阀 2 排掉,这样就防止了系统过载。

(2) 互锁回路。

图 9-11 所示为互锁回路。回路中主控阀(二位四通换向阀)的换向受三个串联的机动阀(二位三通换向阀)的控制,只有在三个机动阀都接通时,主控阀才能换向,气缸活塞杆才能向下伸出。

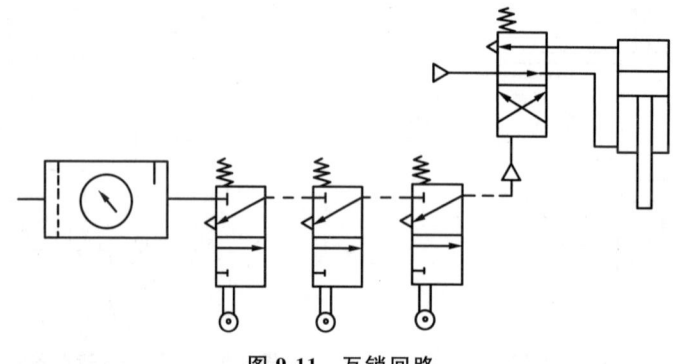

图 9-11　互锁回路

2. 双手操作回路

双手操作回路是指使用两个启动用的手动阀，只有同时按下这两个阀才能完成动作的回路。这种回路主要是为了安全，在锻造、冲压机械上常用来避免误动作。

在图 9-12（a）所示的回路中，只有两手同时操作手动阀（二位三通换向阀）1、2 切换主控阀（二位五通换向阀）3 时，气缸活塞才能下落。实际上给主控阀 3 的控制信号是手动阀 1、2 相"与"的信号。在此回路中，如果手动阀 1 或手动阀 2 的弹簧折断而不能复位，单独按下一个手动阀，气缸活塞也可下落，所以此回路并不十分安全。

在图 9-12（b）所示的回路中，需要两手同时按下手动阀（二位三通换向阀）1、2 时，气罐 6 中预先充满的压缩空气才能经手动阀 1 及节流阀 5 延迟一定时间后切换主控阀 3，活塞才能下落。如果两手不同时按下手动阀 1、2，或因其中任一个手动阀弹簧折断不能复位，气罐 6 内的压缩空气都将通过手动阀 2 的排气口排空，不足以建立起控制压力，主控阀 3 就不能被切换，活塞也就不能下落。在双手操作回路中，两个手动阀 1、2 必须安装在单手不能同时操作的距离上。

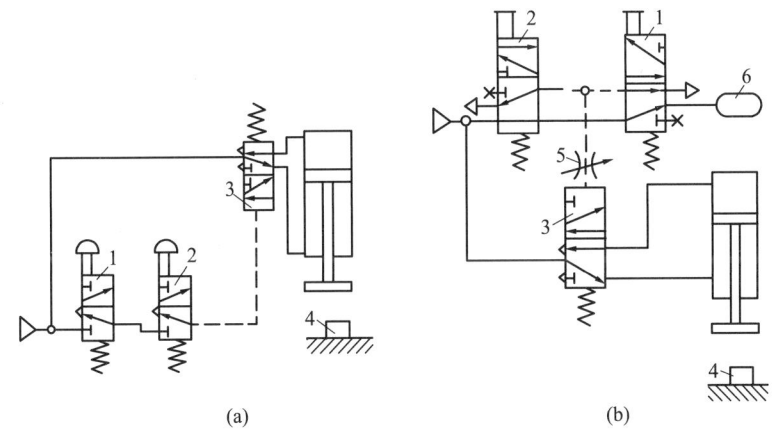

图 9-12 双手操作回路

1、2—手动阀（二位三通换向阀）；3—主控阀（二位五通换向阀）；
4—工件；5—节流阀；6—气罐。

3. 延时控制回路

图 9-13（a）所示为延时断开回路。当按下手动阀（二位三通换向阀）1 后，二位五通换向阀 2 立即换向，气缸 5 活塞杆伸出，同时压缩空气经单向节流阀 4 流入气罐 3 中。经一定时间后，气罐 3 中压力升高到一定值，二位五通换向阀 2 自动换向（阀 2 中阀芯左端气压作用面积大于右端气压作用面积），气缸 5 活塞杆返回。调节单向节流阀 4 开度可获得不同的延时时间。

图 9-13（b）所示为延时接通回路。按下手动阀（二位三通换向阀）6，压缩空气经主控阀（二位四通换向阀）7 进入气缸 11 无杆腔，气缸 11 活塞杆伸出，当在气缸 11 活塞杆行程中压下机动阀（二位三通换向阀）10 后，压缩空气经机动阀 10、节流阀 9 进入气罐 8，经一段时间，气罐 8 中压力达到一定数值，主控阀 7 才换向，气缸 11 活塞杆缩回。

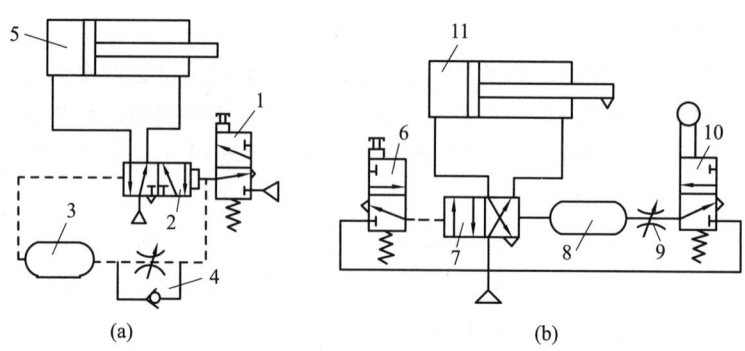

图 9-13 延时控制回路

1、6—手动阀（二位三通换向阀）；2—二位五通换向阀；3、8—气罐；4—单向节流阀；
5、11—气缸；7—主控阀；9—节流阀；10—机动阀（二位三通换向阀）。

任务 2　气动基本回路组建

一、实训目的及要求

1. 实训目的

（1）熟悉气动元件及在系统中的作用。

（2）掌握气动回路的组成和工作原理。

（3）能分析、组建、调试气动基本回路。

2. 实训器材

气动实训工作台。

3. 实训要求

（1）实训前认真预习，掌握相关气动基本回路的原理，对其结构组成有一个基本认识。

（2）针对不同的气动基本回路，选择相应的气动元件，严格按操作规程正确操作。

（3）实训前应先安装好气动元件，接好各气路，方可启动气泵；实训完成后，应先关掉电源，后拆卸气路。

二、一个单作用气缸的直接控制回路

1. 实训元件（见表 9-1）

表 9-1　一个单作用气缸的直接控制回路元件

名称	型号	符号	数量
三联件	AC2000-D		1

(续表)

名称	型号	符号	数量
按钮阀常闭式	MSV98322TB		1
带压力表的减压阀	AR2000		1
单作用气缸	MSAL20-75-S		1
气管	φ6		若干

2. 实训内容

(1) 在实训时，按照图 9-14 及表 9-1 选择气动元件，将气动元件安装到实训台面板合适位置上，然后开始气动管路连接。

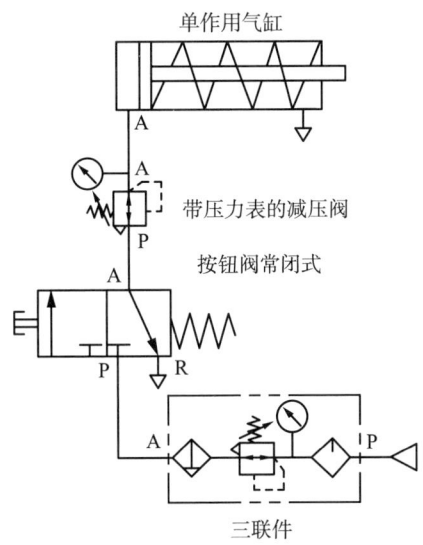

图 9-14 一个单作用气缸的直接控制回路

先从空气压缩机的出气口连接到三联件 P 口，三联件由排水过滤器、减压阀、油雾器组成。气管由三联件的 A 口连接到按钮阀常闭式的 P 口，从按钮阀常闭式的 A 口连接到带压力表的减压阀的 P 口，从带压力表的减压阀的 A 口连接到单作用气缸 A 口。

(2) 打开气源，按下按钮阀常闭式，压缩空气经按钮阀常闭式、带压力表的减压阀，克服气缸活塞复位弹簧的阻力，使单作用气缸活塞杆伸出。按钮阀常闭式松开，气缸活塞杆缩回，压缩空气从按钮阀常闭式的 R 口排放。

三、一个双作用气缸的直接控制回路

1. 实训元件（见表 9-2）

表 9-2　一个双作用气缸的直接控制回路元件

名称	型号	符号	数量
三联件	AC2000-D	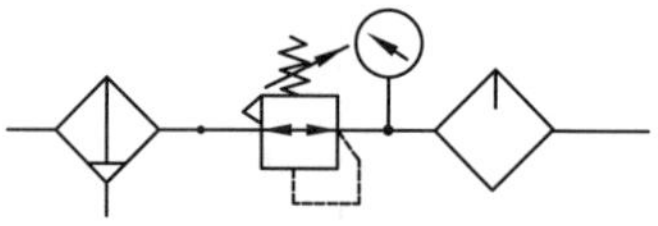	1
按钮阀常闭式	MSV98322TB	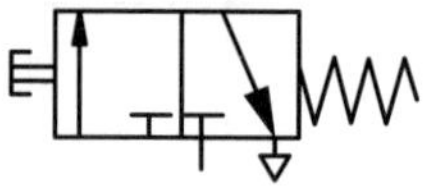	2
带压力表的减压阀	AR2000	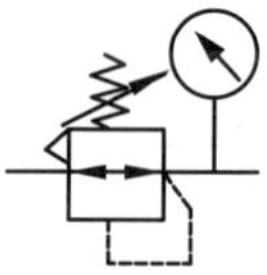	1
双作用气缸	MAL20-75-S	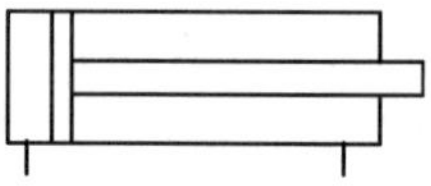	1
单向节流阀	ASC-08V		2
双气控二位五通阀	4A220-08	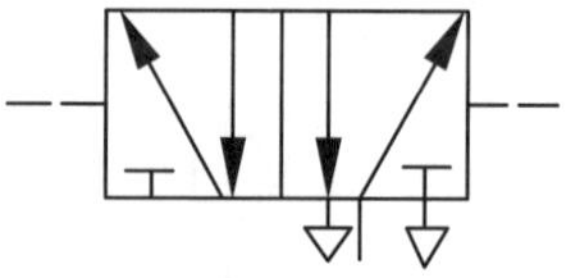	1
气管	φ6		若干

2. 实训内容

（1）分析系统图 9-15，图中装了两只单向节流阀，目的是对气缸活塞向两个方向运动时的气进行节流，而气流是通过单向节流阀里的节流阀供给气缸活塞，所以调节阀的旋钮可以调节气的大小，以控制气缸活塞的运动速度。

（2）实训时，按照图 9-15（a）及表 9-2 选择气动元件，将气动元件安装到实训台面板合适位置上，然后开始气动管路连接。

先从空气压缩机的出气口连接到三联件的 P 口。气管由三联件 A 口出发分三路：第一路连接到按钮阀常闭式 1 的 P 口，从按钮阀常闭式 1 的 A 口连接到双气控二位五通阀的 Z 口；第二路连接到双气控二位五通阀的 P 口；第三路连接到按钮阀常闭式 2 的 P 口，从按钮阀常闭式 2 的 A 口连接到带压力表的减压阀的 P 口，从带压力表的减压阀的 A 口连接到双气控二位五通阀的 Y 口。然后，从双气控二位五通阀的 A 口连接单向节流阀 1

的 P 口，从单向节流阀 1 的 A 口连接到双作用气缸的 A 口。从双气控二位五通阀的 B 口连接到单向节流阀 2 的 P 口，从单向节流阀 2 的 A 口连接到气缸的 B 口。

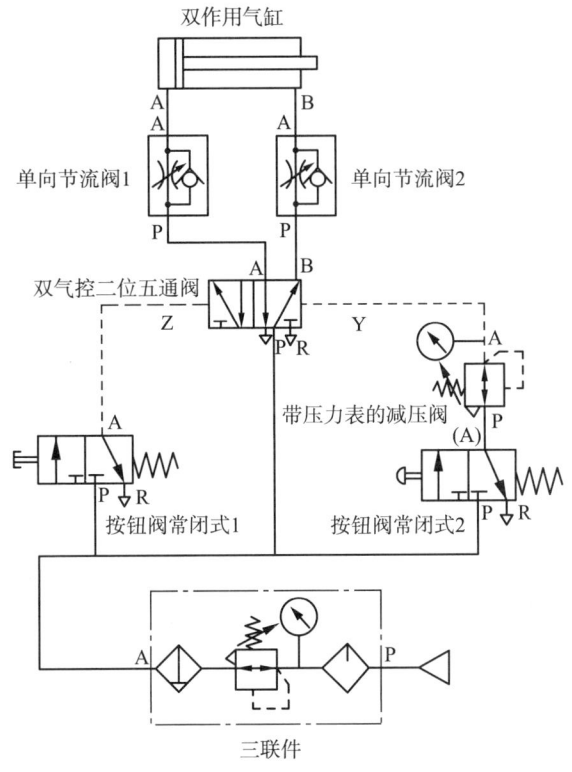

图 9-15 一个双作用气缸的直接控制回路

（3）按下按钮阀常闭式 1，调节单向节流阀 1 的大小，单向节流阀 1 开口越大，双作用气缸活塞杆伸出速度越快。反之，双作用气缸活塞杆伸出速度越慢。松开按钮阀常闭式 1，压缩空气从按钮阀常闭式 1 的 R 口排气。按下按钮阀常闭式 2，调节单向节流阀 2 的大小，单向节流阀 1 开口越大，双作用气缸活塞杆缩回速度越快。反之，双作用气缸活塞杆伸出速度就越慢。松开按钮阀常闭式 2，压缩空气从按钮阀常闭式 2 的 R 口排气。

四、双手操作（串联）回路

1. 实训元件（见表 9-3）

表 9-3 双手操作（串联）回路元件

名称	型号	符号	数量
三联件	AC2000-D		1

(续表)

名称	型号	符号	数量
双作用气缸	MAL20-75-S		1
单电控二位五通阀	AR2000		1
气管	φ6		若干

2. 实训内容

(1) 分析气动系统图 9-16（a）及电气控制图 9-16（b）。采用串联电路和单电控电磁阀构成双手同地操作回路，可确保安全。

(2) 实训时，按照图 9-16（a）及表 9-3 选择气动元件，将气动元件安装到实训台面板合适位置上，然后开始气动管路连接。

先从空气压缩机的出气口连接到三联件的 P 口。气管由三联件的 A 口连接到单电控二位五通阀的 P 口，再从单电控二位五通阀的 A 口连接到双作用气缸的 A 口。从二位五通阀的 B 口连接到双作用气缸的 B 口。

(3) 按照图 9-16（b）连接电气控制线路。

(4) 当 SB1 与 SB2 同时按下，电磁阀 YA 通电，单电控二位五通阀的 P 口进气，A 口出气，双作用气缸活塞杆伸出；当松开 SB1 与 SB2 时，电磁铁 YA 断电，双作用气缸活塞杆缩回。

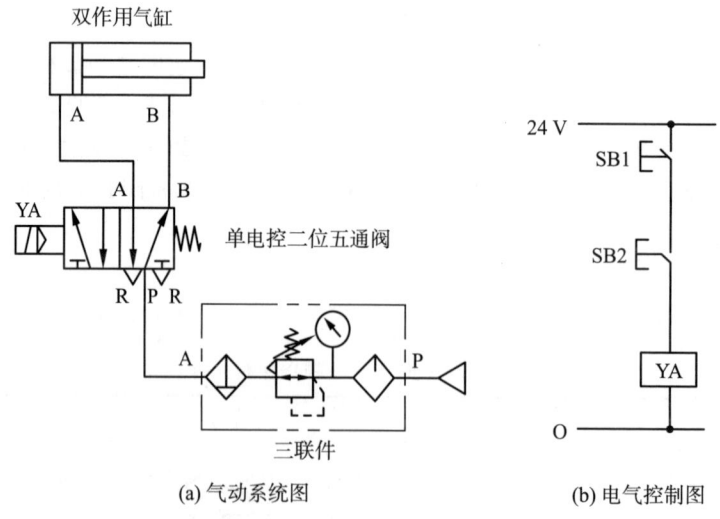

(a) 气动系统图   (b) 电气控制图

图 9-16 双手操作（串联）回路

五、采用三位五通阀的连续往复回路

1. 实训元件（见表 9-4）

表 9-4 采用三位五通阀的连续往复回路元件

名称	型号	符号	数量
三联件	AC2000-D		1
双作用气缸	MAL20-75-S		1
双电控二位五通阀	4V220-08		1
单向节流阀	ASC-08V		2
行程开关	LX19-001		2
气管	φ6		若干

2. 实训内容

（1）分析气动系统图 9-17（a）及电气控制图 9-17（b）。按下按钮 SB1，双作用气缸活塞杆连续前进和后退。按下停止按钮 SB2，双作用气缸活塞杆在前进（或后退）终端位置停止。本回路可用单向节流阀调节双作用气缸活塞杆运动速度。

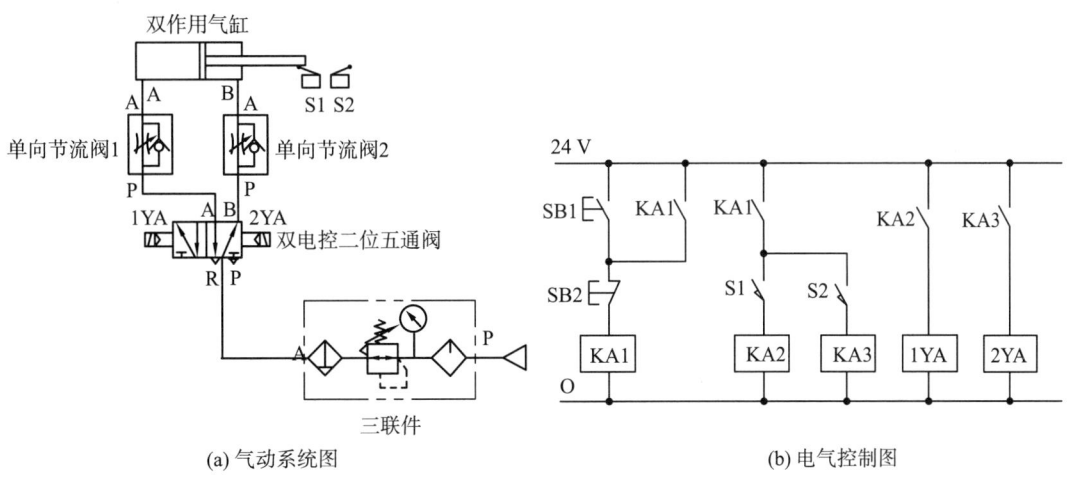

(a) 气动系统图　　　　　　　　　　(b) 电气控制图

图 9-17 采用三位五通阀的连续往复回路

（2）按图 9-17（a）及表 9-4 选好气动元件，将气动元件安装到实训台面板合适位置上，然后开始气动管路连接。

首先从空气压缩机的出气口连接到三联件 P 口，气管由三联件的 A 口连接到双电控三位五通阀的 P 口，从双电控三位五通阀的 A 口连接到单向节流阀 1 的 P 口，从单向节流阀 1 的 A 口连接到双作用气缸的 A 口。从双电控三位五通阀的 B 口连接到单向节流阀 2 的 P 口，从单向节流阀 2 的 A 口连接到双作用气缸的 B 口。

（3）按照图 9-17（b）连接电气控制电路。

（4）在实训时，按下按钮 SB1，电磁铁 1YA 通电，双作用气缸活塞杆伸出；当压下行程开关 S2 时，S2 动作，电磁铁 2YA 通电，双作用气缸活塞杆缩回。当打开行程开关 S1 时，S1 动作，电磁铁 1YA 通电，双作用气缸活塞杆伸出、缩回，循环往复。当按下停止按钮 SB2，双作用气缸活塞杆在前进或后退终端位置停止。

六、报告内容

1. 画出所选作的气动回路的工作原理简图，说明其主要结构组成及工作原理。
2. 叙述所选作气动回路的基本工作过程。

思考练习题

一、填空题

1. 对气动系统的压力进行调节和控制的回路称为_____。
2. 速度控制回路就是通过调节压缩空气的_____，来控制气动执行元件的运动速度。

二、单项选择题

1. _____常用于控制空压站气罐，使其压力不超过规定压力。
   A. 一次压力控制回路　　　　　　B. 二次压力控制回路
   C. 高压、低压转换回路　　　　　D. 速度控制回路
2. _____是指每台气动设备的气源进口处的压力调节回路，它主要采用溢流式减压阀来调整压力。
   A. 一次压力控制回路　　　　　　B. 二次压力控制回路
   C. 高压、低压转换回路　　　　　D. 速度控制回路

三、问答题

1. 采用缓冲回路的目的是什么？
2. 采用延时回路的原理是什么？

项目十 气动系统应用

学习目标

1. 掌握识读气动系统图的方法；
2. 能够分析典型气动系统的原理、特点及元件作用；
3. 了解气动系统的安装、调试与维护；
4. 了解气动系统的故障诊断与维修。

任务 1 典型气动系统

一、工件夹紧气动系统

图 10-1 所示为工件夹紧气动系统，常用于机械加工自动生产线和组合机床中。其工作原理是：当工件运动到指定位置时，气缸 A 的活塞杆伸出，将工件定位锁紧后，两侧气缸 B 和 C 的活塞杆同时伸出，从两侧面夹紧工件，实现夹紧后进行机械加工。

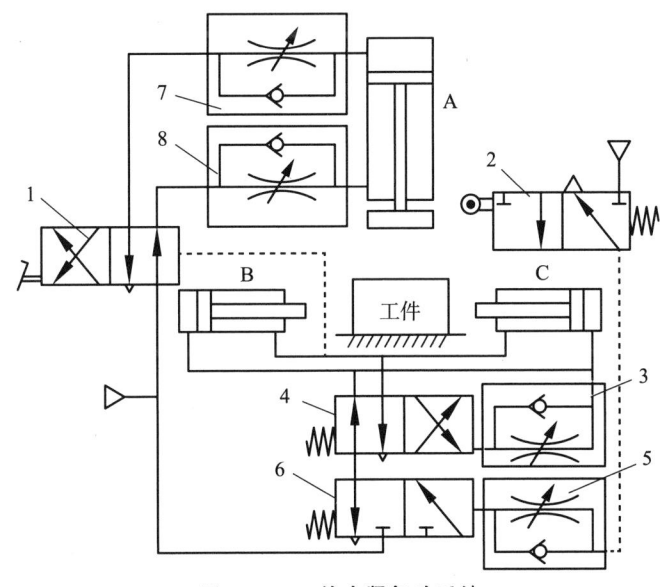

图 10-1 工件夹紧气动系统

1—脚踏换向阀；2—机动行程阀；3、5、7、8—单向节流阀；4—主控阀；6—中继阀。

气动系统的动作过程为：当用脚踏下脚踏换向阀 1（在自动线中工件往往采用其他形式的换向方式）后，压缩空气经单向节流阀进入气缸 A 的无杆腔，夹紧头下降至锁紧位置后使机动行程阀 2 换向，压缩空气经单向节流阀 5 进入中继阀 6 的右侧，使中继阀 6 换向，压缩空气经中继阀 6 通过主控阀 4 的左位进入气缸 B 和 C 的无杆腔，两个气缸同时伸出。与此同时，压缩空气的一部分经单向节流阀 3 调定延时后使主控阀 4 换向到右侧，则两气缸 B 和 C 返回。在两气缸返回的过程中有杆腔的压缩空气使脚踏换向阀 1 复位，则气缸 A 返回。此时，由于机动行程阀 2 复位（右位），所以中继阀 6 也复位。由于中继阀 6 复位，气缸 B 和 C 的无杆腔进气，主控阀 4 自动复位，由此完成了一个"气缸 A 活塞杆压下→夹紧缸 B 和 C 活塞杆伸出夹紧→夹紧缸 B 和 C 活塞杆返回→气缸 A 活塞杆返回"的动作循环。

二、门户自动开闭系统

门的形式多种多样，有推门、拉门、屏风式的折叠门、左右门扇的旋转门以及上下关闭的门等。此处主要介绍拉门、旋转门的气动系统。

1. 拉门自动开闭系统

图 10-2 所示为拉门自动开闭系统。这种形式的自动门是在门的前、后装有略微浮起的踏板，行人踏上踏板后，踏板下沉压至检测用阀，门就自动打开。行人走过去后，检测阀自动复位换向，门就自动关闭。该装置是通过连杆机构将气缸活塞杆的直线运动转换成门的开闭运动，利用超低压气动阀来检测行人的踏板动作。

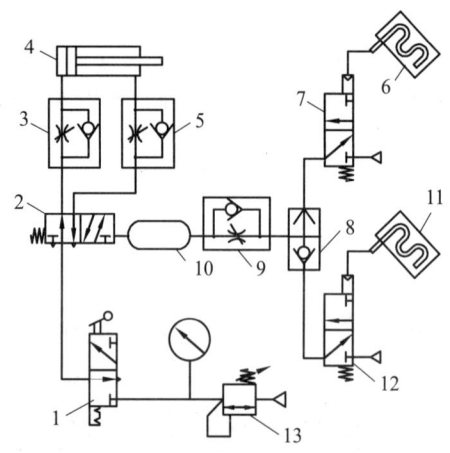

图 10-2 拉门自动开闭系统

1—手动阀；2、7、12—气动阀；3、5、9—单向节流阀；4—气缸；
6、11—踏板；8—梭阀；10—储气罐；13—压力调节器。

在踏板 6、11 的下方装有一端完全密封的橡胶管，而管的另一端与气动阀 7 和 12 的控制口相连接，因此，当人站在踏板上时，橡胶管内的压力上升，气动阀就开始工作。

首先调节手动阀 1，压缩空气通过气动阀 2 进入气缸 4 的无杆腔，活塞杆伸出（关闭门）。若有人站在踏板 6 或踏板 11 上，则气动阀 7 或气动阀 12 动作，气动阀 2 换向，气缸 4 的活塞杆收回（门打开）。若是行人已走过踏板 6 或踏板 11，则气动阀 2 控制腔的压缩空气经由储气罐 10、单向节流阀 9 和梭阀 8 组成的延时回路而排气，气动阀 2 复位，气缸 4 的活塞杆伸出使门关闭。由此可见，行人从门的哪边出入都可以。另外，通过调节压力调节器 13 的压力，确保即便行人在意外情况下被夹住，也不会造成伤害。若将手动阀 1 复位，门则变成手动操作模式。

2. 旋转门自动开闭系统

旋转门是左右两扇门绕两端的枢轴旋转而开的门。图 10-3 所示为旋转门自动开闭系统。此系统只能单方向开启，不能反向打开；为防止发生危险，只用于单向通行的地方。

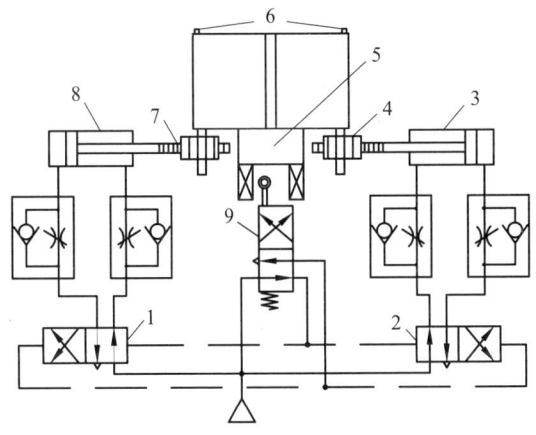

图 10-3 旋转门自动开闭系统

1、2—主阀；3、8—气缸；4—齿轮；5—踏板；6—旋转轴；7—齿条；9—检测阀。

当行人踏上门前的踏板时，由于其重力使踏板产生微小的下降，检测阀 9 被压下，主阀 1 与主阀 2 换向，压缩空气进入气缸 3 与气缸 8 的无杆腔，通过齿轮 4、齿条 7 机构带动两边的门扇同时绕旋转轴 6 旋转，门打开。行人通过后，踏板恢复到原来的位置，检测阀 9 自动复位。主阀 1 与主阀 2 换向到原来的位置，气缸活塞杆后退，门关闭。

三、气动机械手气压传动系统

图 10-4 所示为一种气动机械手的结构示意。在某些高温、粉尘或噪声等环境恶劣的场合，用气动机械手代替手工作业是工业自动化发展的一个方向。本节介绍的气动机械手模拟人手的部分动作，按预先给定的程序、轨迹和工艺要求实现自动抓取、搬运，完成工件的上料或卸料。为完成这些动作，系统共有四个气缸，可在三个坐标内工作。

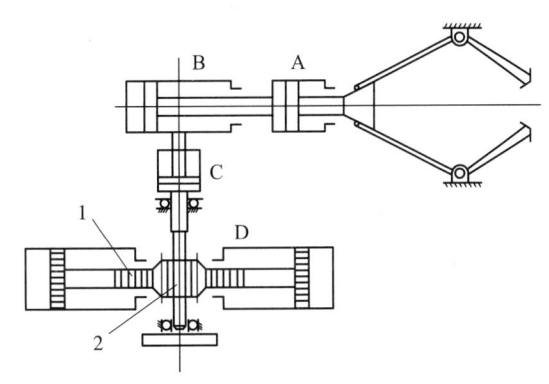

图 10-4 气动机械手的结构示意

1—齿条；2—齿轮。

其中，气缸 A 为抓取机构的松紧缸，其活塞杆伸出时松开工件，活塞杆缩回时夹紧工件。气缸 B 为长臂伸缩缸，可以实现伸出和缩回动作。气缸 C 为机械手升降缸。气缸 D 为立柱回转缸，该气缸为齿轮齿条缸，它可把活塞的直线往复运动转变为立柱的旋转运动，从而实现立柱的回转。

对机械手的控制程序要求为：立柱下降→伸臂→夹紧工件→缩臂→立柱顺时针方向转动→立柱上升→松开工件→立柱逆时针方向转动。图 10-5 所示为气动机械手的控制系统原理。

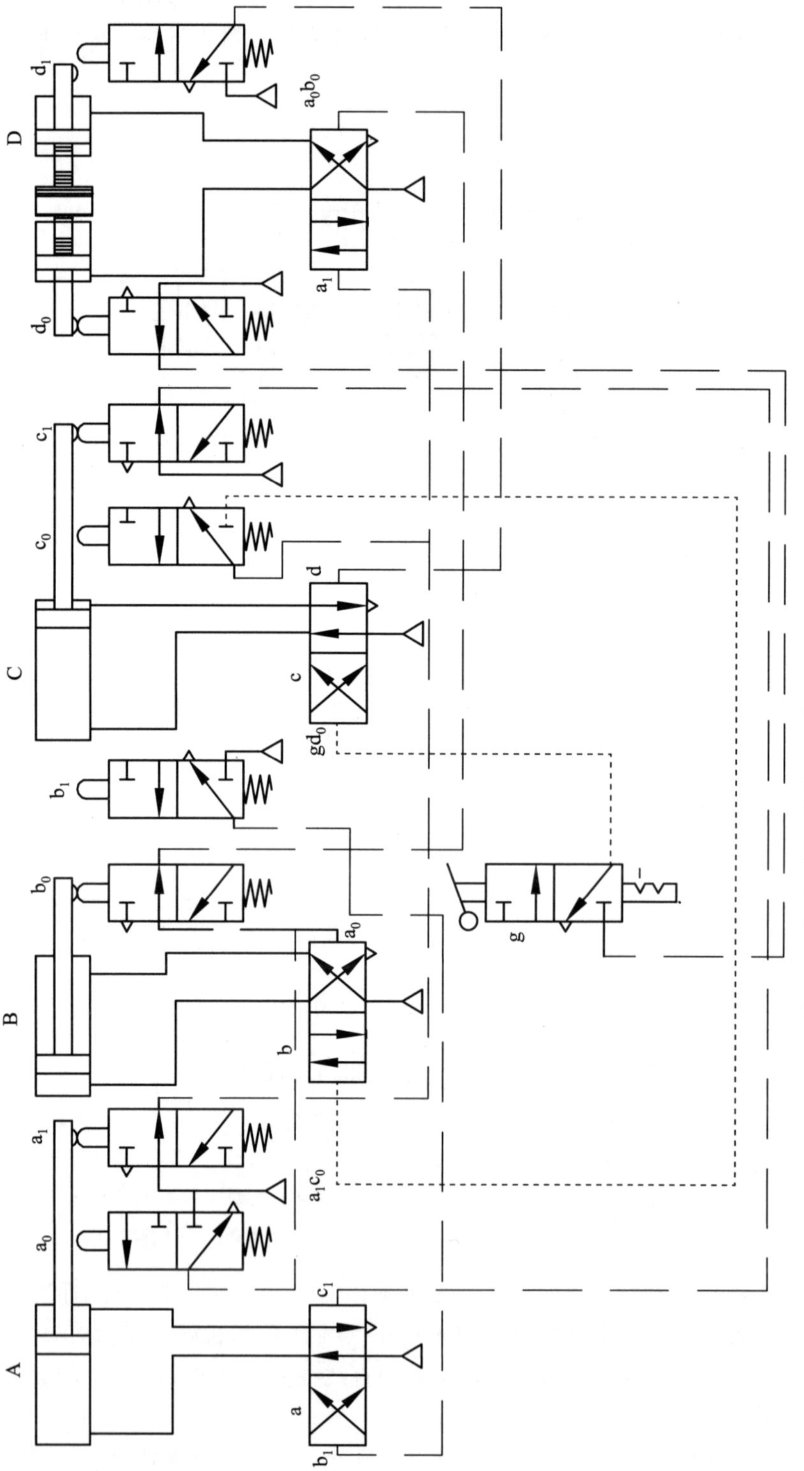

图 10-5 气动机械手的控制系统原理

信号 c_0、b_0 是无源元件,不能直接与气源相连。信号 c_0、b_0 只有分别通过 a_0 与 a_1 方能与气源相连接。

机械手的工作原理及循环分析如下:

(1) 按下启动阀 g,控制气体经启动阀使主控阀 c 处于左位,气缸 C 活塞杆缩回,实现动作 C_0(立柱下降)。

(2) 当气缸 C 活塞杆缩回,其上的挡铁压下 c_0 时,控制气体使气缸 B 的主控阀 b 左侧有控制信号并使阀处于左位,使气缸 B 活塞杆伸出,实现动作 B_1(伸臂动作)。

(3) 当气缸 B 活塞杆伸出,其上的挡铁压下 b_1 时,控制气体使气缸 A 的主控阀 a 左侧有控制信号并使阀处于左位,使气缸 A 活塞杆退回,实现动作 A_0(夹紧工件)。

(4) 当气缸 A 活塞杆伸出,其上的挡铁压下 a_0 时,控制气体使气缸 B 的主控阀 b 右侧有控制信号并使阀处于右位,使气缸 B 活塞杆退回,实现动作 B_0(缩臂)。

(5) 当气缸 B 活塞杆伸出,其上的挡铁压下 b_0 时,控制气体使气缸 D 的主控阀 d 左侧有控制信号并使阀处于左位,使气缸 D 活塞杆右移,通过齿轮齿条机构带动立柱顺时针方向转动,实现动作 D_1(顺时针方向转动)。

(6) 当气缸 D 活塞杆伸出,其上的挡铁压下 d_1 时,控制气体使气缸 C 的主控阀 c 右侧有控制信号并使阀处于右位,使气缸 C 活塞杆伸出,实现动作 C_1(立柱上升)。

(7) 当气缸 C 活塞杆伸出,其上的挡铁压下 c_1 时,控制气体使气缸 A 的主控阀 a 右侧有控制信号并使阀处于右位,使气缸 A 活塞杆伸出,实现动作 A_1(松开工件)。

(8) 当气缸 A 活塞杆伸出,其上的挡铁压下 a_1 时,控制气体使气缸 D 的主控阀 d 右侧有控制信号并使阀处于右位,使气缸 D 活塞杆左移,带动立柱逆时针方向转动,实现动作 D_0(逆时针方向转动)。

(9) 当气缸 D 活塞杆上的挡铁压下 d_0 时,控制气体使气缸 C 的主控阀 c 左侧又有控制信号并使阀处于左位,使气缸 C 活塞杆伸出,实现动作 A_1,于是下一个工作循环又重新开始。

任务 2 气动系统的安装、调试与维护

一、气动系统的安装

1. 管道的安装

安装前应检查管道,彻底清理管道,管道中不应有粉尘及其他杂质。管道外表面及两端接头应完好,加工后的几何形状应符合要求。经检查合格的管道需吹风后才能安装。按管路系统图中标明的安装、固定方法安装。管子支架要牢固,工作时不得产生振动。接管时要充分注意密封性,防止漏气,尤其注意接头处及焊接处。管路尽量平行布置,减少交叉,力求最短,转弯最少,并考虑到能自由拆装。安装软管要有一定的弯曲半径,不允许有扭曲现象,且应远离热源或安装隔热板。

2. 元件的安装

(1) 安装前应对元件进行清洗,必要时进行密封试验。

(2) 各类阀体上的箭头方向或标记,要符合气体流动的方向。

(3) 密封圈不要装得太紧,尤其是 U 形密封圈,否则阻力过大。

(4) 移动缸的中心线与负载作用力的中心线要同心，否则引起侧向力，使密封件加速磨损，活塞杆弯曲。

(5) 各种自动控制仪表、自动控制器、压力继电器等，在安装前应进行校验。

二、气压系统的调试

1. 调试前的准备

(1) 要熟悉说明书等有关技术资料，力求全面了解系统的原理、结构、性能及操作方法。

(2) 了解需要调整的元件在设备上的实际位置、操作方法及调节手柄的旋向。

(3) 准备好调试的工具及仪表。

2. 空载运行

空载运行不得少于 2 小时，观察压力、流量、温度的变化。如发现异常应立即停车检查，待故障排除后才能继续运转。

3. 负载试运行

负载试运行应分段加载，一般运行不少于 3 小时，分别测出有关数据，记入试车记录。确定运行完全正常后可转入正常负载工作，调试结束。

三、气动系统的使用和维护

1. 气动系统的使用

(1) 日常维护需对冷凝水和系统润滑进行管理。

(2) 开车前后要放掉系统中的冷凝水。

(3) 随时注意压缩空气的清洁度，对分水滤气器的滤芯要定期清洗。

(4) 定期给油雾器加油。

(5) 开车前检查各调节手柄是否在正确位置，行程阀、行程开关、挡块的位置是否正确、牢固。对活塞杆、导轨等外露部分的配合表面进行擦拭后方能开车。

(6) 长期不使用时，应将各手柄放松，以免弹簧失效而影响元件的性能。

(7) 间隔 3 个月须定期检修，按期进行大修。

(8) 对受压容器应定期检验，漏气、漏油、噪声等要进行防治。

2. 防止压缩空气污染

压缩空气的质量对气动系统性能的影响极大，若其被污染将使管道和元件锈蚀、密封件变形、堵塞喷嘴，使系统不能正常工作。压缩空气的污染主要来自水分、油分和粉尘三个方面。

(1) 防止冷凝水侵入压缩空气。及时排除系统各排水阀中积存的冷凝水；注意自动排水器、干燥器等工作是否正常；定期清洗空气过滤器、自动排水器的内部元件等。

(2) 清除压缩空气中油分。较大的油分颗粒，通过除油器和空气过滤器的分离作用同空气分开，从设备底部排污阀排出；较小的油分颗粒，则可通过活性炭吸附作用清除。

(3) 防止粉尘侵入空气压缩机。经常清洗空气压缩机前的预过滤器，定期清洗空气过滤器的滤芯,及时更换滤清元件等。

3. 气动系统日常维护

经常性的维护工作主要任务是排放冷凝水、检查润滑油和管理空压机系统。

（1）冷凝水排放的管理。冷凝水排放涉及空压机、后冷却器、气罐、管道系统、各处的分水过滤器、干燥器和自动排水器等整个气动系统冷凝水积聚的地方。在气动装置作业结束时,为防夜间温度低于 0 ℃ 导致冷凝水结冰,应将各处冷凝水排放掉。由于夜间管道内温度下降会进一步析出冷凝水,故气动装置在运转前还要排放一次水。注意查看自动排水器工作是否正常,水杯内存水是否过量。

（2）系统润滑的管理。气动系统中,凡有相对运动的表面都需要润滑。如润滑不当,会使摩擦阻力增大导致元件动作不良,因密封面磨损会引起系统泄漏等危害。在气动装置运转时,应检查油雾器的滴油量是否符合要求、油色是否正常。发现问题时应及时检修或更换油雾器。

（3）空压机系统管理。经常检查水冷式后冷却器的供给是否正常;空压机运转时是否有声音异常、发热异常;润滑油位是否正常;等等。

4. 气动系统的定期检修

（1）每周的维护。漏气检查和油雾器管理;对严重泄漏处必须立即处理,对一般泄漏应做好记录。

（2）每季度的维护。检查各处泄漏情况;检查换向阀排出空气的质量;检查安全阀、紧急开关阀等调节部分的灵活性;检查指示仪表有无偏差;检查电磁阀切换动作的可靠性;检查气缸活塞杆的表面质量。

（3）定期大修。大修的周期根据阀类使用的频繁程度、装置的重要性和定期维护状况来确定。解决平常工作中经常出现问题的地方,同时更换即将损坏的零件和接近其使用寿命的元件。

四、气动系统的故障诊断与维修

表 10-1 至表 10-8 给出了常见气动系统故障的产生原因及其排除方法。

表 10-1　气动系统压力部分的故障及其排除方法

故障现象	产生原因	排除方法
气路无气压	气动回路中的开关阀、启动阀、速度控制阀等未打开	予以开启
	换向阀未换向	查明原因后排除
	管路扭曲、压扁	纠正或更换管路
	滤芯堵塞或冻结	更换滤芯
	介质或环境温度太低,造成管路冻结	及时清除冷凝水,增设除水设备

(续表)

故障现象	产生原因	排除方法
供气压力不足	耗气量太大，空气压缩机输出流量不足	选择流量合适的空气压缩机或增设一定容积的气罐
	空气压缩机活塞环等磨损	更换零件
	漏气严重	更换损坏的密封件或软管，紧固管接头及螺杆
	减压阀输出压力低	将速度控制阀打开到合适开度
	管路细长或管接头选用不当	重新设计管路，加粗管径，选用流通能力大的管接头及气阀
	各支路流量匹配不合理	改善各支路流量匹配性能，采用环形管道供气
异常高压	因外部振动冲击产生冲击压力	在适当部位安装安全阀或压力继电器
	减压阀损坏	更换

表10-2 减压阀的故障及其排除方法

故障现象	产生原因	排除方法
二次压力上升	阀弹簧损坏	更换阀弹簧
	阀座有伤痕，阀座橡胶剥离	更换阀体
	阀体中夹入灰尘，阀导向部分黏附异物	清洗、检查过滤器
	阀芯导向部分和阀体的O形密封圈收缩、膨胀	更换O形密封圈
压力调不高	调压弹簧断裂	更换弹簧
	膜片撕裂	更换膜片
	阀口径太小	换阀
	阀下部积存冷凝水	排除积水
	阀内混入异物	清洗阀
阀体漏气	密封件损坏	更换密封件
	弹簧松弛	调紧弹簧
输出压力波动大或变化不均匀	减压阀通径或进出口配管的通径选过小，当输出流量变动大时，输出压力波动大	根据最大输出流量选用减压阀或进出口配管的通径
	进气阀芯或阀座间导向不良	更换阀芯或修复
	弹簧的弹力减弱，弹簧错位	更换弹簧
	耗气量变化使阀频繁启闭引起阀的共振	尽量稳定耗气量

(续表)

故障现象	产生原因	排除方法
溢流孔处向外漏气	溢流阀阀座有伤痕	更换溢流阀阀座
	膜片破裂	更换膜片
	出口侧压力意外升高	检查输出侧回路

表 10-3 溢流阀的故障及其排除方法

故障现象	产生原因	排除方法
压力虽已上升，但不溢流	溢流阀阀座孔堵塞	清洗
	阀芯导向部分进入异物	清洗
压力虽没有超过设定值，但在二次侧却溢出空气	阀内进入异物	清洗
	阀座损伤	更换阀座
	调压弹簧损坏	更换调压弹簧
溢流时发生振动（主要发生在膜片式阀，其启闭压差较小）	压力上升速度很慢，溢流阀流量大，引起阀振动	二次侧安装针阀微调溢流量，使其与压力上升量匹配
	因从压力上升源到溢流阀之间被节流，阀前部压力上升慢而引起振动	增大压力上升源到溢流阀的管道口径
压力调不高	弹簧损坏	更换弹簧
	膜片破裂	更换膜片
从阀体和阀盖向外漏气	膜片破裂（膜片式）	更换膜片
	密封件损伤	更换密封件

表 10-4 方向阀的故障及其排除方法

故障现象	产生原因	排除方法
不能换向	阀的滑动阻力大，润滑不良	进行润滑
	密封圈变形，摩擦力增大	更换密封圈
	杂质卡住滑动部分	清除杂质
	弹簧损坏	调换弹簧
	膜片破裂	更换膜片
	阀操纵力过小	检查阀的操纵部分
	阀芯锈蚀	调换阀或阀芯
	阀芯另一端有背压（放气小孔被堵）	清洗阀
	配合太紧	重新装配
阀产生振动	空气压力低（先导型）	提高操纵压力，采用直动型
	电源电压低（电磁阀）	提高电源电压，使用低电压线圈

(续表)

故障现象	产生原因	排除方法
电磁铁有蜂鸣声	铁芯吸合面上有污物或生锈	清除污物或锈屑
	活动铁芯的铆钉脱落，铁芯叠层分开不能吸合	更换活动铁芯
	杂质进入铁芯的滑动部分，使铁芯不能紧密接触	清除进入电磁铁内的杂质
	短路环损坏	更换固定铁芯
	弹簧太硬或卡死	调整或更换弹簧
	电压低于额定电压	调整电压到规定值
	外部导线拉得太紧	使用有富余长度的引线
线圈烧毁	环境温度高	按规定温度范围使用
	吸引时电流过大，温度升高，绝缘破坏短路	用气控阀代替电磁阀
	线圈电压不合适	使用正常电源电压，使用符合电压的线圈
	换向过于频繁	改用高频阀
阀漏气	密封件磨损，尺寸不合适，扭曲或歪斜	更换密封件，正确安装
	弹簧失效	更换弹簧
电磁铁动作时间偏差大，或有时不能动作	活动铁芯锈蚀，不能移动；在温度高的环境中使用气动元件时，由于密封不完善而向磁铁部分泄漏空气	铁芯除锈，修理好对外部的密封，更换铁芯组件
	电源电压低	提高电源电压或使用符合电压的线圈
	杂质进入活动铁芯的滑动部分，使运动状况恶化	清除杂质

表 10-5　气缸常见故障及其排除方法

故障现象	产生原因	排除方法
气缸外泄漏：活塞杆与密封衬套间漏气；气缸体与端盖间漏气；从缓冲装置的调节螺钉处漏气	导向套、活塞杆密封圈磨损	更换导向套和密封圈
	活塞杆有伤痕、腐蚀	更换活塞杆，清除冷凝水
	活塞杆和导向套的配合处有杂质	去除杂质，安装防尘圈
	缸体与端盖处密封圈损坏	更换密封圈
	缸体与端盖处固定螺钉松动	紧固螺钉
	缓冲阀处密封圈损坏	更换密封圈
	活塞杆偏心	重新安装，使活塞杆不受偏心负载

(续表)

故障现象	产生原因	排除方法
内泄漏：活塞两端串气	活塞密封圈损坏	更换活塞密封圈
	润滑不良，活塞被卡住	重新安装，使活塞杆不受偏心负载
	活塞配合面有缺陷，杂质挤入密封圈	缺陷严重者，更换零件，除去杂质
输出力不足，动作不平稳	润滑不良	调节或更换油雾器
	活塞或活塞杆卡住	检查安装情况，清除偏心，视缺陷大小再决定排除故障办法
	气缸体内表面有锈蚀或缺陷	加强对过滤器和油水分离器的管理
	外负载变动大	提高使用压力或增大缸径
	气压不足	增大气压
	进入了冷凝水、杂质	定期排放污水，检查维护气源处理系统
缓冲效果不好	有偏心负载	调整安装位置，清除偏心，使轴销摆角一致
	摆动气缸安装销的摆动面与负载摆动面不一致；摆动轴销的摆动角过大，负载很大，摆动速度太快	确定合理的摆动速度
	有冲击装置的冲击加到活塞杆上；活塞杆承受负载的冲击；气缸的速度太快	冲击不得加在活塞杆上，设置缓冲装置
	缓冲机构不起作用	修理或更换缓冲机构
气缸爬行	低于最低使用压力	提高使用压力
	气缸内泄漏大	排除泄漏
	回路中耗气量变化大	增设气罐
	负载太大	增大缸径
气缸走走停停	限位开关失控	更换开关
	继电器不灵敏	检修或更换
	接线不良	检查并拧紧接线螺钉
	电磁阀换向动作不良	更换

表 10-6　过滤器常故障及其排除方法

故障现象	产生原因	排除方法
压降过大	使用过细的滤芯	更换适当的滤芯
	过滤器的流量范围太小	更换流量范围大的过滤器
	流量超过过滤器的容量	更换大容量的过滤器
	过滤器滤芯堵塞	用净化液清洗滤芯（必要时更换）

(续表)

故障现象	产生原因	排除方法
从输出端逸出冷凝水	未及时排出冷凝水	养成定期排水习惯或安装自动排水器
	自动排水器发生故障	修理（必要时更换）
输出端出现异物	滤清器滤芯破损	更换滤芯
	滤芯密封不严	更换滤芯的密封，紧固滤芯
	用有机溶剂清洗塑料件	用清洁的热水或煤油清洗
塑料水杯破损	在有有机溶剂的环境中使用	使用不受有机溶剂侵蚀的材料
	空气压缩机输出某种焦油	更换空气压缩机的润滑油，使用无油压缩机
	压缩机从空气中进入对塑料有害的物质	使用金属杯
漏气	密封不良	更换密封件
	因物理（冲击）、化学原因使塑料产生裂痕	参见"塑料水杯破损"栏
	泄水阀、自动排水器失灵	修理（必要时更换）

表 10-7 油雾器常见故障及其排除方法

故障现象	产生原因	排除方法
不滴油或滴油量太小	没有产生油滴下落所需的压差	更换合适的油雾器
	油雾器反向安装	改变安装方向
	油路堵塞	拆卸，进行修理
	油黏度太大	换油
油杯未加压	通往油杯的空气通道堵塞	拆卸，进行修理
	油杯大，油雾器使用频繁	拆卸，进行修理
油滴数不能减少	油量调整螺钉失效	检修油量调整螺钉
空气向外泄漏	油杯损坏	更换油杯
	密封不良	检修密封
	观察玻璃破损	更换观察玻璃
油杯损坏	用有机溶剂清洗	更换油杯，使用金属杯或耐有机溶剂杯
	周围存在有机溶剂	与有机溶剂隔离

表 10-8 排气口和消声器的故障及其排除方法

故障现象	产生原因	排除方法
有冷凝水排出	未排放各处的冷凝水	定期排放各处冷凝水，确认自动排水器能正常工作
	后冷却器能力不足	加大冷却水量，重新选型
	空气压缩机进气口潮湿或淋入雨水	调整空气压缩机的位置，避免雨水淋入
	缺少除水设备	增设后冷却器、干燥器、过滤器等必要的除水设备
	除水设备太靠近空气压缩机，无法保证大量水分呈液态，不便排出	除水设备应远离空气压缩机
	压缩机油黏度低，冷凝水多	选用合适的压缩机油
	环境温度低于干燥器的露点	提高环境温度或重新选择干燥器
	瞬时耗气量太大，节流处温度下降太大	提高除水装置的除水能力
有灰尘排出	从空气压缩机入口和排气口混入灰尘等	空气压缩机吸气口装过滤器，排气口装消声器或洁净器，灰尘多时加保护罩
	系统内部产生锈屑、金属末和密封材料粉末	元件及配管应使用不生锈、耐腐蚀的材料，保证良好的润滑条件
	安装维修时混入灰尘	安装维修时应防止铁屑、灰尘等杂质混入，安装完应用压缩空气充分吹洗干净
有油雾喷出	油雾器离气缸太远，油雾达不到气缸，阀换向时油雾便排出	油雾器尽量靠近需润滑的元件，提高其安装位置，选用微雾型油雾器
	一个油雾器供应多个气缸，很难均匀输入各气缸，多出的油雾便排出	改成一个油雾器只供应一个气缸
	油雾器的规格、品种选用不当，油雾送不到气缸	选用与气量相适应的油雾器规格

思考练习题

一、填空题

1. 压缩空气的污染主要来自_____、_____和_____三个方面。
2. 经常性的维护工作主要任务是_____、_____和_____。

二、判断题

1. 长期不使用时，应将各手柄放松，以免弹簧失效而影响元件的性能。　　（　　）
2. 为防夜间温度低于 0 ℃导致冷凝水结冰，应将各处冷凝水排放掉。　　（　　）

三、问答题

1. 图 10-1 所示的工件夹紧气压传动系统是用什么方式实现顺序动作的？如何调整夹

紧力大小？

2．图 10-5 所示的气动机械手的控制系统采用了哪几种气动基本回路？

3．气动系统供压不足的原因有哪些？

四、分析题

分析题图 10-1 所示回路的工作过程，并回答下列问题：

（1）图中元件 1 的名称为_____，元件 2 的名称为_____，元件 3 的名称为_____，元件 4 的名称为_____，元件 5 的名称为_____。

（2）判断下列说法是否正确。

①阀 1、2 的常态位均是左位。　　　　　　　　　　　　　　　　　（　　）

②阀 4 的常态位是右位。　　　　　　　　　　　　　　　　　　　（　　）

③当按下阀 2 的手动按钮时，阀 1 的右位接入工作。　　　　　　　（　　）

④阀 3 中的顺序阀动作时，阀 4 的左位接入工作。　　　　　　　　（　　）

⑤当阀 5 中的顺序阀动作时，阀 4 的左位接入工作。　　　　　　　（　　）

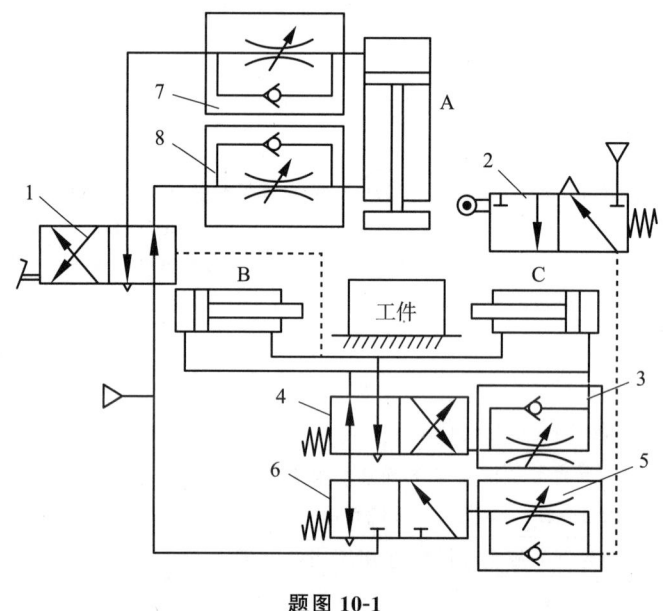

题图 10-1

附录 液压与气动常用图形符号

(摘自：GB/T 786.1—2021)

1. 图形符号基本要素

附表 1-1 线图形

描述	图形	描述	图形
供油/气管路管路、回油/气管路、元件框线、符号框线	———————	组合元件框线	—·—·—·—
内部和外部先导（控制）管路、泄油管路、冲洗管路、放气管路	— — — — —		

2. 阀

附表 2-1 控制机构图形

描述	图形	描述	图形
带有可拆卸把手和锁定要素的控制机构（液压、气动共用）	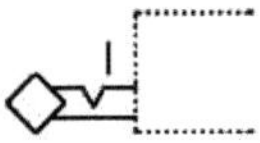	带有可调行程限位的推杆（液压、气动共用）	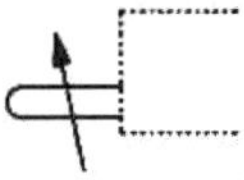
带有定位的推/拉控制机构（液压、气动共用）		带有手动越权锁定的控制机构（液压、气动共用）	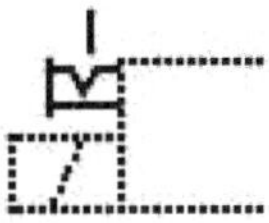
带有一个线圈的电磁铁（动作指向阀芯）（液压、气动共用）	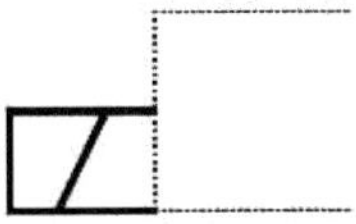	用于单向行程控制的滚轮杠杆（液压、气动共用）	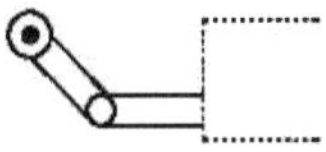
带有一个线圈的电磁铁（动作背离阀芯）（液压、气动共用）	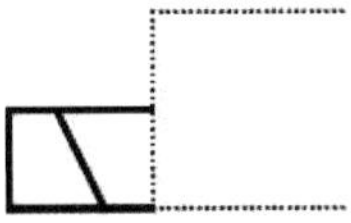	带有两个线圈的电气控制装置（一个动作指向阀芯，另一个动作背离阀芯）（液压、气动共用）	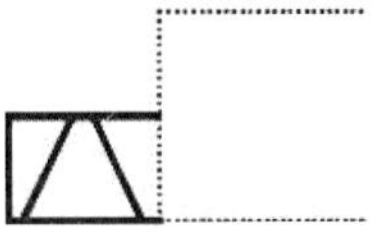

（续表）

描述	图形	描述	图形
带有一个线圈的电磁铁（动作指向阀芯，连续控制）（液压、气动共用）	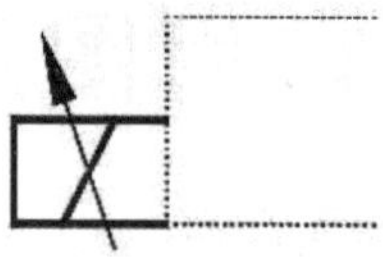	带有一个线圈的电磁铁（动作背离阀芯，连续控制）（液压、气动共用）	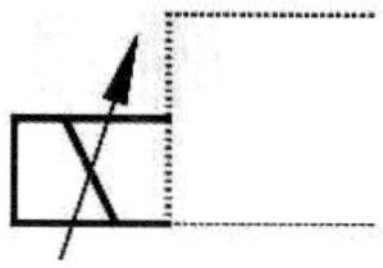
带有两个线圈的电气控制装置（一个动作指向阀芯，另一个动作背离阀芯，连续控制）（液压、气动共用）	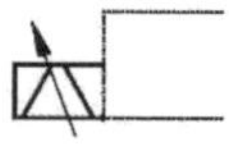	外部供油的电液先导控制机构（液压专用）	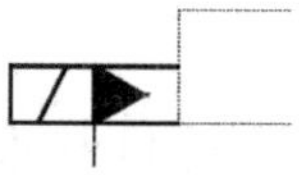
电控气动先导控制机构（气动专用）	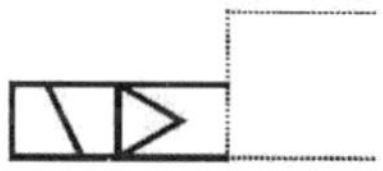	外部供油的带有两个线圈的电液两级先导控制机构（双向工作，连续控制）（液压专用）	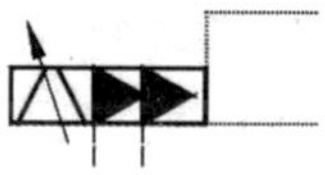
机械反馈（液压专用）	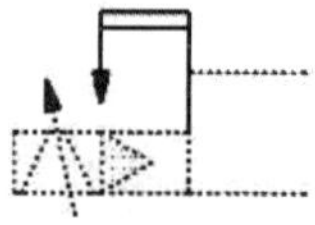	气压复位（从阀进气口提供内部压力）（气动专用）	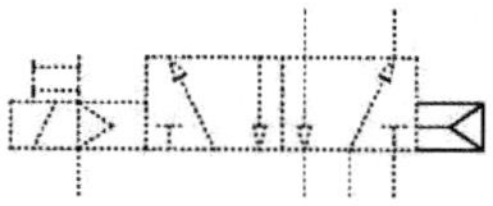
气压复位（从先导口提供内部压力）注：为更易理解，图中标识出外部先导线（气动专用）		气压复位（外部压力源）（气动专用）	

附表 2-2　方向控制阀图形

描述	图形	描述	图形
二位二通方向控制阀（双向流动，推压控制，弹簧复位，常闭）（液压、气动共用）	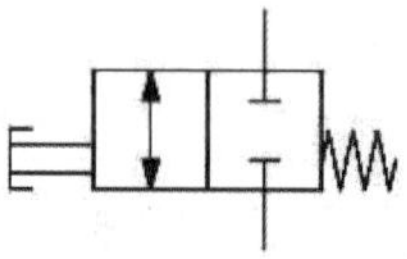	二位二通方向控制阀（电磁铁控制，弹簧复位，常开）（液压、气动共用）	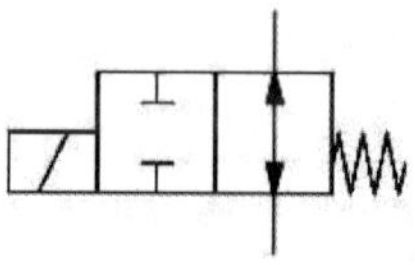
二位四通方向控制阀（电磁铁控制，弹簧复位）（液压、气动共用）	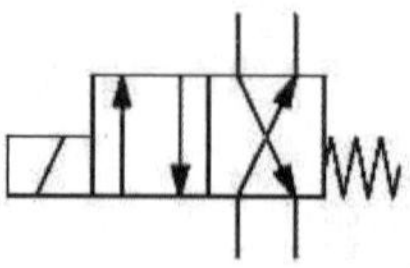	液压称为：二位三通方向控制阀（带有挂锁）气动称为：锁定阀（液压、气动共用）	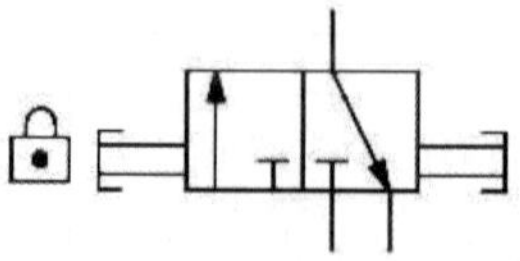

(续表)

描述	图形	描述	图形
二位三通方向控制阀（单向行程的滚轮杠杆控制，弹簧复位）（液压、气动共用）		二位三通方向控制阀（单电磁铁控制，弹簧复位）（液压、气动共用）	
二位三通方向控制阀（单电磁铁控制，弹簧复位，手动越权锁定）（液压、气动共用）		二位四通方向控制阀（单电磁铁控制，弹簧复位，手动越权锁定）（液压、气动共用）	
二位四通方向控制阀（双电磁铁控制，带有锁定机构，也称脉冲阀）（液压、气动共用）		二位四通方向控制阀（电液先导控制，弹簧复位）（液压专用）	
三位四通方向控制阀（电液先导控制，先导级电气控制，主级液压控制，先导级和主级弹簧对中，外部先导供油，外部先导回油）（液压专用）		三位四通方向控制阀（双电磁铁控制，弹簧对中）（液压、气动共用）	
二位四通方向控制阀（液压控制，弹簧复位）（液压专用）		三位四通方向控制阀（液压控制，弹簧对中）（液压专用）	
二位五通方向控制阀（双向踏板控制）（液压、气动共用）		三位五通方向控制阀（手柄控制，带有定位机构）（液压、气动共用）	
二位三通方向控制阀（电磁控制，无泄漏，带有位置开关）（液压专用）		二位三通方向控制阀（电磁铁控制，无泄漏）（液压专用）	

（续表）

描述	图形	描述	图形
气动软启动阀（电磁铁控制内部先导控制）（气动专用）		延时控制气动阀（其入口接入一个系统，使得气体低速流入直至达到预设压力才使阀口全开）（气动专用）	
脉冲计数器（带气动输出信号）（气动专用）		二位三通方向控制阀（差动先导控制）（气动专用）	
二位三通方向控制阀（气动先导和扭力杆控制，弹簧复位）（气动专用）		二位五通气动方向控制阀（先导式压电控制，气压复位）（气动专用）	
二位五通直动式气动方向控制阀（机械弹簧与气压复位）（气动专用）		三位五通直动式气动方向控制阀（弹簧对中，中位时两出口都排气）（气动专用）	
二位五通气动方向控制阀（电磁铁气动先导控制，外部先导供气，气压复位，手动辅助控制。气压复位供压具有如下可能：——从阀进气口提供内部压力（X10440）；——从先导口提供内部压力（X10441）；——外部压力源（X10442）（气动专用）		三位五通气动方向控制阀（中位断开，两侧电磁铁与内部气动先导和手动辅助控制，弹簧复位至中位）（气动专用）	
二位五通方向控制阀（单电磁铁控制，外部先导供气，手动辅助控制，弹簧复位）（气动专用）			

附录 液压与气动常用图形符号

附表 2-3 压力控制阀图形

描述	图形	描述	图形
溢流阀（直动式，开启压力由弹簧调节）（液压、气动共用）	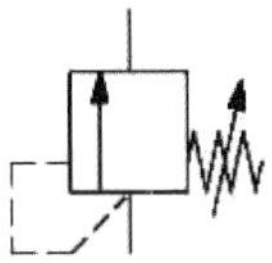	顺序阀（直动式，手动调节设定值）（液压专用）	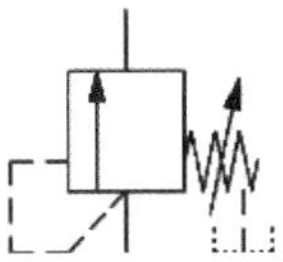
顺序阀（带有旁通单向阀）（液压专用）	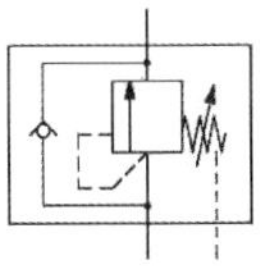	二通减压阀（直动式，外泄型）（液压专用）	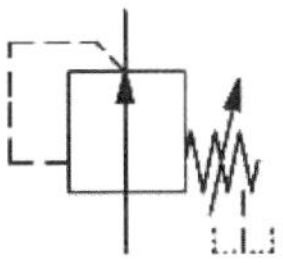
防气蚀溢流阀（用来保护两条供压管路）（液压专用）	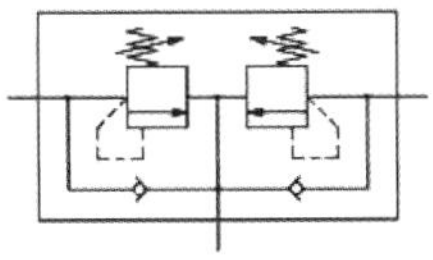	蓄能器充液阀（液压专用）	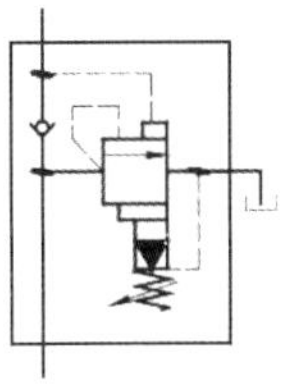
二通减压阀（先导式，外泄型）（液压专用）	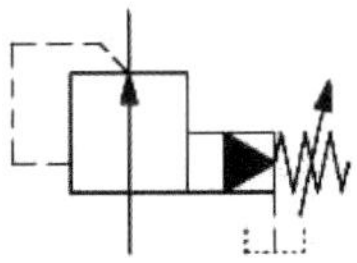	三通减压阀（超过设定压力时，通向油箱的出口开启）（液压专用）	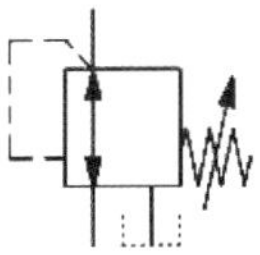
减压阀（内部流向可逆）（气动专用）	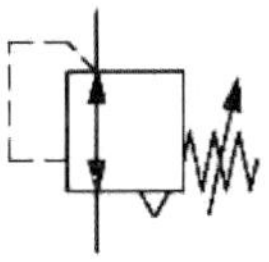	顺序阀（外部控制）（气动专用）	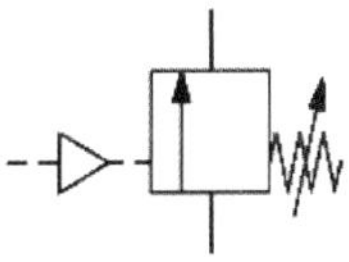
减压阀（远程先导可调，只能向前流动）（气动专用）	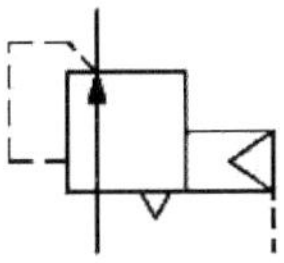	双压阀（逻辑为"与"，两进气口同时有压力时，低压力输出）（气动专用）	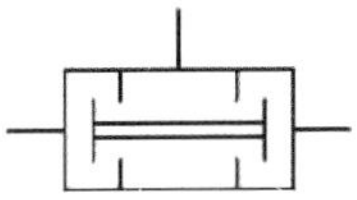

附表 2-4 流量控制阀图形

描述	图形	描述	图形
节流阀（液压、气动共用）		单向节流阀（液压、气动共用）	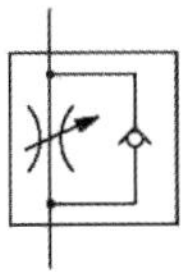
流量控制阀（滚轮连杆控制，弹簧复位）（液压、气动共用）	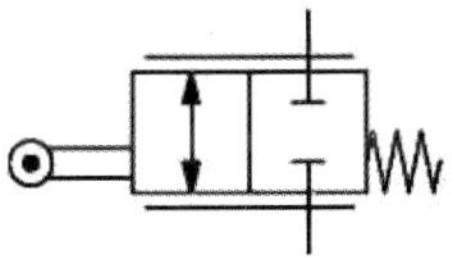	二通流量控制阀，（开口度预设置，单向流动，流量特性基本与压降和黏度无关，带有旁路单向阀）（液压专用）	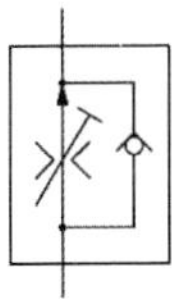

(续表)

描述	图形	描述	图形
三通流量控制阀（开口度可调节，将输入流量分成固定流量和剩余流量）（液压专用）	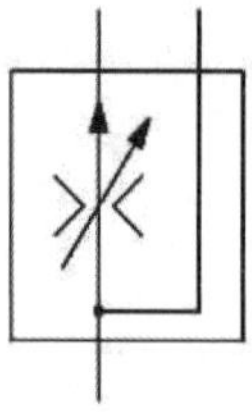	分流阀（将输入流量分成两路输出流量）（液压专用）	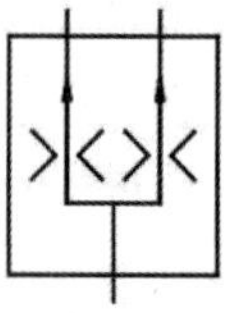
集流阀（将两路输入流量合成一路输出流量）（液压专用）	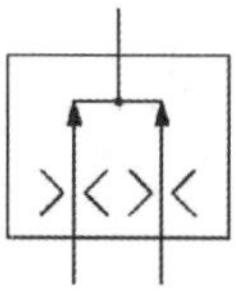		

附表 2-5　单向阀和梭阀图形

描述	图形	描述	图形
单向阀（只能在一个方向自由流动）（液压、气动共用）		单向阀（带有弹簧，只能在一个方向自由流动，常闭）（液压、气动共用）	
液控单向阀（带有弹簧，先导压力控制，双向流动）（液压、气动共用）	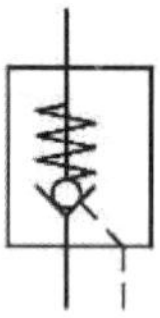	液压名称：双液控单向阀；气动名称：气压锁（双气控单向阀）（液压、气动共用）	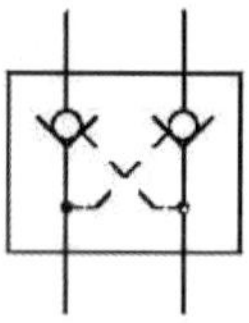
梭阀（逻辑为"或"，压力高的入口自动与出口接通）（液压、气动共用）	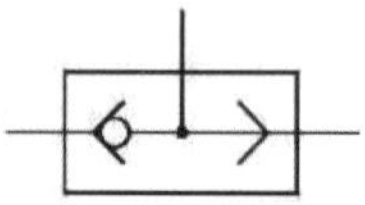	快速排气阀（带消音器）（气动专用）	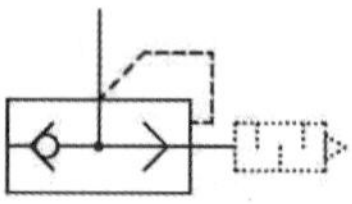

附表 2-6　比例方向控制阀图形

描述	图形	描述	图形
比例方向控制阀（直动式）（液压、气动共用）	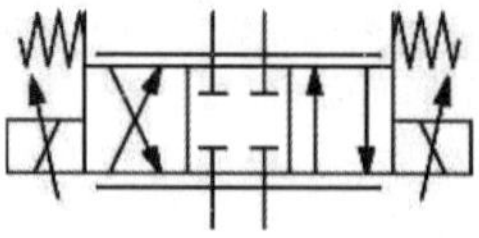	比例方向控制阀（直动式）（液压专用）	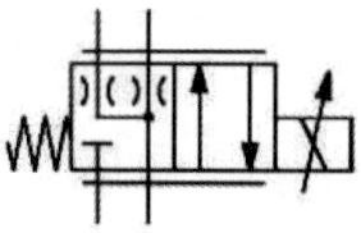
比例方向控制阀（主级和先导级位置闭环控制，集成电子器件）（液压专用）	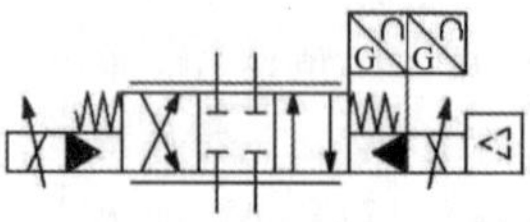	伺服阀（主级和先导级位置闭环控制，集成电子器件）（液压专用）	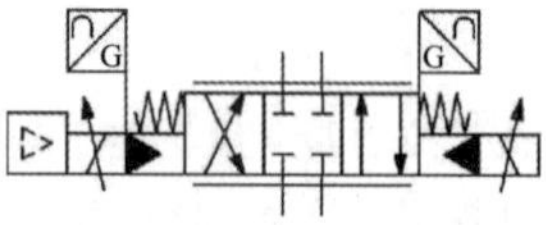

(续表)

描述	图形	描述	图形
伺服阀（先导级带双线圈电气控制机构，双向连续控制，阀芯位置机械反馈到先导级，集成电子器件） （液压专用）	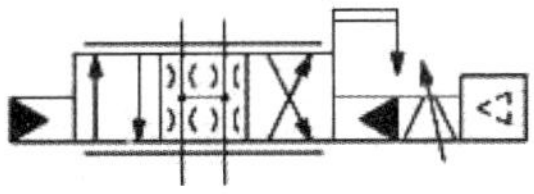	伺服阀控缸（伺服阀由步进电机控制，液压缸带有机械位置反馈） （液压专用）	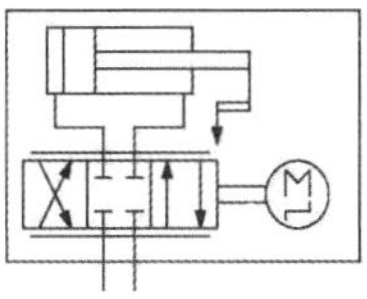
伺服阀（带有电源失效情况下的预留位置，电反馈，集成电子器件） （液压专用）	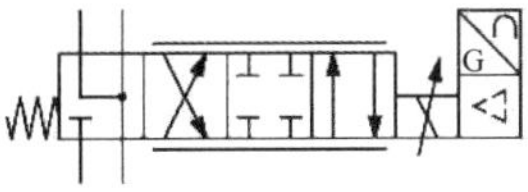		

附表 2-7　比例压力控制阀图形

描述	图形	描述	图形
比例溢流阀（直动式，通过电磁铁控制弹簧来控制） （液压、气动共用）	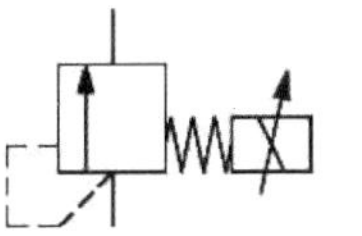	比例溢流阀（直动式，电磁铁直接控制，集成电子器件） （液压、气动共用）	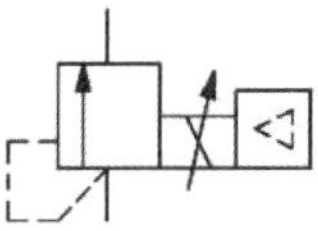
比例溢流阀（带有电磁铁位置闭环控制，集成电子器件） （液压、气动共用）	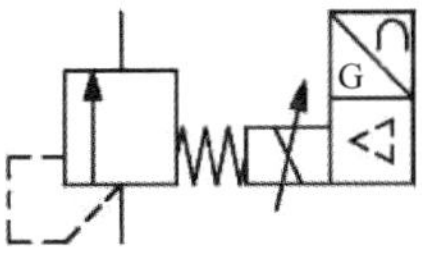	比例溢流阀（带有电磁铁位置反馈的先导控制，外泄型） （液压专用）	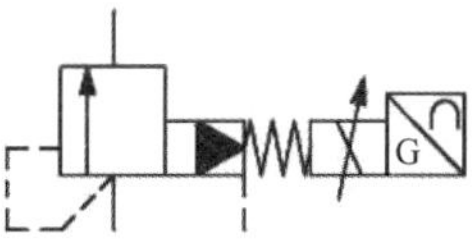
三通比例减压阀（带有电磁铁闭环控制，集成电子器件） （液压专用）	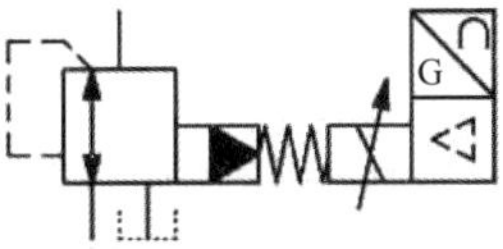	比例溢流阀（先导式，外泄型，带有集成电子器件，附加先导级以实现手动调节压力或最高压力下溢流功能） （液压专用）	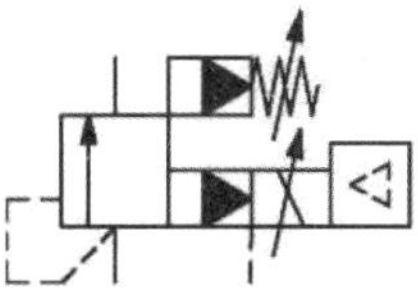

附表 2-8　比例流量阀图形

描述	图形	描述	图形
比例流量控制阀（直动式） （液压、气动共用）	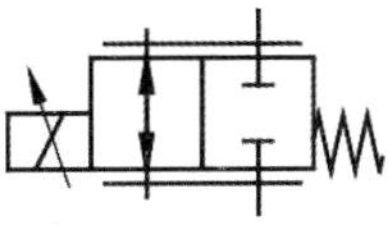	比例流量控制阀（直动式，带有电磁铁位置闭环控制，集成电子器件） （液压、气动共用）	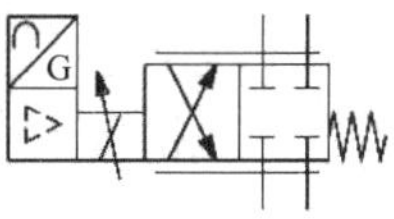

(续表)

描述	图形	描述	图形
比例流量控制阀（先导式，主级和先导级位置控制，集成电子器件）（液压专用）	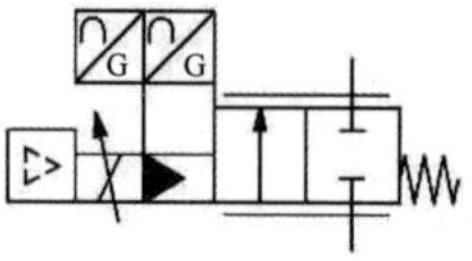	比例节流阀（不受黏度变化影响）（液压专用）	

附表 2-9 二通盖板式插装阀图形

描述	图形	描述	图形
压力控制和方向控制插装阀插件（锥阀结构，面积比 1∶1）（液压专用）	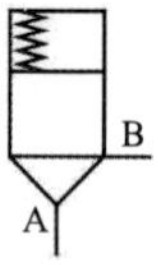	压力控制和方向控制插装阀插件（锥阀结构，常开，面积比 1∶1）（液压专用）	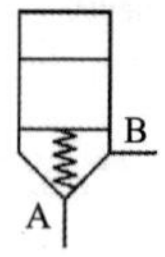
方向控制插装阀插件（带节流端的锥阀结构，面积比≤0.7）（液压专用）	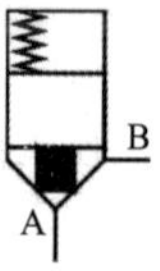	方向控制插装阀插件（带节流端的锥阀结构，面积比＞0.7）（液压专用）	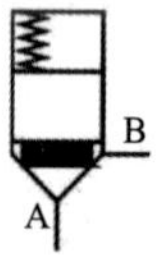
方向控制插装阀插件（锥阀结构，面积比≤0.7）（液压专用）	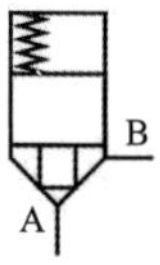	方向控制插装阀插件（锥阀结构，面积比＞0.7）（液压专用）	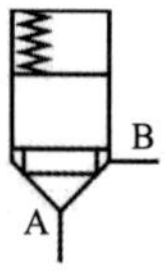
主动方向控制插装阀插件（锥阀结构，先导压力控制）（液压专用）	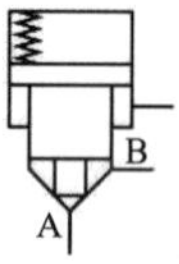	主动方向控制插件（B 端无面积差）（液压专用）	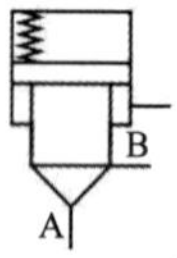
方向控制插装阀插件（单向流动，锥阀结构，内部先导供油，带有可替换的节流孔）（液压专用）	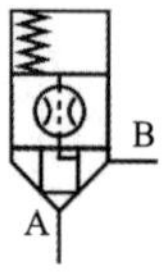	溢流插装阀插件（滑阀结构，常闭）（液压专用）	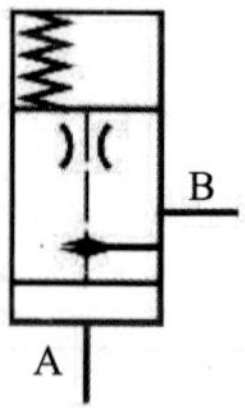
减压插装阀插件（滑阀结构，常闭，带有集成的单向阀）（液压专用）	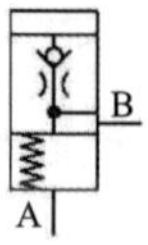	减压插装阀插件（滑阀结构，常开，带有集成的单向阀）（液压专用）	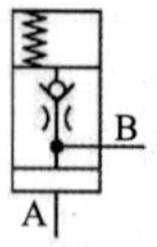

3. 空压机、泵和马达

附表3-1 空压机、泵和马达图形

描述	图形	描述	图形
变量泵（顺时针单向旋转）（液压专用）		变量泵（双向流动，带有外泄油路，顺时针单向旋转）（液压专用）	
变量泵/马达（双向流动，带有外泄油路，双向旋转）（液压专用）		定量泵/马达（顺时针单向旋转）（液压专用）	
手动泵（限制旋转角度，手柄控制）（液压专用）		摆动执行器/旋转驱动装置（带有限制旋转角度功能，双作用）（液压专用）	
摆动执行器/旋转驱动装置（单作用）（液压专用）		变量泵（先导控制，带有压力补偿功能，外泄油路顺时针单向旋转）（液压专用）	
变量泵（带有功率控制，外泄油路，顺时针单向驱动）（液压专用）		连续增压器（将气体压力 $p1$ 转换为较高的液体压力 $p2$）（气动专用）	
变量泵（带有复合压力/流量控制，负载敏感型，外泄油路，顺时针单向旋转）（液压专用）		变量泵（带有机械/液压伺服，负载敏感型，外泄油路，逆时针单向驱动）（液压专用）	
变量泵（带有电液伺服控制，外泄油路，逆时针单向驱动）（液压专用）		摆动执行器/旋转驱动装置（单作用）（气动专用）	

描述	图形	描述	图形
摆动执行器/旋转驱动装置（带有限制旋转角度功能，双作用）（气动专用）		气马达（气动专用）	
空气压缩机（气动专用）		气马达（双向流通，固定排量，双向旋转）（气动专用）	

4. 缸

附表 4-1　缸图形

描述	图形	描述	图形
单作用单杆缸（靠弹簧力回程，弹簧腔带连接油口或气口）（液压、气动共用）		双作用单杆缸（液压、气动共用）	
双作用双杆缸（活塞杆直径不同，双侧缓冲，右侧缓冲带调节）（液压、气动共用）		双作用膜片缸（带有预定行程限位器）（液压、气动共用）	
单作用膜片缸（活塞杆终端带有缓冲，带排气口）（液压、气动共用）		单作用柱塞缸（液压专用）	
单作用多级缸（液压专用）		双作用多级缸（液压专用）	
双作用带式无杆缸（活塞两端带有位置缓冲）（液压、气动共用）		双作用绳索式无杆缸（活塞两端带有可调节位置缓冲）（液压、气动共用）	
双作用磁性无杆缸（仅右边终端带有位置开关）（液压、气动共用）		行程两端带有定位的双作用缸（液压、气动共用）	

(续表)

描述	图形	描述	图形
单作用增压器（将气体压力 $p1$ 转换为更高的液体压力 $p2$）（液压、气动共用）	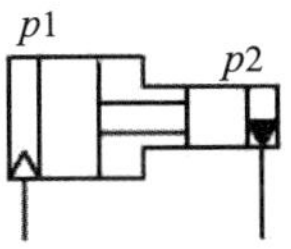	单作用气-液转换器（将气体压力转换为等值的液体压力）（液压、气动共用）	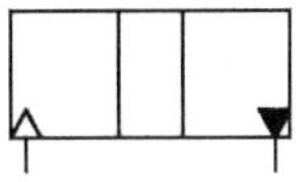
双作用单出杆缸（带有用于锁定活塞并通过在预定位置加压解锁的机构）（气动专用）	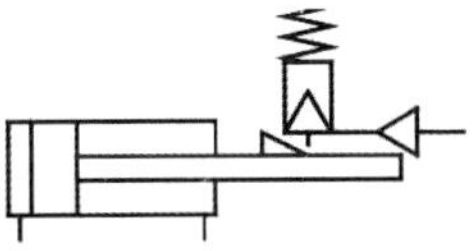		

5．过滤器与分离器

附表 5-1　过滤器与分离器图形

名称及说明	图形	名称及说明	图形
过滤器（液压、气动共用）		通气过滤器（液压专用）	
带有磁性滤芯的过滤器（液压专用）		带有压力表的过滤器（液压、气动共用）	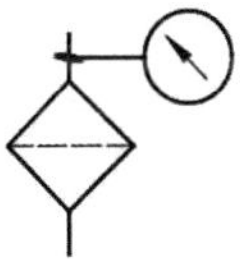
手动排水流体分离器（气动专用）	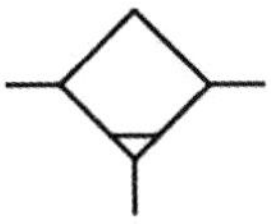	离心式分离器（液压、气动共用）	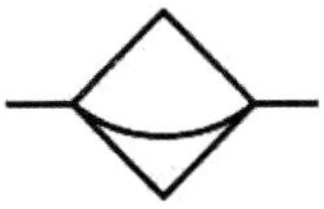
带手动排水分离器的过滤器（气动专用）	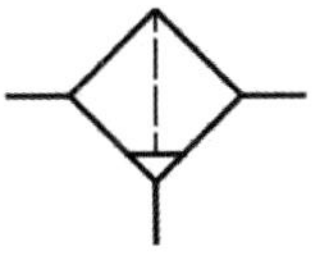	自动排水流体分离器（气动专用）	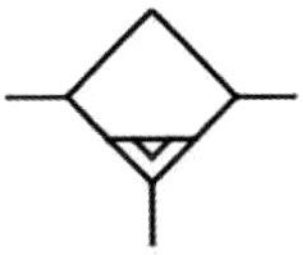
吸附式过滤器（气动专用）	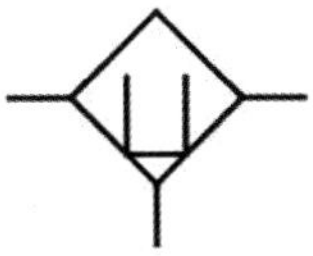	油雾分离器（气动专用）	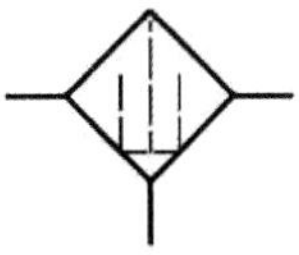
空气干燥器（气动专用）	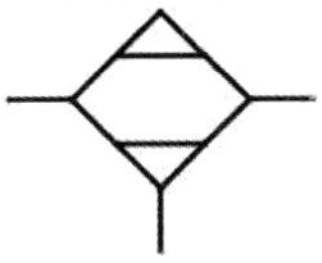	油雾器（气动专用）	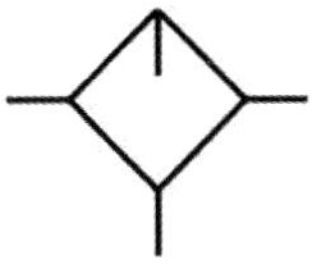

(续表)

名称及说明	图形	名称及说明	图形
带有自动排水的聚结式过滤器（气动专用）	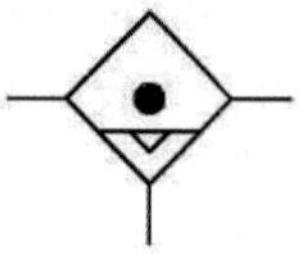	双相分离器（气动专用）	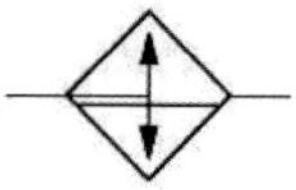
手动排水式油雾器（气动专用）	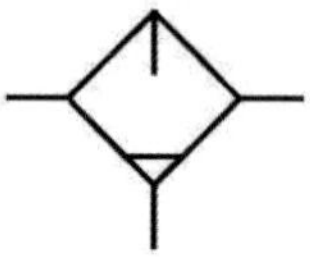	手动排水式精分离器（气动专用）	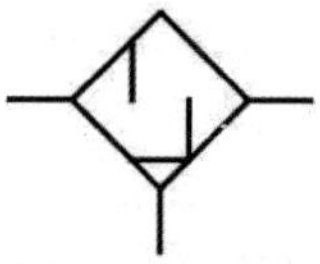

6．蓄能器

附表 6-1　蓄能器图形

名称及说明	图形	名称及说明	图形
隔膜式蓄能器（液压专用）		裹式蓄能器（液压专用）	
活塞式蓄能器（液压专用）	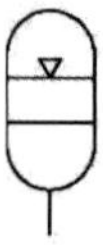	气瓶（液压专用）	
气罐（气动专用）			

7．电气装置

附表 7-1　电气装置图形

名称及说明	图形	名称及说明	图形
压力开关（机械电子控制，可调节）	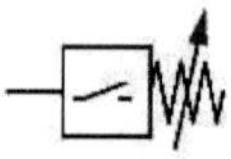	电调节压力开关（输出开关信号）	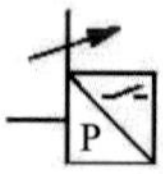
压力传感器（输出模拟信号）	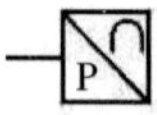		

参 考 文 献

1. 刘银水，许福玲. 液压与气压传动 [M]. 4 版. 北京：机械工业出版社，2016.
2. 王积伟. 液压与气压传动 [M]. 3 版. 北京：机械工业出版社，2018.
3. 闻邦椿. 机械设计手册：4 卷 [M]. 北京：机械工业出版社，2017.
4. 全国液压气动标准化技术委员会. 流体传动系统及元件 图形符号和回路图 第 1 部分：图形符号：GB/T 786.1－2021 [S]. 北京：中国标准出版社，2021.
5. 白柳，于军. 液压与气压传动 [M]. 2 版. 北京：机械工业出版社，2017.
6. 张玉平，谭娟. 液压传动 [M]. 武汉：华中科技大学出版社，2017.
7. 王以伦. 液压气动技术 [M]. 北京：中央广播电视大学出版社，2002.
8. 魏国江. 液压与气动技术 [M]. 北京：机械工业出版社，2022.
9. 张应龙. 液压与气动识图 [M]. 3 版. 北京：化学工业出版社，2017.
10. 张勤，徐刚涛. 液压与气压传动 [M]. 北京：航空工业出版社，2012.
11. 袁承训. 液压与气压传动 [M]. 北京：机械工业出版社，2008.
12. 刘建明，何伟利. 液压与气压传动 [M]. 北京：机械工业出版社，2019.
13. 陆望龙. 液压元件故障诊断与维修大全 [M]. 4 版. 北京：化学工业出版社，2022.
14. 陆望龙. 典型液压气动元件结构 1200 例 [M]. 北京：化学工业出版社，2018.